职业教育计算机网络技术专业系列教材

交换机与路由器配置实验教程

第3版

主　编　张世勇
副主编　张秀红　李守成　冯　佳
　　　　刘思曼　徐　也
参　编　王艳霞　张　庆　程利娟
　　　　贾利霞　孙晓春　钮立辉
主　审　肖彦臣

机械工业出版社

本书深入研究了交换机与路由器仿真软件Dynamips，第3版增加了虚拟机VMware Workstation软件的使用，精心设计了29个实验，通过实验让学生在没有任何物理网络实验设备的条件下，仅用一台计算机就可以完成几乎所有的路由器和交换机网络基础实验。

本书共9个单元，主要内容包括网络基础知识、交换机与路由器基本配置、交换机基本配置和实验、路由器基本配置和实验、交换机高级配置和实验、路由器高级配置和实验、安全配置实验、交换机与路由器综合实验、交换机与路由器配置命令总结。

本书可作为各类职业院校计算机、网络技术专业、通信类专业网络课程的实验教材，也可以供从事计算机网络设计、建设、管理、应用的技术人员在没有完整网络设备时的实验参考，还可以作为学生考思科认证时的实验搭建参考书。

为方便教师和学生更好地使用本书，本书附有配套资源包，其中包括实验视频（扫描书中二维码免费观看）、实训项目手册、实验报告模板、电子课件、电子教案、习题答案。读者可到机械工业出版社教育服务网（www.cmpedu.com）上以教师身份免费注册下载，或联系编辑（010-88379194）咨询。

图书在版编目（CIP）数据

交换机与路由器配置实验教程/张世勇主编．—3版．—北京：机械工业出版社，2024.1（2024.8重印）
职业教育计算机网络技术专业系列教材
ISBN 978-7-111-74409-2

Ⅰ．①交… Ⅱ．①张… Ⅲ．①计算机网络—信息交换机—职业教育—教材 ②计算机网络—路由选择—职业教育—教材 Ⅳ．①TN915.05

中国国家版本馆CIP数据核字（2023）第236127号

机械工业出版社（北京市百万庄大街22号 邮政编码100037）
策划编辑：李绍坤　　责任编辑：李绍坤　刘益汛
责任校对：张　薇　　封面设计：马精明
责任印制：邸　敏
中煤（北京）印务有限公司印刷
2024年8月第3版第2次印刷
210mm×285mm・15.5印张・330千字
标准书号：ISBN 978-7-111-74409-2
定价：49.80元

电话服务　　　　　　　　　网络服务
客服电话：010-88361066　　机　工　官　网：www.cmpbook.com
　　　　　010-88379833　　机　工　官　博：weibo.com/cmp1952
　　　　　010-68326294　　金　书　网：www.golden-book.com
封底无防伪标均为盗版　　机工教育服务网：www.cmpedu.com

第 3 版前言

随着时代的发展，技术的进步，移动互联逐步进入了千家万户，手机更是成了当代人的标配。利用碎片化时间来进行学习也成为教育教学的新课题。

本书第2版教材利用移动互联的便捷性，录制了路由器、交换机等网络设备配置的视频，方便读者学习使用。本书继续保留这些视频，读者可以通过手机等移动通信工具学习、思考。

在前两版教材使用过程中，部分读者提出，使用Dynamips仿真交换机时命令提示符为"Router"，应该改为"Switch"。这是由于Dynamips仿真使用了3640的IOS，进入仿真的交换机或者路由器时，命令提示符统一显示为"Router"。书中如遇到此类问题，请各位读者理解，不再赘述。

本次修订增加了一部分虚拟机的内容。利用仿真软件学习网络配置，如果只在宿主机上进行操作往往会对物理的宿主机造成一定影响。利用虚拟机来学习和配置网络实验可以很方便地利用虚拟机的各种优势，如"快照"功能。同时，熟练配置虚拟机的网络部分，对理解网络基础知识很有帮助。本书虚拟机采用比较流行的VMware Workstation 软件。

由于计算机操作系统发展比较快，很多软件在新操作系统上不方便使用，如Dynamips在Windows 11上配置很不方便。我们就可以利用虚拟机，虚拟出Windows XP、Windows 7、Windows 10等各种操作系统进行模拟仿真和练习。VMware Workstation软件版本比较多，不同版本软件创建的虚拟机最好不要混用，尤其是旧版本软件不能向上兼容新版本软件创建的虚拟机。请各位读者注意！

本次修订与时俱进，紧扣中华传统文化和中国时代精神的脉搏，增加了一些典型案例，供读者参考。

基于环保和节约资源的考虑，本书新增的虚拟机使用方法和习题答案将整合到教材配套的电子资源内。配套的电子资源包括虚拟机和VMware Workstation的使用方法、实验视频、实验报告模板、实训项目手册、电子课件、电子教案和习题答案。

为了更好地使用本书进行教学，编者建议教师在安排课程时，先熟悉虚拟机、Packet Tracer、Dynamips这三个软件，根据实际情况组织教学，不必拘泥于本书的实验顺序。利用书中的网络实验让学生熟练掌握这三个软件，为后续配置比较复杂的网络实验打好基础。

网络技术方兴未艾，大有发展，各种硬件、软件（应用）层出不穷，熟练掌握和理解网络基础知识，对以后的工作、学习将大有好处。

编者在教学过程中注意到，学生往往不太愿意学习理论知识，急于学习如何配置网络设备。希望各位读者不要忽略单元1的内容，深入理解网络概念后，遇到没见过的网络问题才更容易理解和解决。

本书由张世勇主编，张秀红、李守成、冯佳、刘思曼、徐也任副主编。参加编写的有王艳霞、张庆、程利娟、贾利霞、孙晓春、钮立辉。本书由肖彦臣主审。具体编写分工如下：单元1由张秀红编写；单元2由李守成编写；单元3由冯佳编写；单元4由刘思曼编写；单元5由徐也、王艳霞编写；单元6由徐也、张庆编写；单元7由徐也、程利娟编写；单元8由贾利霞编写；单元9由孙晓春编写；附录A由钮立辉编写；附录B、C由张世勇编写。全书由张世勇负责统稿。

由于编者水平有限，书中难免有疏漏和不足之处，敬请各位读者批评指正。

编　者

第 2 版前言

第1版教材出版后，收到了很多老师和学生的鼓励和肯定。他们在使用过程中研究和学习书中的各项试验，结合教与学的规律，为本书第2版提出了中肯的意见和建议，这些要求都在第2版中给予了体现。

第2版修改了第1版教材中的一些疏漏和不足，增加了学生课后练习和作业。为了更好地巩固实验效果，实验报告的模板格式也增加到附录中，供教师安排作业和学生参考。

因为在大部分学校，都没有足够的网络实验设备（交换机、路由器等）来支持交换机与路由器配置实验课。同时，学习基本的网络配置也不必使用昂贵的物理实验器材来进行。所以熟练掌握各种网络配置仿真软件对于研究和学习路由器、交换机配置命令，搭建网络拓扑模型都是非常重要的。

本书在学习和研究交换机与路由器仿真软件Dynamips的基础上增加了Cisco公司辅助学习工具Packet Tracer。Packet Tracer可以在软件的图形用户界面上直接使用拖曳方法建立网络拓扑，并可提供数据包在网络中行进的详细处理过程，观察网络实时运行情况。可以学习iOS的配置、锻炼故障排查能力。

为了更好地使用本书，编者推荐教师在安排课程时，可以先用Packet Tracer软件搭建网络拓扑，让学生有具体的感性认识，相关配置命令也可以在Packet Tracer软件中进行初步讲解。待学生对网络和各种命令有进一步认识后，可以用Dynamips软件加以巩固提高。

附录A为Dynamips GUI使用说明，附录B为Cisco Packet Tracer使用说明，附录C为网络实验报告模板，附录D为习题答案，附录的内容比较重要，应该结合第2章内容放在实验训练之前讲解。

本书由张世勇任主编，贾永锋、胡元蓉和魏星任副主编，参加编写的还有付伟、牛晨光、贾利霞和郭永芳。元玉详和孔志宏主审。其中，第1章由付伟编写，第2章和第3章由牛晨光编写，第4章、附录B由郭永芳编写，第5章和第6章由贾永锋和胡元蓉编写，第7章、第8章和附录A由张世勇编写，第9章、附录C和课后习题由贾利霞编写。全书由张世勇统稿。

由于编者水平有限，书中难免有疏漏和不足之处，请各位读者批评指正。

编 者

第1版前言

目前计算机网络类教材有很多，但专门针对职业院校的学生开发的实验教材还不多。

大部分学校都没有足够的网络实验设备（交换机、路由器等）来支持交换机与路由器配置实验课。网络课往往理论内容过多，学生不能通过实验来真正掌握网络交换机与路由器的配置命令。

本书深入研究了交换机与路由器仿真软件Dynamips，在这个软件的基础上精心设计了29个实训实验项目，通过实训和实验，让学生在没有任何物理网络实验设备的条件下，仅用一台计算机就可以完成几乎所有的交换机与路由器的配置网络实验。

Dynamips能够虚拟交换机与路由器的功能，虽然在性能上和真实的交换机与路由器相比尚有差距，但不会影响到大家将其作为一个研究和学习网络技术的强大工具。世界各地有很多人正在利用它来准备CCNA/CCNP/CCIE考试。对于最高端的CCIE（Cisco Certified Internet Expert，思科认证Internet专家）考试，通常所需设备动辄以十万元计。而这个仿真软件几乎可以实现所有的思科考试实验。

当前以国家技能大赛为引导的职业教育的教学发展前景广阔，即使某些学校有一些网络设备，也远远不能满足全体计算机专业的学生的教学和实验要求，如果能够很好地利用优秀的仿真软件，那么往往可以收到良好的效果。

在一些高职院校，学生的自学和实验也受到很多困扰，如果能随意搭建网络实验平台，则可以非常好地熟练掌握网络设备的使用和命令操作以完成实验，为实际工作打下良好的基础。

本书没有在理论上做更多的讲解，这也正切合了职业学校学生的特点。他们的动手能力强于记忆能力。如果让他们先建立某种概念，用理论指导实践，他们往往不感兴趣或无所适从，而让他们先动手操作，尤其比照例子进行实验，然后自己创造实验，研究出结果，会激发求知欲，并真正学到操作技巧。最后在老师的指导下总结归纳，形成对概念和知识的理解。

本书主要章节包括：

第1章：网络基础知识。本章对网络相关基础知识概念进行了分析和精辟的讲解。

第2章：交换机与路由器基本配置。本章是对交换机与路由器的基本命令和各种模式进行介绍，是进行下一步实验的基础。

第3、4章：交换机基本配置和实验及路由器基本配置和实验。本章是对交换机和路由器的基本命令进行讲解，主要包括在交换机上的VLAN配置，在路由器上的静态路由配置。

第5、6章：交换机高级配置和实验及路由器高级配置和实验。本章是对交换机和路由器的更复杂的命令加以介绍，包括在三层交换机上的VLAN间路由，在路由器上的动态路由和NAT、PAT的配置。

第7章：安全配置实验。本章是针对网络安全进行的配置实验。

第8、9章：交换机与路由器综合实验和交换机与路由器配置命令总结，供学生学完全书内容进行综合实验和翻阅各种命令，总结学习。

书中的部分命令加了下划线，其作用是为提醒和强调，实际录入命令时是不必加下划线的。

附录为Dynamips GUI使用说明。附录中的内容非常重要，是学习本书的基础，可以结合第2章内容放在实验训练之前讲解。

为方便读者更好地学习，本书还附有配套资源包，其中包括实训项目手册、实验报告模板、电子教案、电子课件以及Dynamips模拟软件。

本书可以作为各类职业学校计算机专业、网络专业、通信专业的网络课程的实验教材，也可以供从事计算机网络设计、建设、管理、应用的技术人员在没有完整网络设备时的实验参考，可以供考生考试思科认证时的实验搭建参考。

本书由张世勇任主编。具体分工是：第1章由付伟编写。第2、3章由牛晨光编写。第4章由李刚编写。第5、6章由李阳、胡元蓉编写。第7、8章和附录由张世勇编写。第9章和实训项目手册以及实验报告模板等由陈颖编写。全书由张世勇负责统稿。

元玉祥和孔志宏对本书进行了审阅，他们提出了很多宝贵的意见和建议。在本书编写过程中，邢济慈、张旭、冯金为整个书的文字录入和实验验证做了大量的工作，在此一并深表感谢。

由于编者水平有限，本书错漏之处在所难免，敬请各位读者批评指正。

编　者

二维码索引

序号	视频名称	图形	页码	序号	视频名称	图形	页码
1	网络基础知识 五层参考模型		3	5	基本配置基本命令		36
2	网络基础知识 IP地址		9	6	Dynamips GUI安装使用说明		187
3	网络基础知识 子网掩码		11	7	Cisco Packet Tracer 安装使用说明		211
4	命令行模式		32				

目 录

第3版前言

第2版前言

第1版前言

二维码索引

单元1 网络基础知识 // 1

    1.1 计算机网络的概念 // 1

    1.2 计算机网络的功能 // 2

    1.3 TCP/IP五层参考模型 // 3

    1.4 IP地址 // 9

    1.5 子网掩码 // 11

    1.6 子网划分 // 15

    1.7 IP地址相关 // 17

    1.8 网络接入设备 // 19

    课后习题 // 26

单元2 交换机与路由器基本配置 // 29

    2.1 连接操作 // 29

    2.2 路由器交换机的命令行模式 // 32

    2.3 实验1——路由器交换机的基本配置命令 // 36

    2.4 实验2——路由器交换机的初始化对话过程 // 42

    课后习题 // 47

单元3 交换机基本配置和实验 // 49

    3.1 实验1——交换机基本连接以及通信 // 49

    3.2 实验2——在同一交换机划分不同网段 // 50

    3.3 实验3——基于端口划分VLAN // 50

    3.4 实验4——多交换机之间VLAN的设置 // 54

    3.5 实验5——设管理IP和Telnet密码 // 58

    课后习题 // 60

单元4　路由器基本配置和实验 // 63

4.1　实验1——路由器的基本配置 // 63
4.2　实验2——两台路由器的静态路由 // 66
4.3　实验3——三台路由器的静态路由 // 71
4.4　实验4——默认路由 // 75
课后习题 // 77

单元5　交换机高级配置和实验 // 79

5.1　实验1——升级到三层交换机接口 // 79
5.2　实验2——利用三层交换机实现VLAN间的通信
　　　（VLAN间路由实验1）// 81
5.3　实验3——利用三层交换机实现VLAN间的通信
　　　（VLAN间路由实验2）// 84
5.4　实验4——链路聚合 // 90
课后习题 // 93

单元6　路由器高级配置和实验 // 95

6.1　实验1——动态路由之RIP // 95
6.2　实验2——动态路由之OSPF协议 // 101
6.3　实验3——静态NAT // 106
6.4　实验4——动态NAT // 111
6.5　实验5——PAT // 114
课后习题 // 120

单元7　安全配置实验 // 121

7.1　实验1——交换机端口安全 // 121
7.2　实验2——标准IP访问控制列表 // 127
7.3　实验3——扩展IP访问控制列表 // 132
7.4　实验4——命名访问控制列表 // 136
7.5　实验5——基于时间的IP访问控制列表 // 140
课后习题 // 146

单元8　交换机与路由器综合实验 // 147

8.1　综合实验1 // 148
8.2　综合实验2 // 154

8.3 综合实验3 // 161
8.4 综合实验4 // 168

单元9 交换机与路由器配置命令总结 // 175

9.1 各种模式 // 175
9.2 交换机与路由器基本配置 // 176
9.3 交换机及VLAN的配置 // 177
9.4 路由器的配置 // 179

附录 // 187

附录A Dynamips GUI使用说明 // 187
附录B Cisco Packet Tracer使用说明 // 211
附录C 网络实验报告模板 // 232

参考文献 // 233

单元1
网络基础知识

学习目标

知识目标
> 了解计算机网络的基本概念；熟悉TCP/IP五层参考模型；熟练掌握IP地址和子网掩码的概念；理解子网划分的概念，并能够进行划分。

能力目标
> 在遇到网络故障时，能够根据TCP/IP五层参考模型的概念，分析网络故障的原因，找到故障点；能够用二进制的概念推演出IP地址的数量和范围。

素质目标
> 养成认真细致的学习习惯，对二进制能深刻理解；通过分析网络故障，养成遇到问题，能够分析问题、解决问题的素质。

1.1 计算机网络的概念

计算机网络就是把分布在不同地理区域的计算机或专门的外部设备（如手机）用通信线路（包括有线和无线的线路）互联成一个规模大、功能强的系统，从而使众多计算机可以方便地互相传递信息，共享硬件、软件、数据信息等资源。简单来说，计算机网络就是由通信线路互相连接的许多自主工作的计算机构成的集合体。

知识链接

计算机网络诞生自美国，我国20世纪90年代开始发展计算机网络，并拥有最大的互联网用户群体，但网络技术目前和发达国家还有一定差距。

纵观我国互联网发展的历程，可以划分为以下4个阶段：

第一代：远程终端连接阶段。时间：20世纪60年代早期。面向终端的计算机网络中，主机是网络的中心和控制者，终端（键盘和显示器）分布在各地并与主机相连，用户通过本地的终端使用远程的主机。只提供终端和主机之间的通信，子网之间无法通信。

第二代：计算机网络阶段（局域网）。时间：20世纪60年代中期，多台主机互联，实现计算机和计算机之间的通信，包括通信子网、用户资源子网。终端用户可以访问本地主机和通信子网上所有主机的软硬件资源，实现了电路交换和分组交换。

> 第三代：计算机网络互联阶段（广域网、Internet）。1981年国际标准化组织（ISO）制订了开放系统互连参考模型（OSI/RM），不同厂家生产的计算机之间可实现互联。TCP/IP诞生。
>
> 第四代：信息高速公路阶段（高速，多业务，大数据量）。ATM技术、ISDN、千兆以太网等技术，实现网上电视点播、电视会议、可视电话、网上购物、网上银行、网络图书馆等，达到高速、可视化。

1.2 计算机网络的功能

1. 数据通信

数据通信指的是通过通信线路在计算机之间产生一种信息交换方式。根据传输媒介的不同，分为有线数据通信和无线数据通信。

优势：比传统方法更高效更节省资源。

2. 资源共享

共享就是大家一起享用。资源就是需要共享的硬件（打印机、磁盘等）或者软件（程序、电影等）。

优势：共享资源的目的是避免重复的投资和劳动，从而提升资源的利用率，使系统的整体性能价格比得到提高。

3. 提高系统的可靠性

在一个系统内，单个部件和计算机的暂时失效必须通过替换资源的办法来维持系统的持续运行。但在计算机网络中，各种资源可以分别存放在多个地点，用户可以通过多种途径来访问网络内部的每个资源。

优势：避免了单点失效对用户造成影响。

4. 分布式网络处理和负载均衡

分布式指的是在分布式计算机操作系统支持下，互联的计算机可以互相协调工作，把多个分散节点的工作站通过网络连接成为一个整体，共同完成一项任务。也可以解释成：采用分布式计算结构，可以把原来系统内中央处理器处理的任务分散给相应的处理器，实现不同功能的各个处理器相互协调，共享系统的外设与软件。这样就加快了系统的处理速度，简化了主机的逻辑结构。

负载均衡是把多台计算机连接成网络后，各个计算机之间的忙闲程度是不均匀的，在同一网络内可以通过协同操作和并行处理提高整个系统的处理能力，使网络内各个计算机实现负载均衡。

> **拓展阅读**
>
> 我国的网民数量和网络规模均居世界第一，网络已经深度融入人们的学习、生活、工作。大数据、云计算、物联网、移动互联等技术的发展融合，导致安全风险复杂叠加并快速演化。维护我国网络安全，对于保障我国改革、发展和稳定，维护国家网络空间主权、安全和利益，都极其重要。

1.3 TCP/IP五层参考模型

考虑一个实际工作中的问题：小张参加工作，来到一个新的工作岗位并使用了一台陌生的计算机后，发现不能连接公司的FTP服务器。遇到这样的问题应该如何解决？按照什么方式和顺序解决？

扫描二维码观看视频

计算机网络是个非常复杂的系统。相互通信的两个计算机必须高度协调工作才行，而这种协调是相当复杂的。为了设计这样复杂的计算机网络，早在计算机网络设计早期就提出了分层的方法。

分层的好处有很多：

1）分层可将庞大而复杂的问题转化为较小的问题，较小的问题比较容易研究和处理。

2）灵活性好。当任何一层发生变化时，只要层间接口关系保持不变，在这一层以外的各层都不会受到影响。如果负责通信的模块进行了改进，则不需要同时修改文件格式转换模块。

3）结构上可分割。各层都可以采用最合适的技术来实现，有利于以后进行升级。

4）易于实现和维护。这种结构使得实现和调试一个庞大而复杂的系统变得更易于处理，因为整个系统已经被分解为若干个相对独立的子系统。

5）能促进标准化工作。因为每一层的功能都已有精确的说明。

比较著名的分层模型有国际标准化组织ISO提出的OSI七层参考模型。OSI七层参考模型在实际中并没有得到实现，而TCP/IP模型是目前在实际中使用得最多的模型，也是研究的重点。

TCP/IP是一个协议集合，严格的称呼应该是TCP/IP族，它在计算机网络中的发展令人吃惊，已经成为Internet的基础。

要想让两台计算机进行通信，必须使它们采用相同的信息交换规则，协议就是双方必须共同遵守的规则。两台计算机之间进行通信必须遵守TCP/IP。

打个简单的比方：想要给朋友写信，作为通信的双方，必须使用相同的语言，使用相同的书信格式，否则对方可能读不懂信的内容。

TCP/IP模型目前是五层参考模型，如图1-1所示。

| 应用层 |
| 传输层 |
| 网络层 |
| 数据链路层 |
| 物理层 |

图1-1 TCP/IP五层模型结构

1. 物理层

物理层（Physical Layer）也称为一层，这一层的处理单位是比特（bit），它的主要功能是完成相邻节点之间比特（bit）的传输。

物理层的主要作用是：

1）为设备之间的数据通信提供传输媒介和互联设备，为数据传输提供可靠的环境。

2）提供足够的宽带，满足点到点、一点到多点等的数据传输。

物理层的主要任务可以描述为确定与传输媒体的接口的一些特性。

1）机械特性：指明接口所用接线器的形状和尺寸、引线数目和排列、固定和锁定装置等。这很像平时常见的各种规格的电源插头的尺寸都有严格的规定。

2）电气特性：指明在接口电缆的各条线上出现的电压的范围。

3）功能特性：指明某条线上出现的某一电平的电压表示何种意义。

4）规程特性：指明对于不同功能的各种可能事件的出现顺序。

物理层协议的典型例子有：网卡上用的RJ—45规范、电话上用的RJ—11规范等。实际工作中包括了网卡、网线、综合布线系统等把计算机连接起来的物理特征。

（1）相关概念

bit：称为"位"，可以用小写字母b表示。

比特流：bit/s（位每秒），表示每秒传输多少位。

Byte：称为"字节"，是计算机CPU处理的最小数据单位，用大写字母B表示。

在默认情况下8bit=1B，在有的计算机系统中1B长度不一定就是8bit，所以数据传输单位是bit而不是Byte。

（2）相关设备：集线器

关于网络连接交叉线和直通线的线序、制作等内容，本书不再详细介绍，这些内容在"网络综合布线"等课程进行讲解。

仅在此把交叉线、直通线的基本要点列举如下。

1）网线的两种标准：

① EIA/TIA 568A标准。网线的排序为：绿白 绿 橙白 蓝 蓝白 橙 棕白 棕。

② EIA/TIA 568B标准。网线的排序为：橙白 橙 绿白 蓝 蓝白 绿 棕白 棕。

2）直通线的两头，要么都是EIA/TIA 568A标准，要么都是EIA/TIA 568B标准，即两头的排序是一样的。默认两头都是568B。

3）交叉线的两头，一头是EIA/TIA 568A标准，另外一头是EIA/TIA 568B标准。 EIA/TIA 568A标准和EIA/TIA 568B标准的差别就是8根网线中的1和3、2和6互换一下。

4）同种设备用交叉，异种设备用直通。路由器、PC属于同种设备，交换机和路由器属于异种设备。

例如：使用直通线的情况：路由器和交换机、交换机和PC。

　　　使用交叉线的情况：路由器和路由器、路由器和PC、PC之间、交换机之间。

5）需要特别注意的是：现在市场上很多路由器和交换机都具有端口MDI/MDI-X自动识别功能。具有端口自动识别功能的设备和其他任何类型的设备互联，都可以随意用直通线或交叉线，而不一定按照规则。但是PC之间连接必须用交叉线。

2. 数据链路层

数据链路层（Data Link Layer）也称二层，这一层的处理单位是帧（Frame）。数据链路层的主要功能是负责对物理层数据添加物理地址信息和必要的控制信息等，形成帧，并在传输路上进行无差错的传送。

数据链路层寻址采用的是物理地址，在常见的以太网中指的是MAC地址。MAC地址是固化在网卡上面的，全球唯一的，用48位二进制数标识的地址。

（1）重要概念：物理地址（MAC地址）

硬件物理地址（MAC地址）：MAC地址是固化（烧录）在网卡里的，也叫硬件地址，是由48位（6字节，一个字节=8位）二进制的数字组成。

如，44—4A—53—54—00—00（十六进制表示）。48位二进制数转换为十六进制时是每4位转换成一个十六进制字符。所以48/4=12个十六进制字符，同时8位二进制数代表一个字节，这样看到的MAC地址正好是6段。

也就是说，在网络底层的物理传输过程中，是通过物理地址来识别主机的，它一般也是全球唯一的。

（2）如何获得本机MAC地址

一般是单击"开始"→"运行"，在"运行栏"中输入"cmd"命令。

然后在弹出的cmd.exe命令提示符窗口，会出现命令提示符"C:\Documents and Settings\Administrator>"。

在提示符后面输入"ipconfig/all"命令，如图1-2所示。

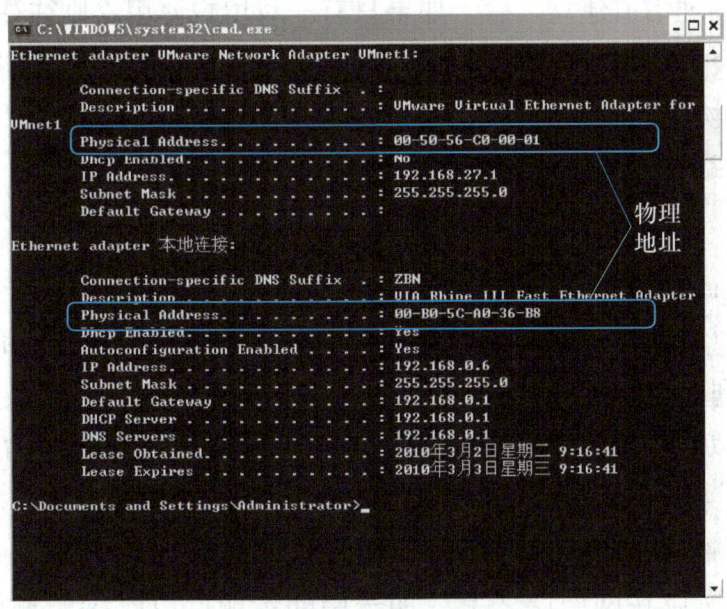

图1-2　物理地址

其中长方形框内的Physical Address就是物理地址，也叫MAC地址，图1-2中显示的计算机有两个网卡，也就有两个物理地址，其中"Ethernet adapter 本地连接"，是真实网卡的MAC地址，"VMnet1"是虚拟机虚拟的网卡。

（3）相关概念

帧：它有帧头、帧尾。帧头中有地址信息（MAC地址信息）、控制信息；帧尾里有校验信息；帧的中间是数据。

二层协议：以太网、帧中继、PPP（Point to Point Protocol，点对点协议）等。

（4）相关设备

二层交换机。

3. 网络层

网络层（Network Layer）也称三层，这一层的处理单位是包（Packet），这里的地址称为逻辑地址，即IP地址。三层可以建立网络连接和为上层提供服务。

网络层负责以下任务：

1）逻辑编址。将上层传递下来的数据添加逻辑地址信息（即IP地址）形成数据包。逻辑编址对于普通的通信服务是必需的，在互联网的环境中仅使用物理地址是不合适的，因为不同网络可以使用不同的物理地址格式。因此，需要一种通用的编址系统，用来唯一标志每一个主机，实现不同种物理网络间的通信。这就是IP地址的意义所在。

IP地址是用于Internet上唯一表示一台主机的32位二进制标识符，具体的IP地址和子网掩码，在本单元1、3、4节中将详细讲解。

2）路由选择。当许多独立的网络互联在一起组成互联网时，这些连接的设备就要选择合适的路径转发数据包，使其能够到达目标网络。在复杂的网络结构中，到达目标网络的路径可能并不唯一，选择何种路径到达，是路由选择要解决的问题。

另外，当一条物理信道建立之后，如果只有一对用户使用，则往往有许多空闲时间被浪费掉，人们自然会希望让多对用户共用一条链路，也是路由选择要解决的。

1）常见的三层协议：IP。

2）相关设备：路由器、三层交换机。

4. 传输层

传输层（Transport Layer）也称四层，这一层的处理单位是报文段（Segment，TCP时使用）/用户数据报（User Datagram，UDP时使用）。传输层在源节点和目的节点的两个进程实体之间提供端到端的数据传输。

传输层的主要功能是：对一个进行的对话或连接提供可靠的传输服务，在通向网络的单一物理连接上实现该连接的复用，在单一连接上提供端到端的序号与流量控制、差错控制及恢复等服务。因为网络层不一定保证服务的可靠，而用户也不能直接对通信子网加以控制，所以在网络层之上，加一层即传输层以改善传输质量。传输层负责以下任务：

1）进程标识。TCP和UDP利用端口号来标记不同的进程。例如，FTP服务使用的TCP端口号是21；HTTP默认使用TCP的80端口；Telnet使用的TCP端口号是23。

2）分段与重新安装。应用层提交给传输层的数据有可能很大，一个报文段没有办法容纳时，就需要进行分割成合适的大小，用在接收端还原成原始的应用层数据，这就是分段和重新安装的含义。

3）连接控制。TCP作为一个面向连接协议，需要连接建立、使用和释放的过程；与此对应，UDP作为一个无连接的协议，采取的是"随到随发"的方式传输数据，不需要在发送前建立连接、发送后断开连接，但不能保证数据包的可靠传送。

4）流量控制。如同数据链路层一样，传输层也负责流量控制。但传输层的流量控制是在端到端的意义上实现的，而不是在一条链路上实现的。

5）差错控制。和数据链路层的差错控制类似，只是传输层的流量控制是在端到端的意义上实现的，而不是在一条链路上实现的。

相关协议：

常见的传输层协议有：TCP（Transmission Control Protocol）和UDP（User Datagram Protocol）两种。

TCP是一种面向连接的、可靠的、基于字节流的运输层通信协议。当使用TCP时，有连接的建立、数据传输和连接的拆除3个阶段，提供可靠的数据传输服务。

UDP是一个无连接协议，提供不可靠的数据传输服务。当使用UDP时，不建立连接，当它想传送时就简单地去抓取来自应用程序的数据，并尽可能快地把它扔到网络上。虽然UDP是一个不可靠的协议，但它是分发信息的理想协议。例如，在屏幕上报告股票市场、在屏幕上显示航空信息等。在这些应用场合下，如果有一个消息丢失，在几秒之后另一个新的消息就会替换它。

5．应用层

应用层包括所有的高层协议。应用层不仅直接和应用程序接口结合而且提供常见的网络应用服务。

应用层的概念和协议发展得很快，使用面又很广泛，这给应用层功能的标准化带来了困难。比起其他层来说，应用层需要的标准最多，但也是最不成熟的一层。但随着应用层的发展，各种特定应用服务的增多，应用服务的标准化开展了许多研究工作。

相关协议：

远程登录协议（Telnet）允许用户登录到远程系统并访问远程系统的资源，而且可像本地用户一样访问远程系统。

简单邮件传输协议（Simple Mail Transfer Protocol，SMTP）最初只是文件传输的一种类型，后来慢慢发展成为一种特定的应用协议。

文件传输协议（File Transfer Protocol，FTP）提供在两台机器之间进行有效的数据传送的手段。

超文本传输协议（Hyper Text Transfer Protocol，HTTP）用于从WWW上读取页面信息。

还有别的一些应用层协议，例如，将网络中的主机的名字地址映射成网络地址的域名服务（Domain Name Service，DNS），用于传输网络新闻的网络新闻传输协议（Network News Transfer Protocol，NNTP）等。

6. 分层模型的应用

回答本节开始的问题：介绍一个利用从下至上、分而治之的方法案例。

小张参加工作，来到一个新的工作岗位并使用了一台陌生的计算机后，发现不能连接公司的FTP服务器，因此向技术人员求助。这名技术人员指导小张通过以下步骤来排除问题。

1）他先让小张使用ping命令来检查和服务器之间是否通，若不通，则从上一层开始进行排错，首先确定物理层没有问题，例如，网线是否不通，从客户端到服务器之间的物理连接是否正确，网卡上的指示灯是否处于正常的工作状态等。

2）在确认一层没有问题的情况下，网络依然不通，这时候通常要检察二层是否工作正常，通常在网络中二层的内容涉及VLAN的配置是否正确、交换机端口和客户机的网卡间的工作模式是否匹配等。

3）如果问题不在二层，但网络依然不通，则需要考虑三层的内容，例如，网络上经过的路由器上的路由表是否正确，客户端的TCP/IP是否正确安装，网管是否配置正确等。

4）问题如果在三层上依然没有解决，则就需要检查四层的信息，可能会使用telnet命令来测试和FTP服务器20、21端口的连通关系。如果不通，则可能是防火墙配置不恰当导致的问题。

5）如果telnet命令检测FTP服务器的端口也是通的，这时候则要怀疑是否在应用层上出现了问题，例如，客户端的FTP程序在配置上是否正确、服务器端关于用户的配置内容是否正确等。

案例中用到的技术和概念，在以后的学习中都会逐步接触到，通过这个例子，可说明如下几点：

1）网络上的问题，解决起来，有比较固定的思路，通常采用从低层到高层的方式，或者从高层到低层的方式。

2）使用分层思想，按照一定的逻辑顺序去解决问题，会降低解决问题的难度，并提供清晰的思路。

3）在应用分层思想去解决实际问题的时候，并不一定会用到这里的每一步，而是会根据实际情况进行灵活的安排，但总的来说，是按照层次思想来排错的。

分层思想应用到生活：

把分层思想应用到实际的班级打扫卫生中。教室一共分为四列五行。

由门口依次为第一列、第二列、第三列、第四列、第五列。

第一列：负责打扫教室卫生。

第二列：负责打扫清洁区卫生。

第三列：负责门窗卫生打扫。

第四列：负责讲台、课桌、黑板卫生。

第五列：负责走廊卫生。

第一行，周一打扫；第二行，周二打扫；第三行，周三打扫；一直到周五。这样，老师只要记住第几列、第几行负责做什么就可以找到相应的人，而不是问今天该谁打扫哪儿了，哪里没有打扫好。从而可以体会到分层思想带来的灵活，使得问题的复杂程度大大降低，而且能促进标准化工作。

1.4 IP地址

扫描二维码观看视频

IP地址是学习网络课程必须非常熟悉的概念，Internet的许多服务和功能都需要用到IP地址。本书讨论的IP地址是现在普遍采用的IPv4。了解IP地址，首先要了解地址这个概念。地址就是个人居住地，如果要写信给一个人，则要知道他（她）的地址，这样邮递员才能把信送到。计算机好比是邮递员，它必须知道唯一的"家庭地址"才不会把信送错。只不过前者的地址是用文字来表示的，而后者的地址是用数字表示的。

1. 重要概念：IP地址

IP地址就是给每个连接在Internet上的主机分配的一个唯一的、32位（bit）的地址。IP地址由32位二进制数组成，分为4段，每段8位，段与段之间用小数点隔开，然后将每8位二进制数转换成十进制就是大家看到的IP地址（点分十进制）。而每一个唯一的IP地址一般都和子网掩码成对出现，子网掩码也是由32位二进制数组成。

例如，根据TCP/IP规定，IP地址由32位二进制数组成。那么这个IP地址的形式应该是11001010 01100110 11100000 01000100，这样的IP地址对于人们来说无法更好地记忆和理解。为了使用方便，人们把这样的IP地址（32位二进制数）分成4段，每段为8位二进制数，段与段之间用圆点分开，然后把每段的8位二进制数转换成十进制数。于是上述32位的二进制IP地址就变成了202.102.224.68，这个IP地址是河南联通提供的动态域名解析（DNS）服务器地址。其他省市的DNS在互联网上都可以查到。

那么如何查看自己计算机的IP地址呢？一般使用"ipconfig/all"命令即可见到，如图1-3所示。

图1-3中，IP Address表示IP地址，Subnet Mask表示子网掩码，Default Gateway表示网关。这些英文单词和对应的中文名称很重要，以后会经常用到。

图1-3中，可以看到IP地址是172.18.1.1，子网掩码是255.255.255.0，网关是172.18.1.100。这就是点分十进制后的IP地址形式。

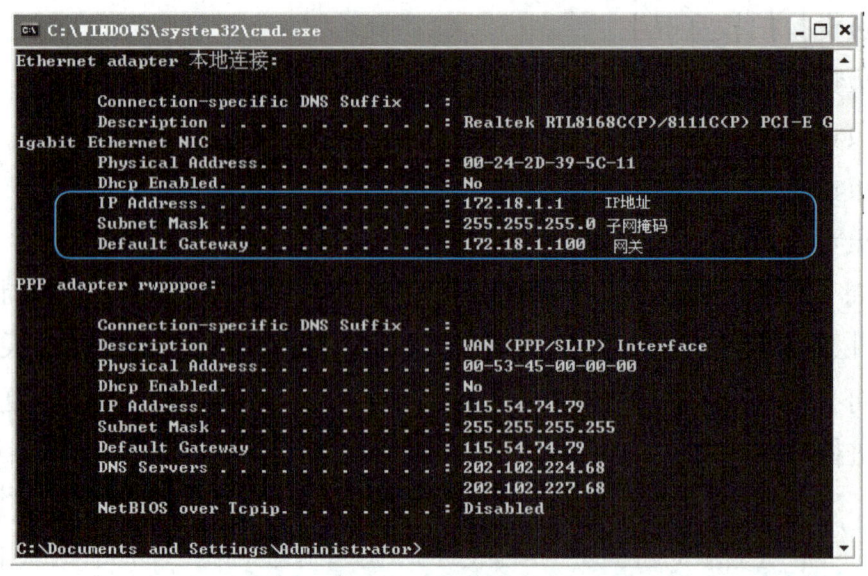

图1-3 IP地址、子网掩码、网关

2. 二进制

计算机处理任何信息都以二进制的形式进行。那么，二进制、十进制是什么？二进制和十进制之间是怎么转换的？为了更好地理解IP地址，首先了解一下二进制和十进制。

人们习惯使用十进制进行计算，也就是0~9为一个完整的序列，有10个数码，比9大"1"的数，无法表示，只能进位，变成"10"。十进制就是0~9十个数码。"10"就是十位上的1和个位上的0表示10，这种方式称为"逢十进一"。

那么二进制就是只有两个数码：0和1，想表示比1大"1"的数，无法表示，也只能进一位，变成"10"。

比1大"1"的数是2，也就是十进制中的2，用二进制表示就应该是"10"，以此类推，这种方式称为"逢二进一"，见表1-1。

表1-1 十进制和二进制对应

十 进 制 数	二 进 制 数	2的n次幂
0	0	
1	1	2^0
2	10	2^1
3	11	
4	100	2^2
5	101	
6	110	
7	111	2^3-1
8	1000	2^3
9	1001	

(续)

十 进 制 数	二 进 制 数	2的n次幂
10	1010	
11	1011	
12	1100	
13	1101	
14	1110	
15	1111	2^4-1
16	10000	2^4

表1-1中详细地说明了二进制"逢二进一"的表示方法。当使用二进制计数时，1加1并不是等于2，因为二进制没有2这个数码，只有0和1两个数码，所以只好"逢2进1"。十进制的2表示为"10"，同理，再加1也不等于3，而是等于11。11为二进制数中两位数的最大值，就相当于十进制的99，比99大"1"的数是"100"，所以在二进制数中，比11大"1"的数也是100，相当于十进制的4。

熟悉并掌握表1-1会对今后学习计算机很有帮助。

仔细观察表1-1，会发现如下规律：

$2^1=2$，用二进制表示是"10"，1个0。

$2^2=4$，用二进制表示是"100"，2个0。

$2^3=8$，用二进制表示是"1000"，3个0。

$2^4=16$，用二进制表示是"10000"，4个0。

还有一个规律：

3位二进制数最大是3个1："111"，表示成十进制是7，也就是2^3-1。

4位二进制数最大是4个1："1111"，表示成十进制是15，也就是2^4-1。

那么IP地址的每一段是8位，8位二进制数最大是8个1："11111111"，也就是$2^8-1=255$，可见IP地址的每一段最大是255，如果看到一组这样的数：192.168.354.78，可千万不要认为这是合理的IP地址，因为IP地址的每段最大不超过255。

这些对应关系对学习也是很有帮助的，见表1-2。

表1-2 二进制和十进制的对应关系

2^0	2^1	2^2	2^3	2^4	2^5	2^6	2^7	2^8	2^9	2^{10}
1	2	4	8	16	32	64	128	256	512	1024

1.5 子网掩码

1. 子网掩码的定义

扫描二维码观看视频

子网掩码和IP地址一般是成对出现的，可以说只要有IP地址就一定会有相应的子网掩码，只提到IP地址而没有相应的子网掩码是不完整、不全面且有问题的。所以要养成一个习惯，把IP地址和相应的子网掩码放在一起。

子网掩码是由32位二进制数组成，也用点分十进制来表示。但子网掩码由两部分组成，前面一部分是连续的"1"，后面一部分是连续的"0"，而通常也是用点分成4个部分，每部分用十进制来表示。

二进制数11111111.11111111.11111111.00000000转换成十进制就是255.255.255.0，这就是最常用的一个子网掩码，如图1-4所示。

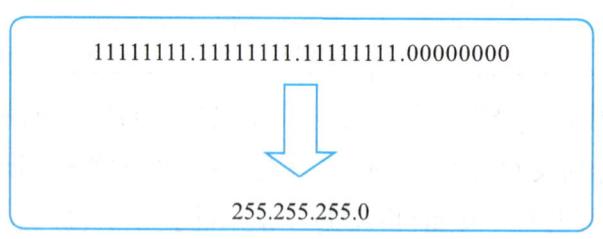

图1-4 子网掩码对应图

2. 子网掩码的作用

子网掩码不能单独存在，它必须结合IP地址一起使用。子网掩码只有一个作用，就是将某个IP地址划分成网络位和主机位两个部分。

子网掩码有两个部分，全1部分和全0部分。这两个部分之间就像有一条分界线，这条分界线将对应的IP地址分成了两个部分：全1部分对应的IP地址称为网络位；全0部分对应的IP地址称为主机位。

此处要注意的是IP地址被分为了网络位和主机位，如图1-5所示。

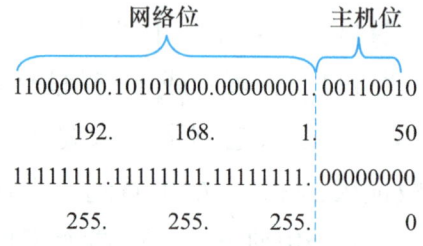

图1-5 子网掩码划分

网络位用于表示不同的网络，就像固定电话的区号部分。假设对方的区号为"010"，据此可以得出这个是北京的号码，但是具体的电话号码就无法知道了。IP地址也是一样，根据网络位可以确定通信方属于哪一个网络区域，但却无法确定具体主机（计算机）。

主机位用于标识特定网络区域内部的某台主机，就像区号后面具体的电话号码。根据这个号码可以拨通对方的电话，确定唯一通话方。IP地址的主机位也可以唯一确定通信方主机。

3. 相关重要概念

（1）网段

网络位相同的IP地址属于同一网段，或者说网段就是同一网络位的IP地址的集合。例如，子网掩码均为255.255.255.0，那么192.168.0.1、192.168.0.2和192.168.0.3等这类IP地址就是同一个网段的，因为它们的网络位都是192.168.0。

当子网掩码为255.255.255.0时，用192.168.0.0来表示这个网段，最后这个0表示的是整个网段。

在同一个网段内的IP地址是不能重复的，这个网段能容纳的主机是多少呢？根据网段定义，前面的网络位是不能改变的，192.168.0.0～192.168.0.255就是整个网段所能容纳的主机个数。0～255中有256个数，但是192.168.0.0表示的是整个网段，这个号不能用。192.168.0.255是这个网段的广播位，也不能用。256-2=254就是这个网段所能用的主机个数。

注意：网段的第一个号表示网段，最后一个号表示广播位。所以网段的容量一定是：网段范围-2，例如，256-2=254个。

如图1-6所示，某公司有4台主机连到一台二层交换机上。

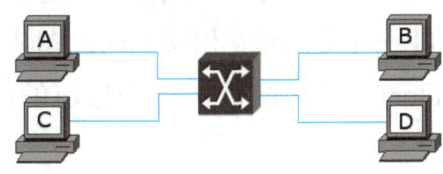

图1-6　交换机连接拓扑图

主机A：　192.168.1.20　　255.255.255.0
主机B：　192.168.1.8　　255.255.255.0
主机C：　192.168.2.30　　255.255.255.0
主机D：　192.168.2.8　　255.255.255.0

经过比较A、B、C、D 4台主机的IP地址和子网掩码，发现A主机和B主机有相同的网络位"192.168.1"，C主机和D主机有相同的网络位"192.168.2"，所以主机A和主机B之间可以正常通信，主机C和主机D之间可以正常通信。但是主机A和主机C、主机D就无法通信了，因为它们不在同一个网段中。

假如你是网络管理员，你想让它们全网互通，该怎么解决这个问题呢？

解决的方法是把主机C和主机D的网络位改成"192.168.1"，使所有主机都在同一网段即可。但是千万不要忘记IP地址的主机号在同一网段是唯一的，在同一网络中，IP地址也是唯一的。主机B和主机D的主机位都是8，需要修改一个。所以新的修改方案为：

主机A：　192.168.1.20　　255.255.255.0
主机B：　192.168.1.8　　255.255.255.0
主机C：　192.168.1.30　　255.255.255.0
主机D：　192.168.1.9　　255.255.255.0

把主机D的IP地址改为192.168.1.9或其他不重复的号即可。

（2）网关

如果不是同一网段的主机是不是就不能通信了？如果是那样，就不存在Internet了。只要借助路由器这样的三层设备（或三层交换机），不同网段的主机之间也是可以通信的。

数据包在向外发送的时候，如果目标地址是其他网段的IP地址，那么这个数据包将发送到网关，再由网关设备转发到其他网段。从一个网络向另一个网络发送信息，也必须经过这道"关口"，这道转发关口就是网关，如图1-7所示。

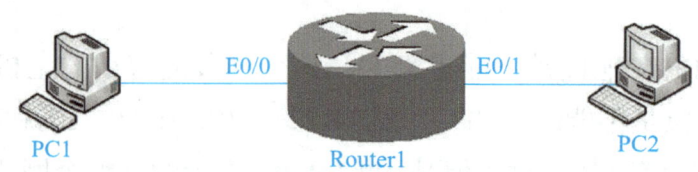

图1-7　路由器连接拓扑图

为简化起见，假设这个例子中子网掩码全是255.255.255.0。

PC1的IP地址是192.168.0.2，PC2的IP地址是172.18.0.3。

那么，PC1的网关就是路由器Router1上的E0/0接口，这个接口的IP地址可以设定，一般设定为192.168.0.1，和PC1属于同一网段。网关和PC1一定是同一网段，否则就无法通信了。

PC2的网关就是路由器Router1上的E0/1口，这个接口的IP地址可以设定，一般设定为172.18.0.1，和PC2属于同一网段。

经过路由器这样的三层设备，PC1和PC2属于直连，存在直连路由，它们之间不是同一网段也可以直接通信。而图1-6中的交换机是二层交换机，没有路由功能，只能让同一网段的主机进行通信。

根据Internet协议，人们还把IP地址分成若干类，比如，A类、B类、C类、D类、E类，一共5类。

在Windows XP操作系统中配置IP地址和子网掩码的方法是：鼠标右键单击桌面上的"网上邻居"，选择"属性"。

在弹出的"网络连接"窗口中，右键单击"本地连接"，选择属性。

在弹出的"本地连接属性"窗口中选择"Internet协议（TCP/IP）"，如图1-8所示。

选择"属性"，会弹出另一个窗口，在此窗口中可设定IP地址，如图1-9所示。

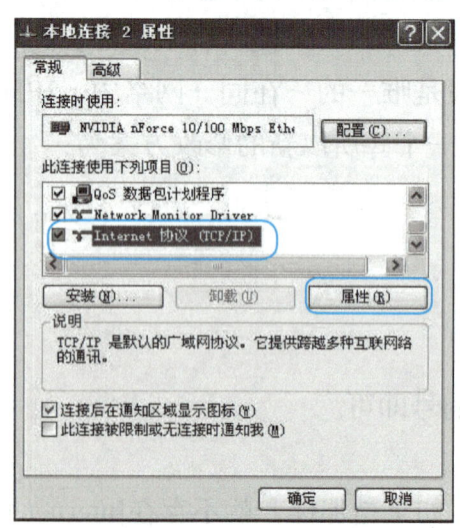

图1-8　本地连接属性

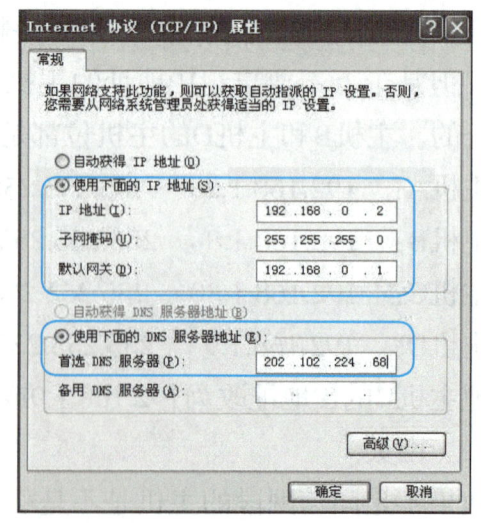

图1-9　设定IP地址

在图1-9中可以设定主机的IP地址，根据IP地址的规则，如果输入的IP地址大于255，如输入560，则会弹出如图1-10所示的错误提示。

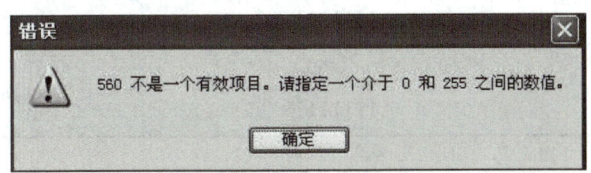

图1-10　IP地址错误提示

1.6 子网划分

由于IP地址资源紧张，为了更灵活地应用IP地址，可以根据需要对IP地址进行子网划分，划分后的IP地址就不再符合原来的A、B、C等分类的特点，因此这些IP地址称为无类地址。

一方面由于IP地址在Internet上是唯一的，有类地址不能满足各种网络的要求；而另一方面，随着互联网应用的不断扩大，IP地址资源越来越少。为了实现更小的广播域并更好地利用主机地址中的每一位，可以把基于类的IP网络进一步分成更小的网络，每个子网由路由器界定并分配一个新的子网网络地址，子网地址是借用基于类的网络地址的主机部分创建的。

子网的划分是通过子网掩码划分实现的，不同的子网掩码分割出不同的子网，这就像分大饼一样，一张饼可以分成几份，每份有多少，取决于怎么切。

那么如何应用子网掩码的划分呢？

子网掩码是由全1部分的网络位和全0部分的主机位组成的，如图1-11所示。

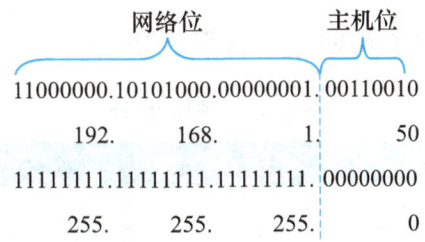

图1-11　子网掩码划分

图1-11中，全1部分一共有3×8=24个1。如果把子网掩码的网络位（全1部分）向右移动，子网掩码会变成如下情况：11111111.11111111.11111111.10000000，就是25个1，那么根据点分十进制的规则，这个子网掩码就变成了255.255.255.128。

这样做的结果会使原本192.168.1.0，子网掩码为255.255.255.0的这个网段，被分成两段。

导致这种结果的原因是网络位成为了25位，主机位自然就变成了7位，7位的主机位的变化范围是0000000～1111111，写成十进制就是0～127，见表1-3。

表1-3 主机位减少

192.168.1.0	0000000	0～127共128位
192.168.1.0	1111111	
192.168.1.1	0000000	128～255共128位
192.168.1.1	1111111	

这样，在子网掩码为255.255.255.128的情况下，192.168.1.0～192.168.1.127这一组IP地址就成为了一个网段，因为这些IP地址的网络位相同。而192.168.1.128～192.168.1.255就成为了另一个网段，因为它们的IP地址的网络位相同。

仔细观察表1-3，并认真思索，会得出以下结论：

1）子网掩码为255.255.255.128时，192.168.1.0这个网段被划分成为了两个网段。

2）一号网段，192.168.1.0～192.168.1.127共128位，除去第一位0和最后一位127，这个网段能使用的主机位是128-2=126个。

3）二号网段，192.168.1.128～192.168.1.255共128位，除去第一位128和最后一位255，这个网段能使用的主机位是128-2=126个。

4）在此情况下（子网掩码为255.255.255.128时），IP地址192.168.1.56和192.168.1.156不是一个网段的，配置在同一个二层交换机上是不能通信的。

很多时候，人们为了方便，把子网掩码写成/n的形式，其中n表示子网掩码为1的个数，n也就是网络位的位数。比如，/24是指子网掩码的前24位为1，其余为0，那/24就表示子网掩码是255.255.255.0。

/25表示网络位是25个1，子网掩码就是255.255.255.128，其中128指的是二进制数10000000。

/26表示网络位是26个1，子网掩码就是255.255.255.192，其中192指的是二进制数11000000。

熟记表1-4对今后熟练掌握子网划分会有很大帮助。

表1-4 子网划分

子网掩码	十进制末段	子网数	子网的主机数	子网可用主机数
/24	0	1	256	254
/25	128	2	128	126
/26	192	4	64	62
/27	224	8	32	30
/28	240	16	16	24
/29	248	32	8	6
/30	252	64	4	2

小技巧

计算子网掩码的十进制最后一段时，需要用到二进制和十进制转换。在二进制和十进制转换时，利用Windows操作系统自带的计算器可以起到很好的效果。

打开计算器，选择"查看"→"科学性"命令打开科学计算器，如图1-12所示。

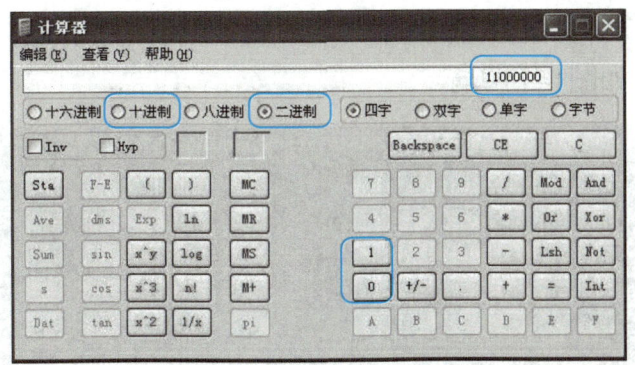

图1-12 科学计算器

二进制转换为十进制时：选中科学计算器的"二进制"单选按钮，然后输入二进制数，如11000000。然后选择"十进制"单选按钮，文本框就会把刚才输入的数转换成十进制192，如图1-13所示。

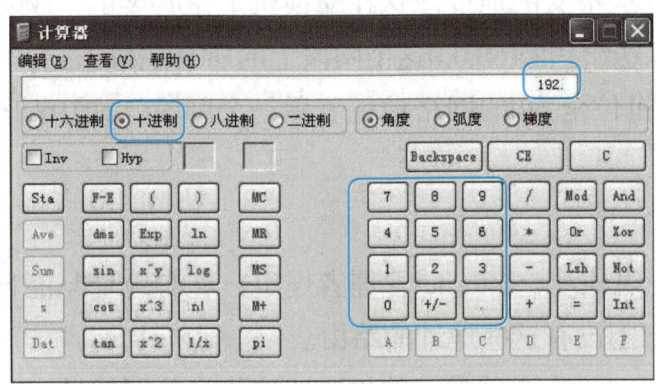

图1-13 利用科学计算器进行进制转换

子网划分也可以向左移动。例如，23表示网络位有23个1，子网掩码表示为255.255.254.0，子网的主机位变成了9位，那么每个子网的主机数就变成了512个，可以用的主机数变成了510个，这样做的好处是可以增加网段的主机数，使网络变大。

但在具体的工作中很少有把网络变大的，为了网络的安全性和可靠性，都是把网络划小。

思考题：某公司有5个部门，生产部有45台主机，研发部有20台主机，其余3个部门各有6台主机，还有两台服务器，该公司准备采用192.168.100.0/24，但又希望为每个部门独立划分一个网段，该怎么做呢？

1.7 IP地址相关

本节将继续介绍有关IP地址的其他知识。

1. 特殊的IP地址

在计算机中存在一些特殊的IP地址。

1）127.0.0.1是本地回环地址（loopback），代表本主机，用于网络测试和本地机进程间通信。这个IP地址不能出现在任何网络上。例如，可以用"ping 127.0.0.1"命令来测试本主机网卡是否正常，如图1-14所示。

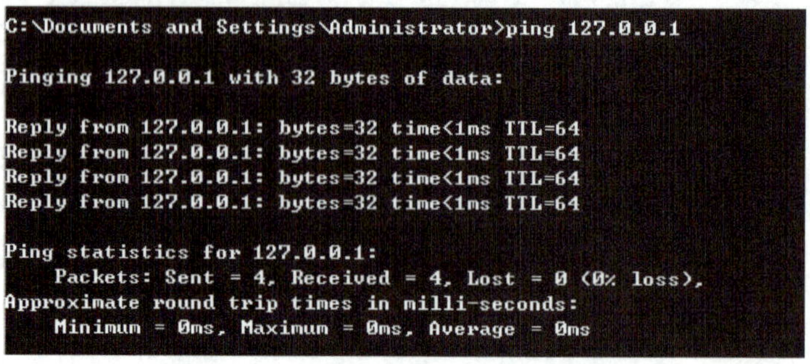

```
C:\Documents and Settings\Administrator>ping 127.0.0.1

Pinging 127.0.0.1 with 32 bytes of data:

Reply from 127.0.0.1: bytes=32 time<1ms TTL=64
Reply from 127.0.0.1: bytes=32 time<1ms TTL=64
Reply from 127.0.0.1: bytes=32 time<1ms TTL=64
Reply from 127.0.0.1: bytes=32 time<1ms TTL=64

Ping statistics for 127.0.0.1:
    Packets: Sent = 4, Received = 4, Lost = 0 (0% loss),
Approximate round trip times in milli-seconds:
    Minimum = 0ms, Maximum = 0ms, Average = 0ms
```

图1-14　测试本地回环地址

2）广播地址。TCP/IP规定，主机部分全为1的IP地址用于广播。所谓广播地址是指同时向网络上所有主机发送报文的地址。这在交换机上是必要的。例如，192.168.0.255就是一个广播地址，将信息送给192.168.0.0这个网段上的所有主机。

3）网段地址。主机位全为0的网络地址表示一个网段，如192.168.1.0，表示这个网段中所有的IP地址。

2. 私有IP地址

IP地址中规划出一组地址，Internet管理者规定：私有地址只能自己组网使用，不能在Internet上使用。Internet上没有这些地址的路由。

与之相对应的在Internet上全球唯一的IP地址被称为公网地址，只有把自己组的局域网中的私有地址转换成公网地址才能访问Internet或和外部网络进行通信。

留用的私有网络地址有：

A类：10.0.0.0 ～ 10.255.255.255；

B类：172.16.0.0 ～ 172.31.255.255；

C类：192.168.0.0 ～ 192.168.255.255。

家用小型路由器常用的配置IP地址为192.168.0.1。

3. 静态和动态IP地址

局域网的IP地址分配可以分为静态分配和动态分配两种。

（1）静态分配IP地址

静态分配就是像图1-9那样分配，手工输入本机的IP地址。静态分配的IP地址是固定的，一旦设定便不能轻易改动，因为在一个网络中，静态分配的固定IP地址不能重复，假如随意改动，则会造成IP地址冲突，两台主机都将不能使用网络。

静态分配IP地址只适用于小型的网络，因为每台主机都需要规划好固定的IP地址、子网掩码、网关、DNS等，绝不能重复。最好设计一张详细记录每台主机的IP地址相关参数的表格，然后再去主机上逐个设置必要的参数。当主机一旦需要移动或改变网络时，就需要重新人工设定IP，比较麻烦。

但对于服务器来说，静态分配IP地址是非常必要的，服务器不适宜经常更换IP地址。静态IP不用增加额外的服务器设备，也不占用网络资源，一旦发生故障，很容易确定故障点。

（2）动态分配IP地址

动态分配IP地址指的是由一台专门的DHCP（动态主机配置协议）服务器动态地为网络中的计算机分配IP地址及TCP/IP配置信息，包括IP地址、子网掩码、网关、DNS等。DHCP提供安全、可靠、简单的网络设置，避免了IP地址冲突，大大降低了人工设置IP的负担。网络越大，效果越明显，即动态分配IP地址更适用于大型网络。

动态分配IP地址还可以节约IP地址资源。动态分配IP地址时，若某一个IP地址没有被主机使用，则可以分配给其他的主机。由于很多主机不一定同时开机使用，因此动态分配IP的地址池内的IP地址数量可以少于主机数。

但是动态分配IP地址需要DHCP服务器，一旦服务器出现故障，则整个网络有可能瘫痪，大型网络还需要增加备份服务器，从而增加了网络使用成本。另外，DHCP服务器分配地址要占用一定的网络资源，同时不易定位故障点。另外，现在很多路由器都有DHCP功能，这样可以节省一些成本。

所以，能根据网络大小和成本预算，选择适合的IP地址分配方式，或者两者结合起来，合理地分配IP地址，更好地使用网络资源，才是优秀管理员的工作。

4. IP地址、MAC地址绑定

由于IP地址的唯一性，不管是动态还是静态分配IP地址，都存在被非法盗用或误操作造成的安全隐患。为了增加网络安全，可以采用IP地址、MAC地址绑定的办法来保障合法用户的权益。通过IP地址与主机MAC地址的绑定，可以将IP地址固定给某台主机使用。

地址绑定的方法有很多。可采用命令"arp －s IP地址 MAC地址"，如"arp －s 10.0.0.80 00-AA-00-4F-2A-9C"就可以将IP地址10.0.0.80解析成物理地址00-AA-00-4F-2A-9C的静态ARP缓存项，客观上绑定了地址。

利用DHCP服务器也可以实现地址绑定，具体方法本书就不作详细介绍。

在交换机端口进行地址绑定，见本书单元7"安全配置实验"中的7.1节"交换机端口安全"。

1.8 网络接入设备

1. 网络中的计算机

大家在讨论网络设备时，往往忽略了计算机。计算机是网络中必不可少的重要设备，不管什么样的网络，人们还是和计算机打交道最多。

网络中的计算机一般分为3类。

（1）个人计算机

个人计算机（PC）就是网络用户使用的普通计算机。计算机中一般安装Windows系列操作系统。个人计算机在网络中处于终端地位，完成网络计算机的各种应用。早期的网络工作站在硬件上可以配置低一些，甚至充分利用网络资源，节省硬盘等存储设备。随着计算机技术的发展，硬件设备的成本降低，PC越来越普及，就不存在网络工作站这种专门的工作站了，都由PC代替。

（2）网络服务器

网络服务器是一台高性能计算机，大多数时候是网络服务的核心。服务器承担的功能有很多，根据服务内容可以称为文件服务器、邮件服务器、域名服务器、打印服务器、数据库服务器等。

随着人们对网络的要求越来越高，其安全性、可靠性、数据处理能力等都成为了考察服务器优劣的重要内容。由于硬件配置越来越高，因此价格也比较昂贵。

服务器一般采用专门的操作系统，如Windows Server系列、Linux等。

（3）网络工作站

这个概念已逐渐淘汰，这里不作介绍。

2. 网卡

网卡（NIC）又称网络接口卡或网络适配器。它安装在计算机中，通过传输介质与集线器或交换机、路由器相连，是将计算机接入局域网的必备设备。广义上的网卡由网卡驱动程序和网卡硬件组成，驱动程序使网卡和计算机系统兼容，实现PC与网络的通信，没有安装驱动程序的网卡是不能和其他计算机通信的。网卡硬件和驱动程序安装成功后会在桌面上出现"网上邻居"图标。

右键单击"我的电脑"，选择"属性"，在出现的"系统属性"窗口中选择"硬件"选项卡，单击"设备管理器"，选择"网络适配器"，就会看到当前网卡的配置情况，如图1-15所示。

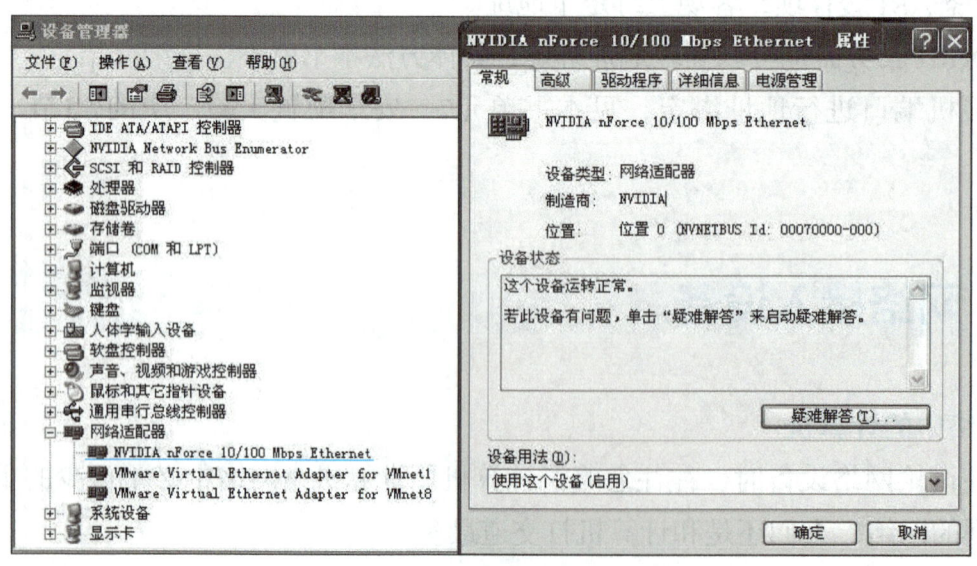

图1-15　设备管理器中的网卡

右键单击某个具体网卡，选择"属性"，会弹出该网卡的属性窗口，如图1-15所示。

在每块网卡的ROM中烧录了一个世界唯一的ID号，即MAC地址，这个MAC地址表示安装这块网卡的主机在网络上的物理地址，它由48位二进制数组成，通常分为6段，一般用十六进制表示，如00-17-42-4F-BE-9B。局域网中根据这个地址才能通信。在命令行方式下，用"ipconfig/all"命令可查看网卡芯片型号、MAC地址和网络连接等信息。用"ipconfig/all"命令查看网络信息情况，一块是虚拟机的虚拟网卡VMware net1，另一块是"本地连接"，是真正的物理网卡。

网卡的主要功能是接收和发送数据。网卡与主机之间用并行通信，网卡与传输介质之间用串行通信，接收数据时网卡将来自传输介质的串行数据转换为并行数据暂存于网卡的RAM中，再传送给主机；发送数据时将来自主机的并行数据转换为串行数据暂存于RAM中，再经过传输介质发送到网络中。网卡在接收和发送数据时，可以用"半双工"或"全双工"的方式完成，现在的网卡绝大部分都是全双工通信的。常见的有10/100Mbit/s自适应网卡芯片和10/100/1000Mbit/s自适应网卡芯片以及无线网卡芯片。

网卡的主控制芯片是网卡的核心器件，一块网卡性能的好坏，主要就是看这块芯片的质量。网卡芯片的型号决定了网卡的型号。网卡芯片厂商主要有Intel、Realtek、3COM、Marvell、Broadcom、Davicom、Atheros、VIA、SIS等。

可以从不同角度对网卡进行分类。

（1）按网卡结构分类

按网卡结构分类可分为集成网卡和独立网卡两类。对于台式机，计算机主板大多数集成了RJ—45接口的网卡，笔记本式计算机大多数集成了RJ—45接口网卡和无线网卡。独立网卡是独立的，PCI接口的网卡通过PCI插槽插到计算机上，USB接口的网卡用USB接口与计算机相连。RJ—45接口网卡是目前主流的网卡设备，一般适用于星形拓扑结构。

（2）按带宽分类

按带宽分类，有线网卡主要有10Mbit/s网卡、100Mbit/s网卡、10/100Mbit/s自适应网卡、1000Mbit/s网卡、10/100/100Mbit/s自适应网卡以及10Gbit/s自适应网卡。目前使用的网卡大多数是10/1000Mbit/s自适应网卡，自适应网卡是指网卡可以与远端网络设备（集线器/交换机）自动协商，确定当前传输速率是10Mbit/s还是100Mbit/s。

（3）传输介质分类

按传输介质分类，有双绞线RJ—45接口网卡，图1-16所示为PCI接口的RJ—45网卡。图1-17所示为USB接口的RJ—45网卡。光纤接口（ST、SC）网卡如图1-18所示。图1-19所示为USB无线网卡。粗同轴电缆AUI端口网卡和细同轴电缆BNC端口网卡均已淡出市场。

图1-16　PCI接口的RJ—45网卡

图1-17　USB接口的RJ—45网卡

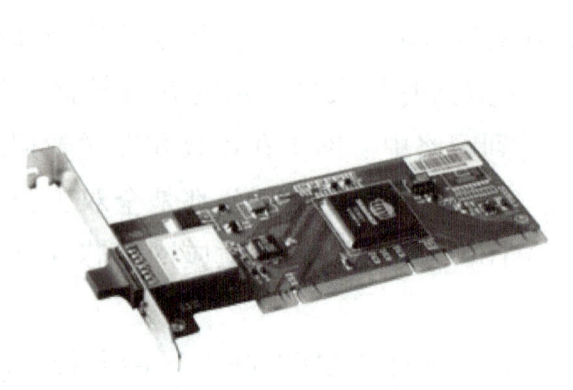
图1-18　光纤接口网卡

图1-19　USB无线网卡

3. 集线器

最早的网络可能是两台计算机连接在一起。现在最常采用的星形网络一般都是计算机通过网线连接在集线器（Hub）或交换机上。

集线器是网络从总线型结构转变到星形结构的关键设备，集线器是多口中继器，主要功能是对接收到的信号进行再生整形放大，以扩大网络的传输距离，连接不同结构的网络，同时把所有节点集中在以它为中心的节点上。它把一个端口接收的全部信号向所有端口转发。在功能上，一些集线器在转发之前将弱信号放大后重新发出，一些集线器则排列信号的时序以提供所有端口间的同步数据通信。

由于对应OSI参考模型的第一层，因此集线器称为物理层设备。随着交换机技术的发展，集线器已逐步被交换机所取代，目前主要用于小型低端网络接入层和工业以太网。

集线器的基本工作原理是使用广播技术，就是集线器从任一个端口收到的信息包后，将此信息包广播发送到其他所有端口。各端口接收到这条广播信息后，对信息进行检查，发现该信息是发给自己的则接收，否则不予理睬，丢弃该信息。

集线器只支持半双工通信。

所有链接到集线器的设备共享同一介质，其结构是它们也共享同一冲突、广播和带宽。因此集线器和它所连接的设备组成了一个单一冲突域。如果一个节点发出一个广播信息，则集线器会将这个广播信息传给所有它相连的节点，因此它是一个单一的广播域。

冲突、冲突域、广播、广播域概念如下。

1）冲突：在以太网中，两个数据帧同时被发送到物理层传输介质并完全或部分重叠时，就发送了数据冲突，当冲突发生时，物理网段上的数据都不再有效。

2）冲突域：在同一个冲突域中每一个节点都能收到所有被发送的帧。

3）影响冲突产生的因素：冲突是影响以太网性能的重要因素，由于冲突的存在，使得传统的以太网在负载超过40%时，效率将明显下降。产生冲突的原因很多，如同一冲突域中节点数量越多，产生的冲突可能性就越大。此外，诸如数据的长度（以太网的最大帧长度为1518B）、网络的直径等因素也会影响冲突的产生。

4）广播：在网络传输中，向所有连通的节点发送信息称为广播。

5）广播域：网络中能接受设备发出广播帧的所有设备的集合。

和总线型网络相比，集线器的最大优点是当网络系统中某条线路或某节点出现故障时，不会影响网上其他节点的正常工作。随着网络技术的发展，集线器的缺点越来越突出：①用户带宽共享，所以带宽受限；②广播方式，易造成网络风暴；③非双工传输，网络通信效率低。随着交换技术的发展，集线器市场越来越小，处于淘汰的边缘。目前主要用于家庭或者小型企业网络组建以及数据通信量较少的计算机控制领域。现在网络连接一般采用交换机。

4. 交换机

用广播方式来通信，当网络中的主机超过一定数量时会产生严重的冲突，广播风暴更会使网络崩溃，在这种情况下，交换机诞生了。

交换机是基于MAC地址来转发信息，而不是以广播方式。交换机中存储并可以更新一张表，表中是计算机的网卡上MAC地址和交换机上的端口的对应关系。发送数据时按照表内对应关系进行转发，每个数据包独立地从源地址被直接送至目的地址。实现点对点通信，避免了端口冲突。

交换机是现代计算机网络中必备的设备，交换机的选择、配置和管理是计算机网络专业必须掌握的技术。但目前交换机设备种类繁多，各个品牌甚至同一品牌不同型号的交换机配置命令都不尽相同，完全掌握各种命令是不现实的。本书基于Cisco交换机，充分利用仿真软件Dynamips，仿真交换机和相应的路由器进行配置和实验。

根据交换机的工作模式，一般把交换机分为二层和三层。

二层交换机仅工作在二层（数据链路层），由于二层是用MAC地址确定目标，所以在这层工作的交换机是不需要涉及IP地址这个概念的，也就是说二层交换机的端口（接口）是无法设定IP地址的。它只能让同一网段的计算机通信。

三层交换机可以工作在二层，同时也可以工作在三层（网络层），也有三层接口，在三层接口可以配置IP地址，通过路由实现不同网段之间的通信。一般小型网络使用二层交换机即可。中大型网络需要使用路由功能，可以考虑使用三层交换机实现。

另外，还有一些特别简单的、只能连接主机没有网管接口的交换机，这只可能是二层交换机。本书涉及的交换机都是可以通过网络管理的，需要用命令行方式来管理。现在很多交换机和路由器都同时提供Web方式进行管理，Web方式直观易懂，只要明白了交换机和路由器的工作原理，就可以很容易配置。但是，Web配置方式比命令行方式功能弱很多。

交换机外观和拓扑连接图，如图1-20所示。

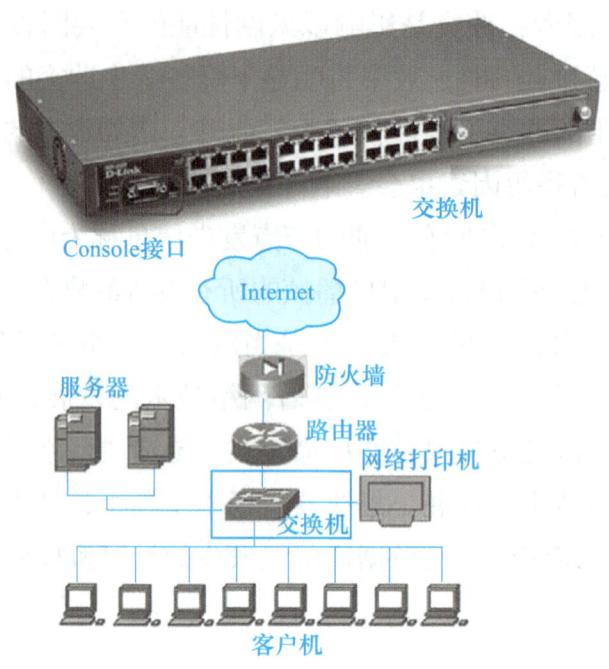

图1-20　交换机外观和拓扑连接图

交换机机柜实物连接，如图1-21所示。

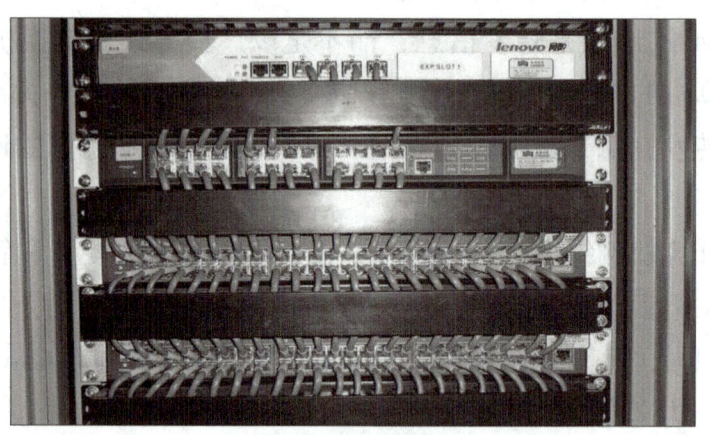

图1-21　交换机机柜实物连接

5．路由器

随着网络技术的不断发展，Internet迅速扩张，各种不同类型的网络越来越多，路由器成为解决不同类型网络通信的重要设备。

路由的概念通俗地说就是找路，它是指寻找从一个点到另一个点的"合理"路径的过程。

路由器就是在计算机网络中用于为数据寻找合理路径的设备。在同一个网段，数据包可以直接传递到目的地址，在不同的网段，就需要路由器根据IP地址将数据包转发到正确的目的地。路由器有时是具有路由功能的设备，如三层机等。

路由器工作在网络层，也就是第三层。网络层最主要的任务是逻辑编址和路由选择（参见本单元1.3节）。所以它用来判断和定位并传输数据是依靠逻辑地址，也就是IP地址来完成的。

（1）路由器的基本功能

路由器连接多个网络或网段，至少和两个网段相连，它的基本功能是：

1）连接不同网络。

2）确定转发的最优路径。

其他功能还包括：

1）子网隔离，抑制广播风暴。

2）维护路由表的同时可以与其他路由器交换路由信息。

3）数据包的差错检测。

4）解决数据包的拥塞问题。

5）实现对数据包的过滤。

使用路由器能大大提高通信速度、减轻网络系统通信负荷、节约网络系统资源、提高网络系统畅通率，从而让网络系统发挥出更大的效益来。

（2）路由器的工作过程

路由器的某端口收到数据后，根据数据包内的IP地址信息进行计算，确定这个数据包要到达的目标地址所在的网络，判断自己是否可以通过自身的某一端口转发。

如何判断？路由器内有一张表，这张表叫路由表，如果路由表中有目标网络并指明了从哪个端口转发，那么就转发。如果路由表中到达目的网络有多条路径，则路由器会根据路由表中的相关信息选择一条最优路径转发。

如何处理？路由表中有目的地址，并指明转发端口的可以转发。如果在路由表中没有找到目标网络信息，又不知如何发送，则只能进行丢弃处理。

（3）路由表

为了在不同的网络间传输数据和选择最佳路径，路由器生成并维护一张路由信息表。路由器通过软件来启动、生成、学习、维护、更新路由表，记录众多网络地址信息，以便为数据包的传输服务。

路由表的形成是路由器学习的过程。路由器的学习过程主要有3类：直连路由、静态路由和动态路由。

1）直连路由。路由器端口连接不同的网络（网段），在路由器端口上配置正确的IP地址，并且该端口处于"up"状态（用"no shut"命令），就会产生直连路由。在特权模式下用"show ip route"命令就可以查看路由表了，其中用大写字母"C"标识的就是直连路由，表示直接连接产生的路由（可参见单元4中4.2节的图4-5）。

2）静态路由。对于非直接连接的网络，路由器不会自己产生路由条目，可以由管理员手工添加到路由表中形成静态路由。静态路由在路由表中用大写字母"S"标识（可参见单元4中4.2节的图4-9）。

静态路由中还有一种特殊的路由叫默认路由。如果配置了默认路由，当路由表中没有任何条目和目标地址匹配时，路由器会根据默认路由中指明的端口把数据包转发出去。

3）动态路由。路由器还会使用路由选择协议，根据网络系统的运行情况而自动学习、调整形成路由表。动态路由内容参见单元6。

思科路由器及其扩展模块如图1-22所示。

图1-22　思科路由器及其扩展模块

课后习题

一、填空题

1）TCP/IP五层参考模型按从下至上排列是_____、_____、_____、_____、_____。

2）网线接头的两种标准是_____、_____。

3）获取本机MAC地址的命令是_____。

4）常见的传输层协议有_____、_____。

5）IP地址和子网掩码都由_____数组成。

二、选择题

1）一个Byte（字节）相当于（　　）个bit（位）。

  A. 1   B. 4   C. 8   D. 16

2）网络连接线的交叉线两头分别是什么接头标准（　　）。

  A. 两头都是568A   B. 两头都是568B

  C. 一头是568A，一头是568B   D. 没什么标准，只要线序一样即可

3）网络层相关设备有（　　）。

  A. 集线器   B. 路由器   C. 网卡   D. 网关

4）以下IP地址不正确的是（　　　）。

  A. 202.102.224.265   B. 202.102.224.68

  C. 192.168.0.1   D. 192.168.2.2

5）如果子网掩码为/24，那么不属于192.168.1.0网段的IP地址是（　　　）。

  A. 192.168.1.2   B. 192.168.1.254

  C. 192.168.1.150   D. 192.168.2.8

三、简答题

1）什么是计算机网络，它的主要功能有哪些？

2）直通线和交叉线有什么异同？通常情况下，一般都用什么线？

3）十进制0～16怎么用二进制表达？

4）什么是子网掩码？它的作用是什么？

5）用子网掩码/26，进行网段划分，/26用点分十进制怎么表示？划分后的子网是几个，每个子网的主机数是几个？每个子网可以使用的主机数是几个？

单元2
交换机与路由器基本配置

学习目标

知识目标
> 熟练掌握交换机路由器的各种命令行模式；熟练掌握交换机路由器配置的基本命令；熟悉交换机路由器开机的初始化过程。

能力目标
> 能在真实环境中正确连接各种型号的交换机、终端和路由器；能熟练使用专用的网络硬件工具制作网线和网络接口；能理解交换机路由器各种模式之间的关系，并画出各种模式关系图；能在虚拟机或者仿真设备上完成基本连接实验。

素质目标
> 提高在虚拟机或者仿真设备上进行模拟实验的素质；养成先进行分析，完成实验设计再进行实验的好习惯；养成完成实验后填写实验报告的好习惯。

2.1 连接操作

路由器和可通过网络管理的交换机一般都有一个Console接口，Console接口和RJ—45接口是一样的。利用Console接口线和计算机连接，如图2-1所示。

Console接口线的一端是RJ—45水晶头，连接到交换机的Console接口上，另一端是9孔的COM接口，连接到计算机的COM接口上，如图2-2所示。

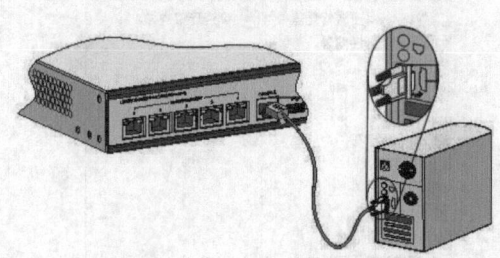

图2-1 Console接口连接

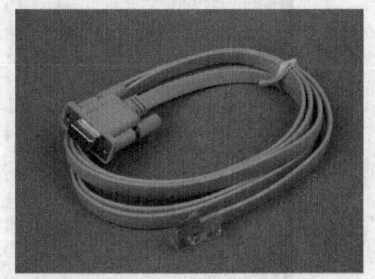

图2-2 Console接口线

计算机的串口和路由器的Console接口是通过反转线（Roll Over）进行连接的。所谓的反转线就是线两端的RJ—45接头上的线序是反的，这完全不同于交叉线和直通线。反转线的两头，一头可以是EIA/TIA 568A标准或是EIA/TIA 568B标准，另外一头要按照相反的方向，比如EIA/TIA 568A标准的线的排序是：绿白 绿 橙白 蓝 蓝白 橙 棕白 棕，那么另外一头线的排序应该是：棕 棕白 橙 蓝白 蓝 橙白 绿 绿白，见表2-1。

表2-1　反转线对应关系

Pin1	绿白	Pin8	棕
Pin2	绿	Pin7	棕白
Pin3	橙白	Pin6	橙
Pin4	蓝	Pin5	蓝白
Pin5	蓝白	Pin4	蓝
Pin6	橙	Pin3	橙白
Pin7	棕白	Pin2	绿
Pin8	棕	Pin1	绿白

计算机和路由器连接好后，就可以使用各种各样的终端软件配置路由器了。

注意： 有些笔记本计算机没有COM接口，这时可以购买一端是USB接口，另一端是RJ—45接口的Console接口线，可以直接把笔记本式计算机和交换机连接。

还可以购买USB转COM连线，USB一端连接笔记本计算机，COM接口端连接普通的Console接口线，然后再连接到交换机，如图2-3所示。

完成连接后：

图2-3　USB转COM连线

1）选择"开始菜单"→"程序"→"附件"→"通讯"→"超级终端"命令，并单击运行"超级终端"，如图2-4所示。如果计算机没有自带"超级终端"软件，则可以从网络上下载类似软件使用。

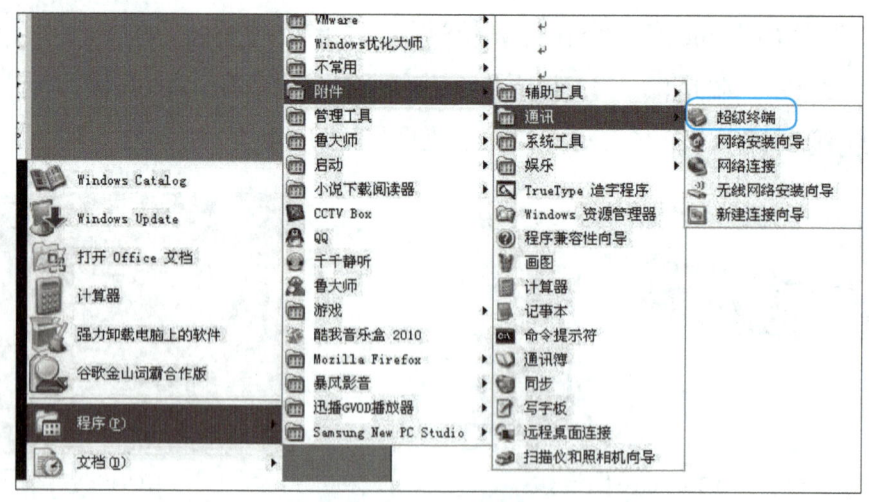

图2-4　运行超级终端

2）开始运行后，完成连接描述，填写新建连接名称，如图2-5所示。

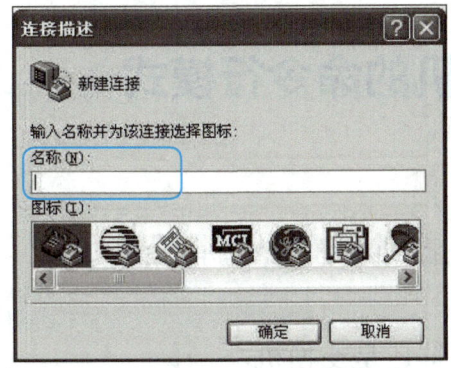

图2-5　新建超级终端连接名称

3）选择计算机的连接接口，一般为COM1接口，如图2-6所示。

4）设置COM接口属性，没有必要记住各项参数，只要单击下面的"还原为默认值"按钮即可，如图2-7所示。

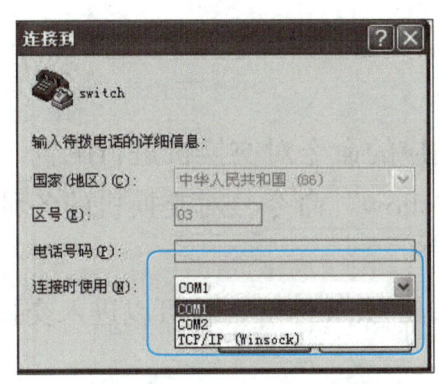

图2-6　选择COM接口

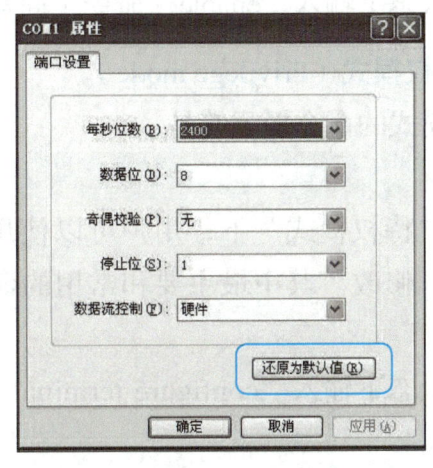

图2-7　设定COM接口属性

经过以上操作，就可以利用"超级终端"对交换机或路由器进行配置了，如图2-8所示。

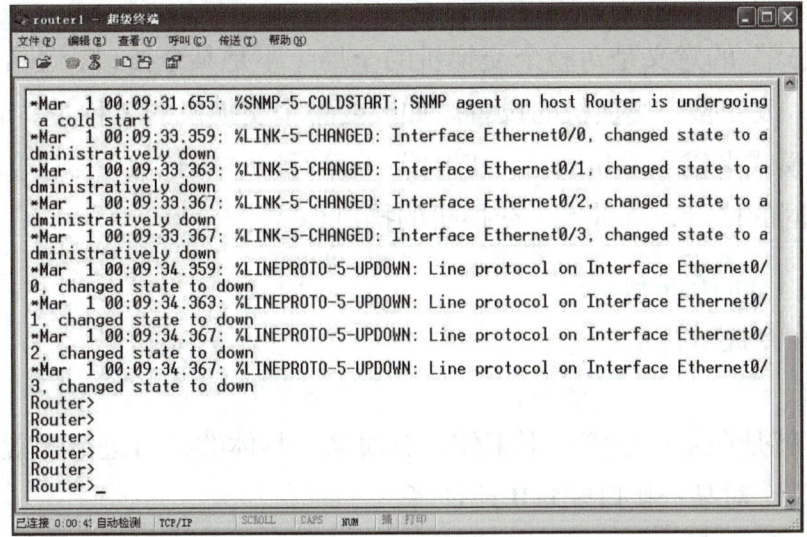

图2-8　超级终端中的路由器或交换机

2.2 路由器交换机的命令行模式

1. 用户模式（User mode）

交换机启动后，用户首先看到的是命令提示符：

Switch>（路由器是Router>）

注意：本单元不区分路由器还是交换机。

看到这个提示符，表示现在用户进入的是"用户模式"，在该模式下用户受到极大限制，基本没什么命令可以使用，只能查看一些统计信息。不能对交换机进行配置。出于安全考虑，进入下一模式（特权模式）时，交换机的操作系统（IOS）会在此要求输入密码。

在此状态下输入"enable"命令（简写en），就可以进入交换机"特权模式"。

2. 特权模式（Privilege mode）

特权模式的命令提示符是：

Switch#

在此"特权模式"下，用户可以使用各种相应的命令对交换机进行配置、管理、调试、查看、修改。其中最主要和常用的命令是"show"命令，对交换机的各种配置进行查看。

在此状态下输入"configure terminal"命令（简写conf t），就可以进入交换机的"全局配置模式"。

3. 全局配置模式（Global configuration mode）

全局配置模式的命令提示符是：

Switch（config）#

"全局配置模式"的意义是对整个交换机的全局（不是某个接口，不是VLAN，不是远程等）进行配置，改变整个交换机的设置。如改变整个交换机的名称是"hostname"命令。

在全局配置模式下输入"interface F0/1"（简写int F0/1），根据接口不同，可以是Fa0/1或E0/0等不同的接口，就进入了交换机的接口模式。

4. 接口模式（Interface mode）

接口模式的命令提示符是：

Switch（config—if）#

"接口模式"就是在某一个接口下工作，针对某一具体的接口进行配置，比如，在路由器或三层交换机下，对某一接口配置IP地址等。

进入接口模式的命令"interface F0/1"中：

1）interface表示接口，是进入接口模式必需的关键字。

2）F表示接口类型，有时写成Fa。接口类型不止一种，还有E、Gi等，E表示以太网接口。Gi表示G比特以太网接口，也就是千兆以太网接口。注意在使用Dynamips软件时，交换机用F，路由器用E。

3）0/1，其中"0"表示模块号，就是交换机或路由器上都可以有多个不同的模块，每个模块上又可以有若干个接口。"1"表示1号接口。"0/1"就表示0模块，1号接口。"0/0"就表示0模块，0号接口（路由器交换机都是从0开始计数的）。"1/3"表示1模块，3号接口等诸如此类。

特别的：在三层交换机的VLAN（Virtual Local Area Network，虚拟局域网）间路由配置时，需要对VLAN配置网关地址，也就是对VLAN配置IP地址，作为VLAN内其他计算机的网关。此时用的命令是在全局配置模式输入：interface vlan 100，这样就会进入VLAN的接口。其命令提示符也是：Switch（config—if）#，和接口模式的提示符是一样的，同样可以配置IP地址和在某个接口配置IP地址一样。

5. VLAN模式

VLAN模式的命令提示符是：

Switch（vlan）#

在交换机上保存着一个名为vlan.dat的文件，这个文件里保存着关于VLAN的配置。VLAN模式就是进入到VLAN数据库模式配置VLAN。

在特权模式下使用命令"vlan database"，就可以进入VLAN模式。

6. 接口范围模式

接口范围模式的命令提示符是：

Switch（config—if—range）#

在全局配置模式下，如果需要将多个接口分配到一个VLAN，就需要用到接口范围模式。输入"interface range F0/5—15"（命令中横线两边有空格）就可以把F0/5、F0/6……一直到F0/15的接口都放到一个range（排列）里。然后就可以对整个range内的所有接口进行设置了。如果接口号不连续，那么也是可以的，但在接口号中间用"，"（注意：是空格，逗号，空格）分隔就行了。具体内容会在VLAN配置的相关单元中详细讲述。

7. 线路配置模式

线路配置模式的命令提示符是：

Switch（config—line）#

当需要对控制台访问、远程登录的会话进行配置，如给console接口设置密码就需要进入线路配置模式。在全局配置模式下，输入"line console 0"命令，就可以进入线路配置模式。

用表格来对这几种模式进行比较，见表2-2。

表2-2 各种工作模式

模式	命令提示符	进入前的模式	进入时命令
用户模式	Switch>	开机初始化	不需要
特权模式	Switch#	用户模式	en
全局配置模式	Switch(config)#	特权模式	conf t
接口模式	Switch(config-if)#	全局配置模式	int F0/0或 int vlan 100
VLAN模式	Switch(vlan)#	特权模式	vlan data
接口范围模式	Switch(config-if-range)#	全局配置模式	int range F0/5—15
线路配置模式	Switch(config-line)#	全局配置模式	line console 0
路由配置模式	SW3(config-router)#	全局配置模式	router rip或 router ospf 1

另外还有一些模式：

（1）标准命名ACL

```
SW1(config)#ip access-list standard deny-host    ! deny-host为名字
SW1(config-std-nacl)#                             ! 表示进入标准命名ACL
```

（2）扩展命名ACL

```
SW2(config)#ip access-list extended permit-host  ! permit-host为名字
SW2(config-ext-nacl)#                             ! 表示进入扩展命名ACL
```

（3）时间控制模式

```
R1(config)#time-range time-range-name            ! time-range-name为名字
R1(config-time-range)#                           ! 表示进入时间控制模式
```

其中最基本的4种模式是用户模式、特权模式、全局配置模式、接口模式。

认真观察表2-2，其规律为：进入全局配置模式和VLAN模式前都是特权模式，所以它们是一个层次；进入接口模式、接口范围模式、线路配置模式前的模式都是全局配置模式，它们是一个层次。它们的关系如图2-9所示。

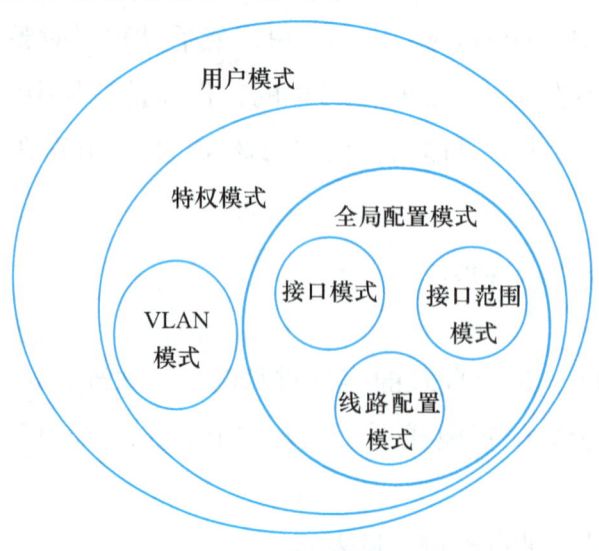

图2-9 各种模式关系图

最基本的4种模式在超级终端的演示如图2-10所示。

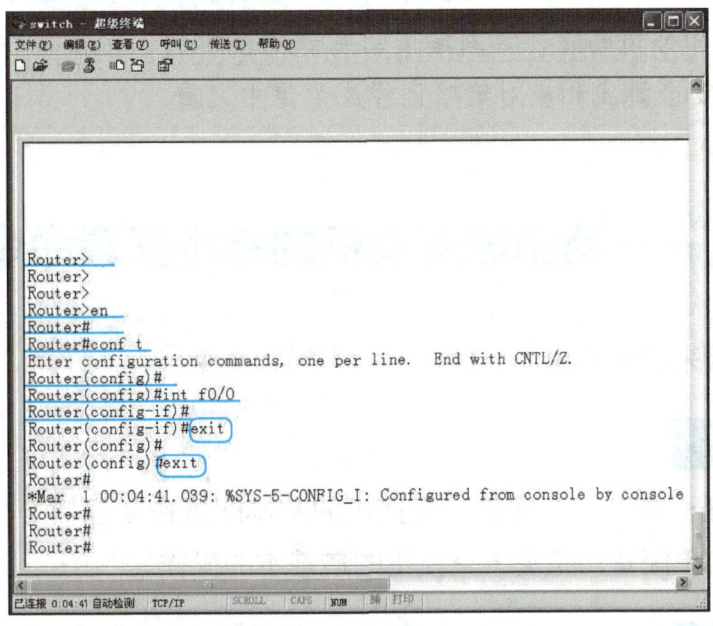

图2-10 各种工作模式演示图

完整地实现用户模式到接口模式的配置命令如下：

Router>en
Router#conf t
Router(config)#int f0/0
Router(config – if)#

如果已经进入某一模式，想退回到上一层次，只需输入"exit"命令，就可以退出或回到上一层，如图2-9所示。无论在哪种模式，只要输入"end"命令，就能回到特权模式，快捷键<Ctrl+Z>等同于"end"命令。

注意：在以后的学习过程中，一定要记住命令和它对应的工作模式。就是说某种命令只有在相应的工作模式下才会有效，否则会出现错误。

 警示栏

黑客利用思科智能安装漏洞攻击网络基础设施

影响评级：★★★

时间：2018.4.7

攻击方法：利用思科CVE-2018-0171智能安装漏洞攻击许多国家的网络基础设施。

影响范围：全球已超过20万台路由器受到攻击影响，其中俄罗斯和伊朗的损失最大。

警示：加强路由器等网络设施的安全防范。

拓展阅读

伴随着5G网络、大数据中心、工业互联网等新型基础设施建设的加快推进，新基建将成为拉动消费、保障经济发展的重要手段之一。但与此同时，新基建也为我国的网络安全带来全新的挑战，相关企业安全能力塑造面临极大的紧迫性和挑战性。

在新基建大潮来临之际，大型安全公司、产业联盟和论坛平台等纷纷组织相关部门负责人、专家学者和公司高管，共同解读新基建的新机遇、新担当和新内涵，而这一风口背后衍生出来的安全挑战和应对策略已经成为重中之重。

2.3 实验1——路由器交换机的基本配置命令

下面用一个实验来讲解路由器交换机的基本配置命令。

实验概述

该实验是网络课程的第一个实验。交换机的基本配置命令包括对交换机的连接和简单配置，是关于交换机的最基本的操作。

扫描二维码观看视频

实验规划

该实验网络拓扑如图2-11所示。

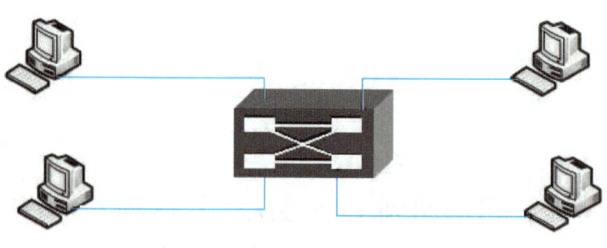

图2-11 交换机拓扑图

4台计算机连接到一个交换机上，交换机开机并连接计算机后，将这4台计算机的IP地址配置在一个网段，它们之间可以用"ping"命令互通。

实验步骤

按照实验步骤把4台计算机连接设定好之后，首先打开交换机，然后配置各个计算机的IP地址（见附录A《Dynamips GUI使用说明》）。然后它们之间就可以用"ping"命令测试连接，可以ping通，有时需要一点时间，要稍微等一会儿。

要做的实验是练习交换机的基本命令。

1. 命令行帮助

（1）"?"命令

"?"命令是配置交换机路由器最常用的命令，可以在任何模式下使用，该命令可以显示所在模式下的所有命令和注解，如图2-12所示。

注意：--More--：表示还有未显示完全的信息，按<空格>键可以"翻屏"查看，按<Enter>键则是按"行"查看。

"？"命令还可以显示某一命令后可加的参数，如图2-13所示。

图2-13显示的就是在"int"这个命令后面可以增加的参数，图2-14显示的是"int range"命令后面可增加的参数。

```
switch - 超级终端
文件(F) 编辑(E) 查看(V) 呼叫(C) 传送(T) 帮助(H)
  telnet              Open a telnet connection
  terminal            Set terminal line parameters
  tn3270              Open a tn3270 connection
  traceroute          Trace route to destination
  tunnel              Open a tunnel connection
  udptn               Open an udptn connection
  where               List active connections
  x28                 Become an X.28 PAD
  x3                  Set X.3 parameters on PAD

Router>?
Exec commands:
  access-enable       Create a temporary Access-List entry
  access-profile      Apply user-profile to interface
  call                Voice call
  clear               Reset functions
  connect             Open a terminal connection
  disable             Turn off privileged commands
  disconnect          Disconnect an existing network connection
  enable              Turn on privileged commands
  exit                Exit from the EXEC
  help                Description of the interactive help system
  lat                 Open a lat connection
  lock                Lock the terminal
  login               Log in as a particular user
  logout              Exit from the EXEC
  modemui             Start a modem-like user interface
  mrinfo              Request neighbor and version information from a multicast
                      router
  mstat               Show statistics after multiple multicast traceroutes
  mtrace              Trace reverse multicast path from destination to source
  name-connection     Name an existing network connection
  pad                 Open a X.29 PAD connection
 --More-- _
已连接 0:01:41 自动检测 TCP/IP SCROLL CAPS NUM 捕 打印
```

图2-12 "？"命令

```
Router(config-if)#exit
Router(config)#int ?
  Async                 Async interface
  BVI                   Bridge-Group Virtual Interface
  CDMA-Ix               CDMA Ix interface
  CTunnel               CTunnel interface
  Dialer                Dialer interface
  FastEthernet          FastEthernet IEEE 802.3
  Group-Async           Async Group interface
  Lex                   Lex interface
  Loopback              Loopback interface
  MFR                   Multilink Frame Relay bundle interface
  Multilink             Multilink-group interface
  Null                  Null interface
  Port-channel          Ethernet Channel of interfaces
  Tunnel                Tunnel interface
  Vif                   PGM Multicast Host interface
  Virtual-PPP           Virtual PPP interface
  Virtual-Template      Virtual Template interface
  Virtual-TokenRing     Virtual TokenRing
  Vlan                  Catalyst Vlans
  range                 interface range command

Router(config)#int _
```

图2-13 扩展的"？"命令一

```
Router(config)#int range ?
  FastEthernet  FastEthernet IEEE 802.3
  Loopback      Loopback interface
  Port-channel  Ethernet Channel of interfaces
  Tunnel        Tunnel interface
  Vlan          Catalyst Vlans
  Vlan          Catalyst Vlans
  macro         macro keyword

Router(config)#int range
```

图2-14 扩展的"？"命令二

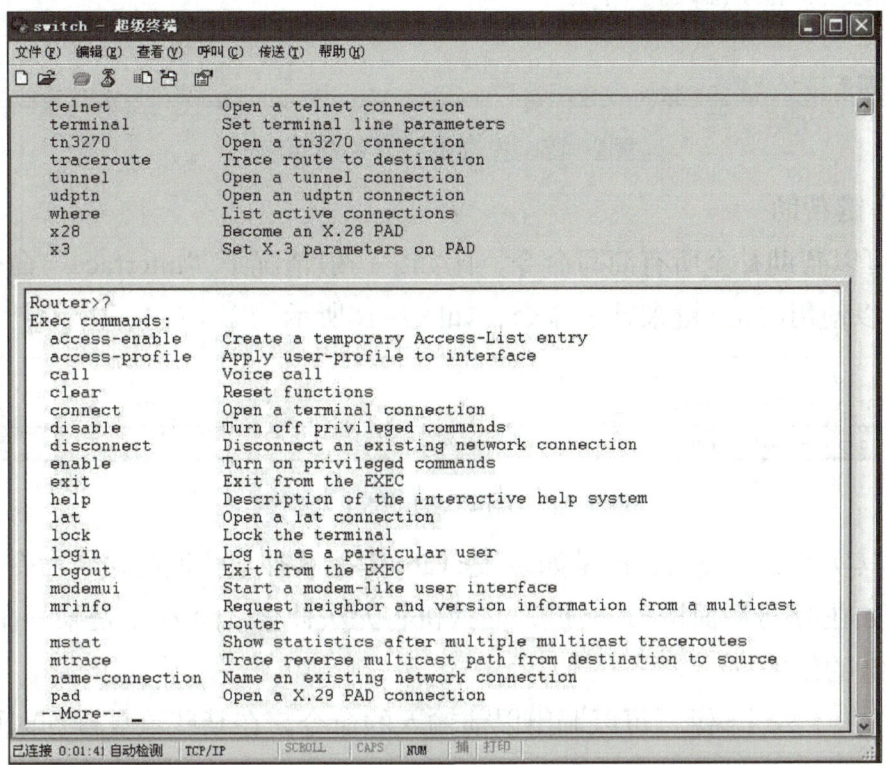

当忘记某个命令如何写,但还依稀记得首字母时,"?"命令可以帮助列出以某个或某些字母开头的命令。图2-15所示就是显示在全局配置模式下,以i开头的所有命令。

图2-15 扩展的"?"命令三

(2)<Tab>键帮助

<Tab>键可以帮助补全所有简写命令,比如,一般情况下"interface"命令可以缩写为int,但是也可以使用<Tab>键来补全命令,如图2-16所示。

图2-16 用<Tab>键补全命令

补全命令其实不是必要的,但是如果按<Tab>键能够补全就说明这个命令是有与之相对应的命令。比如在i字母后面按<Tab>键,交换机将无法补全,因为i不是某一命令的缩写。

(3)快捷键的使用

用键盘上的<↑><↓>键,可以调出以前输入的命令,在某些重复操作时可以减少键盘输入工作量。<←><→>键可在当前命令行移动光标。

<Ctrl+A>组合键可以将光标移动到命令行首字母。

<Ctrl+E>组合键可以将光标移动到命令行末尾。

2. 配置交换机的名称

一般在配置交换机或路由器时,都要配置其名称,也就是给交换机更换一个容易记忆并和其他机器区别的名称。

在全局配置模式下输入"hostname"命令就可以更改其名称,可以简写为"ho",如图2-17所示。交换机改名为"sw1"。

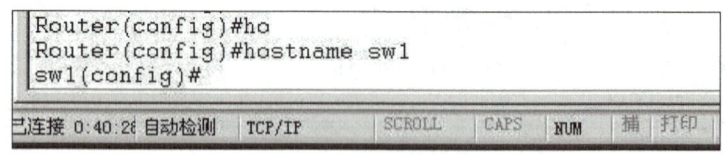

图2-17 改名命令

3. 显示版本信息

"show version"命令显示IOS的名称及版本信息,可简写为"sh ver",该命令在特权模式下使用,一般"show"命令都是在特权模式下使用如图2-18所示。

其中Version 12.4(10)就是版本信息,另外还有16口的快速以太网接口信息和125K的NVRAM信息。

```
sw1#sh ver
RE (fc1)
Technical Support: http://www.cisco.com/techsupport
Copyright (c) 1986-2006 by Cisco Systems, Inc.
Compiled Wed 16-Aug-06 04:04 by prod_rel_team

ROM: ROMMON Emulation Microcode
ROM: 3600 Software (C3640-JS-M), Version 12.4(10), RELEASE SOFTWARE (fc1)

sw1 uptime is 47 minutes
System returned to ROM by unknown reload cause - suspect boot_data[BOOT_COUNT] 0
x0, BOOT_COUNT 0, BOOTDATA 19
System image file is "tftp://255.255.255.255/unknown"

Cisco 3640 (R4700) processor (revision 0xFF) with 124928K/6144K bytes of memory.

Processor board ID 00000000
R4700 CPU at 100MHz, Implementation 33, Rev 1.2
16 FastEthernet interfaces
DRAM configuration is 64 bits wide with parity enabled.
125K bytes of NVRAM.
8192K bytes of processor board System flash (Read/Write)

Configuration register is 0x2142
 --More--
```

图2-18　显示版本信息

4. 显示配置信息

“show running-config”命令，其简写为“sh run”，显示对交换机进行的配置和修改后的各项参数，其中包括主机名、各个接口的配置、明文密码等。该命令在特权模式下使用，如图2-19所示。

在图2-19中，版本信息（version）和主机名（hostname）都可以显示，按<空格>键还可以看后面的多屏分屏信息。

```
sw1#sh run
Building configuration...
Current configuration : 851 bytes
!
version 12.4
service timestamps debug datetime msec
service timestamps log datetime msec
no service password-encryption
!
hostname sw1
!
boot-start-marker
boot-end-marker
!
!
no aaa new-model
memory-size iomem 5
!
!
ip cef
!
!
!
!
 --More--
```

图2-19　显示配置信息

5. 保存配置

“copy running-config startup-config”命令，简写为“copy run star”，或者用“write”命令，简写为“wr”。此命令可对交换机或路由器的配置进行保存。它们都在特权模式下使用。

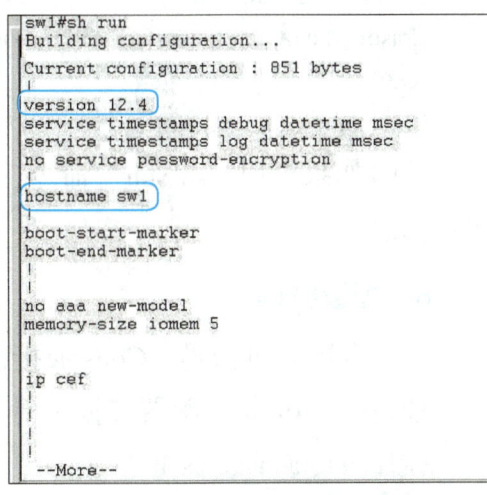

对交换机或路由器进行的配置，配置好后会立即生效，但如果交换机或路由器重新启动后，这些内容会全部丢失，保存配置命令会保存当前配置信息，复制RAM中的running-confing文件到NVRAM中的startup-config文件。

NVRAM指的是一种非易失性内存，在交换机中有一块电池为NVRAM持续供电，即使交换机重启或断电也不会对NVRAM中的内容造成影响。

```
sw1#wr
Building configuration…
[OK]
```

或：sw1#copy run star

```
Destination filename [startup-config]?（在此处要按<Enter>键或指明文件名）
Building configuration…
[OK]
```

即可保存配置信息。

6. 显示已保存的信息

"show startup-config"命令显示已经保存的配置信息，简写为"sh star"，在特权模式下使用。

在没有保存配置信息时：

```
sw1#sh star
startup-config is not present
```

表示没有信息，保存后则显示保存信息，和"sh run"命令相似，如图2-19所示。

7. 删除已保存的配置信息

"erase nvram"，此命令用于删除已保存的配置信息。等效命令"delete nvram:startup-config"。

```
sw1#erase nvram
Erasing the nvram filesystem will remove all configuration files! Continue? [confirm]（此处按<Enter>键）
[OK]
Erase of nvram: complete
```

此时如果再用"sh star"命令，则显示"startup-config is not present"，表示无保存的配置信息。

8. 配置密码

（1）设置开机密码（Console接口密码）

通过Console接口配置交换机时，需要输入密码，保证合法用户使用。

```
sw1(config)#line console 0
sw1(config-line)#password switch
sw1(config-line)#login
```

这3个命令就可以设置Console接口，密码为"switch"。

当完全退出交换机，并重新进入时，会出现需要的密码提示，如图2-20所示。

输入密码"switch"（该密码不显示在屏幕上），才能进入用户模式。

"sh run"命令可以看出其Console接口密码为"switch"。

```
!
!
!
!
line con 0
 password switch
 login
line aux 0
line vty 0 4
!
!
end
```

（2）配置特权模式密码（Enable密码）

只有进入特权模式才可能对交换机进行显示和配置，从用户模式进入特权模式时也有必要设置一个密码。该命令在全局配置模式下使用。

“sw1(config)#enable password switch1”表示设置明文密码为switch1

或

“sw1(config)#enable secret switch2”表示设置密文密码为switch2

在设置了特权模式密码后，进入特权模式也要输入密码，如下所示：

```
sw1>en
Password:
```

明文和密文两条命令的区别是：在“sh run”命令中，明文密码可以看到，密文密码是加密的，如图2-21所示。

```
sw1 con0 is now available



Press RETURN to get started.











User Access Verification

Password: _
```

图2-20　密码提示

```
Current configuration : 946 bytes
!
version 12.4
service timestamps debug datetime msec
service timestamps log datetime msec
no service password-encryption
!
hostname sw1
!
boot-start-marker
boot-end-marker
!
enable secret 5 $1$zckA$x0rBLhjHKb05lrDBkD0OX1
enable password switch1
!
no aaa new-model
memory-size iomem 5
!
!
ip cef
!
!
 --More--
```

图2-21　密文密码

（3）配置远程登录密码（Telnet密码或称VTY密码）

有时管理员往往不能经常守候在路由器、交换机前，此时可以通过“telnet”命令进行远程配置，这时必须预先在路由器、交换机上配置IP地址和密码。

远程登录密码是指通过“telnet”命令对交换机进行远程管理时输入的密码。在没有为交换机配置管理IP的情况下，是不能进行远程管理的。也就是说远程管理交换机不能是第一次配置，第一次配置交换机必须通过Console接口。远程访问时必须配置VTY密码和特权模式密码。

Cisco的设备通常支持多人同时Telnet，每一个用户称为一个虚拟终端（VTY），第一个用户是VTY0，第二个是VTY1，一直到VTY4，最多5个用户。

配置VTY密码的命令是：

```
sw1(config)#line vty 0 4
sw1(config-line)#password switch          ! VTY密码为：switch
sw1(config-line)#login
```

9. 删除密码

在特权模式下输入"no enable password"命令，即可删除明文密码。

或者在特权模式下输入"no enable secret"命令，即可删除密文密码。

在全局配置模式下输入"line console 0"命令，进入线路配置模式，然后输入"no login"命令即可删除Console接口密码。

10. 加密明文密码

Console接口密码和enable password密码以及尚未讲到的VTY密码都是明文的，用"sh run"命令都可以查看到，这样很不安全。在全局配置模式下使用：

"sw1(config)#service password-encryption"命令，简写为"ser pass"，即可加密这些明文密码。

以上实验均在Dynamips GUI环境下实验成功，可供学习者反复练习记忆。

另外，为适应各省技能大赛，锐捷（RG）交换机配置远程登录密码（Telnet密码）命令为：

sw1#enable password level 1 0 switch1，配置明文密码为switch1

或

sw1#enable secret level 1 0 switch2，配置密文密码为switch2

配置特权模式密码命令为：

sw1#enable password level 15 0 switch1，配置明文密码为switch1

或

sw1#enable secret level 15 0 switch2，配置密文密码为switch2

2.4 实验2——路由器交换机的初始化对话过程

打开路由器或交换机后，会出现一些提示信息，如果选择进入"对话设置"，就会出现一连串的对话配置过程，整个过程有英文提示。它可以帮助不会配置命令的人进行路由器交换机的简单配置。

利用设置对话过程可以避免手工输入命令的烦琐，但它还不能完全代替手工设置，一些特殊的设置还必须通过手工输入的方式完成。因此，对话配置过程不是必要的，有时甚至是完全没有必要的。

后面将完全不用对话过程配置。但此处还是以路由器为例，简单介绍一些对话配置过程的内容和信息，供读者增加知识。

打开路由器，首先会显示一些提示信息：

Would you like to enter the initial configuration dialog?[yes/no]:

如果按<Y>键，路由器就会进入设置对话过程。

> At any point you may enter a question mark '?' for help.
> Use ctrl-c to abort configuration dialog at any prompt.
> Default settings are in square brackets '[]'.

这是告诉你在设置对话过程中的任何地方都可以输入"?"得到系统的帮助,按<Ctrl+C>组合键可以退出设置过程,默认设置将显示在[]中,路由器会问是否进入设置对话:

> Basic management setup configures only enough connectivity
> for management of the system, extended setup will ask you
> to configure each interface on the system

基本的管理配置仅能设置连通性,扩展设置将会要求你配置每个端口。

> Would you like to enter basic management setup? [yes/no]:

你愿意进入基本管理配置吗?当输入"Y"时,会出现提示信息。

实验步骤

1. 配置主机名

```
Configuring global parameters:                  ! 配置全局参数
Enter host name [Router]:                       ! 输入主机名(这里输入router1)
```

2. 设置进入特权模式的密文(secret)密码

此密文在设置以后不会以明文方式显示,交换机命令查询不到:

```
The enable secret is a password used to protect access to
privileged EXEC and configuration modes. This password, after
entered, becomes encrypted in the configuration.
Enter enable secret:                            ! 输入密文密码(这里输入cisco)
```

3. 设置进入特权模式的明文密码(password)

此密码在设置以后会以明文方式显示:

```
The enable password is used when you do not specify an
enable secret password, with some older software versions, and
some boot images.
Enter enable password:                          ! 输入明文密码(这里输入pass)
```

4. 设置虚拟终端访问密码

```
The virtual terminal password is used to protect
access to the router over a network interface.
Enter virtual terminal password:                ! 这里输入cisco
```

5. 配置管理IP

```
Configure SNMP Network Management?[yes]:        ! 在此按<Enter>键
Community string [public]:                      ! 在此按<Enter>键
```

Enter interface name used to connect to the
management network from the above interface summary:　　!输入vlan1

在此可以配置管理IP，必须输入vlan1

Configuring interface Vlan1:
Configure IP on this interface? [no]:　　!在此可以输入n，也可以是Y，如果输入"Y"就
　　　　　　　　　　　　　　　　　　　　会提示配置管理IP:

IP address for this interface:　　　　　　!输入192.168.0.1
Subnet mask for this interface [255.255.255.0] :　!按<Enter>键
Class C network is 192.168.0.0, 24 subnet

此时会显示刚才配置的所有内容，然后提示是否保存：

[0] Go to the IOS command prompt without saving this config.
[1] Return back to the setup without saving this config.
[2] Save this configuration to nvram and exit.
Enter your selection [2]:　　　　　　　　!这里选2

[0]，表示进入IOS命令模式，不保存以上配置。

[1]，表示返回刚才的配置过程，可以重新按照整个过程再次进行配置，不保存。

[2]，表示保存退出。默认为2。这里选2，就会保存，然后进入命令模式。

6. 询问是否要设置路由器支持的各种网络协议

有时会出现很多提示：

Configure LAT? [yes]:
Configure DECnet?[no]:
Configure AppleTalk?[no]:
Configure IPX?[no]:
Configure IP?[yes]:
Configure IGRP routing?[yes]:
Configure RIP routing?[no]:
……

7. 设置异步口的参数

如果配置的是拨号访问服务器，则系统还会设置异步口的参数。

—— Configure Async lines?[yes]:

（1）设置线路的最高速度

—— Async line speed[9600]:

（2）是否使用硬件流控

—— Configure for HW flow control?[yes]:

（3）是否设置modem

—— Configure for modems?[yes/no]:

（4）是否使用默认的modem命令

—— Configure for default chat script?[yes]:

（5）是否设置异步口的PPP参数

-- configure for Dial-in IP SLIP/PPP access?[no]

（6）是否使用动态IP地址

-- Configure for Dynamic IP addresses?[yes]:

（7）是否使用默认IP地址

-- Configure Default IP addresses?[no]: yes

（8）是否使用TCP头压缩

-- Configure for TCP Header Compression?[yes]:

（9）是否在异步口上使用路由表更新

-- Configure for routing updates on async links?[no]:

（10）是否设置异步口上的其他协议等

8. 各个接口的参数设置

接下来，系统会逐个接口进行询问各个接口的参数配置情况。

Configuring interface Ethernet0:

（1）是否使用此接口

-- Is this interface in use?[yes]:　　　　　　　! 如需要用，输入Y

（2）是否设置此接口的IP参数

-- Configure IP on this interface?[yes]:　　　　! 如需配IP，输入Y

（3）设置接口的IP地址

-- IP address for this interface:　　　　　　　! 输入192.168.0.2

（4）设置接口的IP子网掩码

Subnet mask for this interface [255.255.255.0] :　　! 默认输入按<Enter>键

-- Number of bits in subnet field[0]:

-- Class C network is 192.168..0, 0 subnet bits; maks is /24

设置完所有接口的参数后，系统会提示是否保存：

[0] Go to the IOS command prompt without saving this config.

[1] Return back to the setup without saving this config.

[2] Save this configuration to nvram and exit.

Enter your selection [2]:　　　　　　　　　! 根据需要加以选择

选择并按<Enter>键后，系统会根据选择进行下一步操作。

本单元命令汇总见表2-3。

表2-3 本单元命令汇总

命　令	作　用
enable	进入交换机特权模式
configure terminal	进入全局配置模式
interface F0/1	进入接口模式，进入F0/1接口

（续）

命 令	作 用
interface vlan 100	进入VLAN接口模式
vlan database	进入VLAN模式
interface range F0/2 – 7	进入接口范围模式
line console 0	进入线路配置模式（Console接口）
line vty 0 4	进入线路配置模式（虚拟终端）
router rip 或router ospf 1	进入路由配置模式
exit	返回上一层模式
end	直接返回到特权模式
?	帮助命令
\<Tab\>键	补全命令
hostname R1	修改路由器名称为R1
show version	显示版本信息
show running–config	显示内存中的配置文件
show int F0/0	显示接口F0/0配置信息
show line	显示线路状态
copy running–config startup–config	把内存中的配置文件保存到NVRAM
write	把内存中的配置文件保存到NVRAM
show startup–config	显示已经保存的信息
erase nvram	删除保存的配置文件
delete nvram:startup–config	删除保存的配置文件
password switch	配置密码为switch
login	登录路由器或登出线路模式
enable password switch	配置进入特权模式明文密码为switch
enable secret swtich	配置进入特权模式密文密码为switch
no enable password	删除进入特权模式的明文密码
no enable secret	删除进入特权模式的密文密码
service password–encryption	加密明文密码
show clock	显示路由器时间
clock set	设置路由器时间
clock rate 128000	配置串口上的时钟（DCE）端

警示栏

2017年8月，全世界著名的美国娱乐业巨头HBO公司受到了黑客组织的攻击，包括其尚未完整播出的《权力的游戏》等热门剧集、剧本以及HBO核心网络构架信息、高管私人信息在内的共1.5TB的文件遭到黑客窃取。HBO公司的信息安全危机不仅来自外部的黑客攻击，更是由于自身的问题导致内忧外患、分身乏术，影视作品从制到播的过程中，经手的公司多，环节也多，因此安全性受到挑战的风险尤其高。

课后习题

一、填空题

1）路由器或交换机进行配置时，一般是用Console接口线连接到计算机的＿＿＿＿＿＿＿口。

2）路由器或交换机进行配置时，＿＿＿＿＿＿＿命令可以进入"特权模式"。

3）全局配置模式的命令提示符是＿＿＿＿＿＿＿。

4）在＿＿＿＿＿＿＿模式下使用"vlan data"命令可以进入VLAN模式。

5）配置路由器或交换机的名称命令是＿＿＿＿＿＿＿。

二、选择题

1）下列提示符哪个是用户模式的命令提示符（　　　）。
   A．Switch#　　　　　　　　　　B．Switch>
   C．Switch@　　　　　　　　　　D．Switch!

2）Switch(config-if)#是（　　　）模式的命令提示符？
   A．特权模式　　　　　　　　　　B．全局配置模式
   C．接口模式　　　　　　　　　　D．VLAN模式

3）无论在哪种工作模式，只要输入（　　　）命令就可以回到特权模式。
   A．end　　　　B．exit　　　　C．ok　　　　D．show

4）键盘上（　　　）可以帮助补全简写的命令。
   A．<Ctrl>键　　　　　　　　　　B．<Alt>键
   C．<Shift>键　　　　　　　　　　D．<Tab>键

5）在（　　　）命令后面增加参数，可以显示各种配置信息。
   A．exit　　　　B．erase　　　　C．line　　　　D．show

三、简答题

1）路由器或交换机配置的命令行模式主要有哪几个？把它们的关系用图表示。

2）完成如下表格，写出命令或者功能作用。

命　令	作　用
	进入交换机特权模式
	进入全局配置模式
interface F0/1	
interface vlan 100	
	进入VLAN模式

（续）

命　　令	作　　用
interface range F0/2 – 7	
exit	
	直接返回到特权模式
?	
<Tab>键	
hostname R1	
	显示版本信息
	显示内存中的配置文件
show int F0/0	
write	
erase nvram	
	显示路由器时间
clock set	

（续）

单元3
交换机基本配置和实验

学习目标

知识目标
> 理解网段的概念；理解VLAN的概念，并熟练掌握基于端口划分VLAN的方法；熟练掌握多交换机之间VLAN的划分和设置。

能力目标
> 能在虚拟机或者仿真设备上进行模拟实验；能在真实环境中完成本单元所有实验。

素质目标
> 养成在实验开始前进行实验分析并制订实验计划的习惯；养成在实验结束后及时总结成功经验和失败教训的习惯。

交换机主要工作在数据链路层，它以帧（Frame）作为数据转发的基本单位。交换机是计算机网络中必备的设备。随着硬件技术的发展，交换机的价格越来越便宜，再加上它的工作性能远远好于集线器，逐渐把集线器淘汰出了人们的视线。

交换机的基本操作主要包括硬件连接和命令参数设置，以后的课程基本以命令参数设置为主，用Dynamips GUI仿真软件来完成各种操作，其中虚拟的交换机IOS为Cisco 3640。

3.1 实验1—— 交换机基本连接以及通信

实验概述

交换机连接是用网线将交换机和计算机连接即可。在Dynamips GUI中任意连接交换机和虚拟PC，只要打开交换机，把虚拟PC的IP地址配置成同一网段，它们之间都是可以连通的，用"ping"命令可以检测。

实验规划

该实验网络拓扑如图3-1所示。

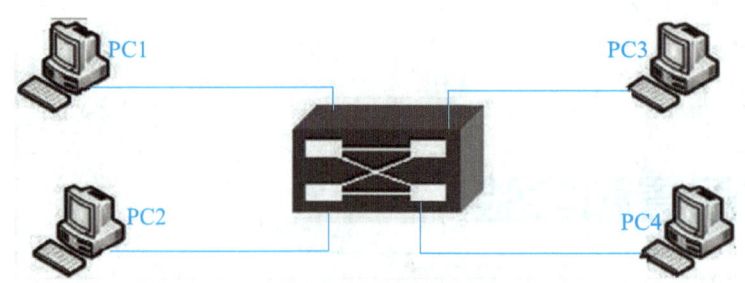

图3-1 交换机基本连接拓扑图

拓扑编址：

PC1：192.168.0.1/24

PC2：192.168.0.2/24

PC3：192.168.0.3/24

PC4：192.168.0.4/24

连接完成后，打开虚拟交换机软件，不用配置。

打开虚拟计算机软件VPCS并根据连接配置IP地址、网关（随意配置，该例设为192.168.0.100）、子网掩码（设为/24，即255.255.255.0）

VPCS 1 >ip 192.168.0.1 192.168.0.100 24

提示：PC1：192.168.0.1 255.255.255.0 gateway 192.168.0.100

相应的配置各个VPC，它们互相之间都可以连通，用ping命令即可检测。

3.2 实验2—— 在同一交换机划分不同网段

在实验1的基础上，可以做第2个实验，网络拓扑不变，改变一下主机的IP地址。

拓扑编址：

PC1：192.168.0.1/24

PC2：192.168.0.2/24

PC3：192.168.1.3/24

PC4：192.168.1.4/24

那么显然，PC1和PC2是可以ping通的，PC3和PC4也是可以ping通的，但是不同网段之间是不能ping通的。

以上两个实验的目的都是让同学们通过实验，掌握Dynamips GUI软件的使用并了解交换机的工作原理。

3.3 实验3—— 基于端口划分VLAN

VLAN是一种管理技术，它把局域网内各个设备人为地从逻辑上进行分割，从而方便管理。VLAN扩大了交换机的应用和管理功能，成为交换机最重要的功能之一。

实验概述

VLAN的特点是不受物理位置的限制，根据用户需要进行灵活的划分。VLAN显然是虚拟的，不是真实划分了网段，但达到的效果却和真实划分网段是一样的，尤其在VLAN间路由（单元5）时更能充分体现出它的效果。

这个实验只是简单地在一个交换机上划分VLAN，当VLAN划分好之后，同一个VLAN内的计算机可以互相ping通。不同VLAN，即使连接同一个交换机，属于同一个网段也无法连通。

实验规划

VLAN的划分方法有很多种，大概可以分为基于端口划分、基于MAC地址划分、基于网络层协议划分、根据IP组播划分、按策略划分、按用户定义、非用户授权划分。

这里只讲解基于端口划分VLAN，这是最常应用的一种VLAN划分方法，应用也最为广泛、最有效。目前绝大多数VLAN协议的交换机都提供这种VLAN配置方法。这种划分VLAN的方法是根据以太网交换机的交换端口来划分的，它是将VLAN交换机上的物理端口和VLAN交换机内部的PVC（永久虚电路）端口分成若干个组，每个组构成一个虚拟网，相当于一个独立的VLAN交换机。

从这种划分方法本身也可以看出，其优点是定义VLAN成员时非常简单，只要将所有的端口都定义为相应的VLAN组即可。适合于任何大小的网络。它的缺点是如果某用户离开了原来的端口，到了一个新的交换机的某个端口，必须重新定义。

对于不同部门需要互访时（不同VLAN间通信或成为VLAN间路由），可通过路由器转发，并配合基于MAC地址的端口过滤。对某站点的访问路径上最靠近该站点的交换机、路由交换机或路由器的相应端口上，设定可通过的MAC地址集。这样就可以防止非法入侵者从内部盗用IP地址从其他可接入点入侵的可能。

该实验网络拓扑如图3-2所示。

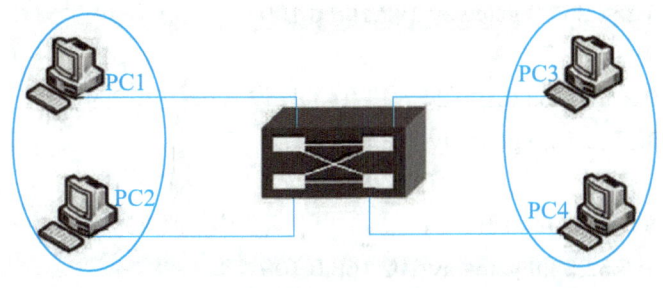

图3-2 基于端口划分VLAN拓扑图

拓扑编址：

PC1：192.168.0.1/24

PC2：192.168.0.2/24

PC3：192.168.0.3/24

PC4：192.168.0.4/24

基于端口划分VLAN就是把某些端口划分到一个VLAN，另一些端口划分到另一个VLAN。基于端口划分VLAN时要考虑3个问题：

1）VLAN的ID，也就是VLAN号，用来区别不同的VLAN。

2）VLAN的name（名字），这个name可以没有，但有的话可以更好地理解这个VLAN，就像注释似的。如果不加则系统会自动增加一个name。

3）每个VLAN包括的端口用端口号表示，如F0/0、F2/3等。

实验步骤

利用Dynamips GUI做实验时，默认的交换机是NM-16ESW，也就是16口交换机，该交换机提供了16个以太网口，分别是F0/0～F0/15，如图3-3所示。

在图3-3的实验中，创建了两个VLAN，分别是vlan10和vlan20，其中把端口F0/0 - F0/7分配给vlan10，将端口F0/8 - F0/15分配给vlan20。端口和PC的连接为：

```
Switch1 F0/0  <----> VPCS V0/1
Switch1 F0/1  <----> VPCS V0/2
Switch1 F0/14 <----> VPCS V0/3
Switch1 F0/15 <----> VPCS V0/4
```

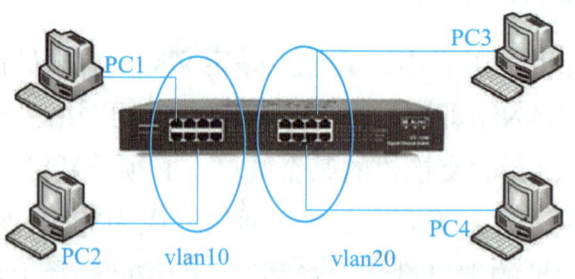

图3-3 基于端口划分VLAN端口图

实验前的测试：按拓扑编址配置虚拟计算机的IP，配置完成后，它们之间是可以ping通的。

```
VPCS 1 >ip 192.168.0.1 192.168.0.100 24        ! 设置虚拟PC1的IP
PC1 : 192.168.0.1 255.255.255.0 gateway 192.168.0.100
VPCS 1 >2
VPCS 2 >ip 192.168.0.2 192.168.0.100 24        ! 设置虚拟PC2的IP
PC2 : 192.168.0.2 255.255.255.0 gateway 192.168.0.100
VPCS 2 >3
VPCS 3 >ip 192.168.0.3 192.168.0.100 24        ! 设置虚拟PC3的IP
PC3 : 192.168.0.3 255.255.255.0 gateway 192.168.0.100
VPCS 3 >4
VPCS 4 >ip 192.168.0.4 192.168.0.100 24        ! 设置虚拟PC4的IP
PC4 : 192.168.0.4 255.255.255.0 gateway 192.168.0.100
VPCS 4 >ping 1921.68.0.1                       ! 在虚拟PC4上PingPC1
192.168.0.1 icmp_seq=1 time=4.000 ms
```

192.168.0.1 icmp_seq=2 time=5.000 ms
192.168.0.1 icmp_seq=3 time=5.000 ms
192.168.0.1 icmp_seq=4 time=5.000 ms
192.168.0.1 icmp_seq=5 time=5.000 ms

1. 创建VLAN

```
Router>
Router>en                              ! 进入交换机特权模式
    Router#conf t
    Router(config)#ho switch           ! 把交换机改名为switch
    Router(config)#Exit
Switch#vlan database                   ! 在特权模式下进入VLAN模式
Switch(vlan)#vlan10 name vlan10        ! 创建vlan10, 名称为vlan10, 如果没有名称,
                                         则交换机会默认给它分配一个名字叫vlan0010
VLAN 10 added:
    Name: vlan10
Switch(vlan)#vlan20 name vlan20        ! 创建vlan20, 名称为vlan20
VLAN 20 added:
    Name: vlan20
Switch(vlan)#exit                      ! 退出VLAN模式到特权模式
APPLY completed.
Exiting...
Switch#show vlan-sw                    ! 显示VLAN配置情况
```

在特权模式下输入"show vlan-sw"命令, 就可以看到现有VLAN的情况, 如图3-4所示。

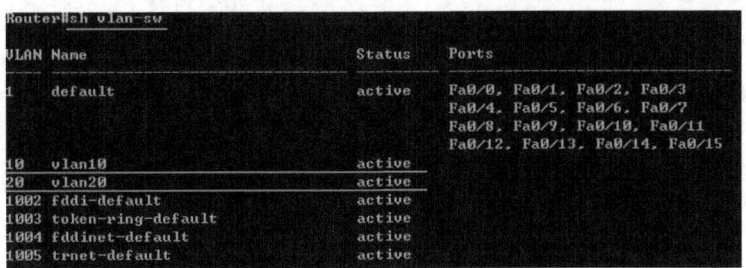

图3-4　显示已创建VLAN

如果要删除已创建的VLAN, 则可以在VLAN模式下输入"no vlan ID"命令, 可以把创建好的VLAN删除, 如:

```
Switch(vlan)#no vlan10
Deleting vlan10...
```

2. 将端口分配到VLAN

```
Switch#conf t                                  ! 进入全局配置模式
Enter configuration commands, one per line.  End with CNTL/Z.
Switch(config)#int f0/0                        ! 进入接口模式的接口F0/0
Switch(config-if)#switch access vlan 10        ! 把端口F0/0分配到vlan10
Switch(config-if)#int f0/1                     ! 进入接口模式的接口F0/1
Switch(config-if)#switch access vlan 10        ! 把端口F0/1分配到vlan10
```

重复以上过程，把接口（端口）F0/0～F0/7都添加到vlan10。

交换机的端口一般都不少，这样逐个地配置端口到VLAN未免有些太麻烦，如果想要把连续的多个接口分配到一个VLAN，则可以采用接口范围模式。

```
Switch(config)#int range f0/2-7          ！进入接口范围模式，范围包括F0/2～7，注意此处
                                              2～7之间要加两个空格的。
Switch(config-if-range)#swit acce vlan 10   ！把一组接口都分配给vlan10
```

按照以上方法，把F0/8～F0/15分配到vlan20，"show vlan-sw"，结果如图3-5所示。

```
Router#show vlan-sw
VLAN Name                    Status    Ports
1    default                 active
10   vlan10                  active    Fa0/0, Fa0/1, Fa0/2, Fa0/3
                                       Fa0/4, Fa0/5, Fa0/6, Fa0/7
20   vlan20                  active    Fa0/8, Fa0/9, Fa0/10, Fa0/11
                                       Fa0/12, Fa0/13, Fa0/14, Fa0/15
1002 fddi-default            active
1003 token-ring-default      active
1004 fddinet-default         active
1005 trnet-default           active
```

图3-5　显示VLAN及其接口

图3-5中，vlan10的名字叫vlan10，包括的active（活动的）接口有Fa0/0～Fa0/7。vlan20的名字叫vlan20，包括的活动接口有Fa0/8～Fa0/15。

如果接口号不连续，要把F0/5、F0/7、F0/9分配到vlan10，则可以采用"逗号"分隔的方法，如：

```
Switch(config)#int range f0/5 , f0/7 , f0/9   ！接口不连续可用"逗号"分隔，中间一定要加空格
Switch(config-if-range)#swit acce vlan10
```

还可以连续和不连续一起分配，如：

```
Switch(config)#int range f0/5 , f0/7-10, f0/14   ！表示把F0/5，F0/7，F0/8，F0/9，F0/10，F0/14都
                                                    设定为一组。
Switch(config-if-range)#swit acce vlan10
```

如果想把某个接口从VLAN中剔除（删除），则可以在全局配置模式下使用"default interface 某个具体接口"命令。

```
Switch(config)#default int 某个具体接口       ！把某个接口恢复原状（从VLAN中删除）
```

结果总结

在没有设置VLAN时，4台主机之间都是可以ping通的。当设定两个不同的VLAN时，同一个VLAN中的PC1和PC2之间还是可以ping通的，PC3和PC4之间也是可以ping通的。但是不同VLAN之间的主机就不能ping通了，也就是PC1不能ping到PC3和PC4。

3.4　实验4——多交换机之间VLAN的设置

由于单台交换机提供的端口数量有限，因此在实际工作中往往需要同时使用多台交换

机，在不同的交换机上可以配置相同的VLAN。

交换机端口和主机之间的连接链路称为Access链路，也叫访问链路。访问链路只能承载一个单一的VLAN数据。

两台交换机之间的链路称为Trunk链路，也叫中继链路。Trunk链路能承载多个VLAN的数据，因此两台交换机连接时，一定要把它们之间的链路设为Trunk链路。

实验概述

在掌握了在单台交换机上划分VLAN的方法的基础上，继续学习掌握在多台交换机上划分VLAN的方法。实验时使用两台交换机连接，每台交换机上连接两台主机，把位于不同交换机上的主机划分到一个VLAN，如图3-6所示。

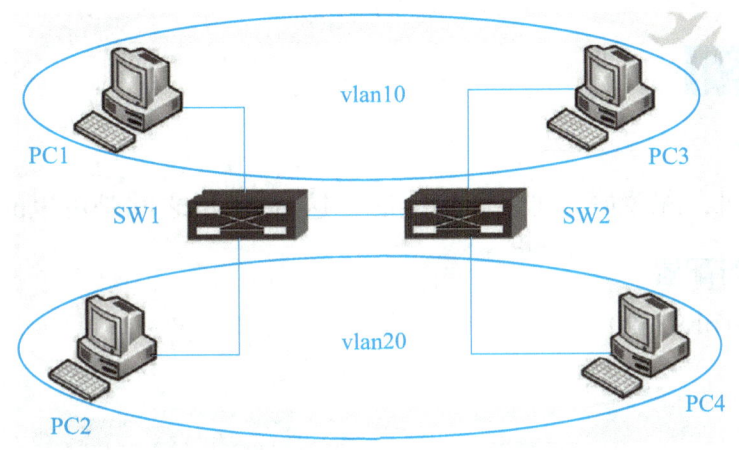

图3-6　多台交换机VLAN拓扑图

实验规划

两台交换机都是NM—16ESW，分别提供16口的交换接口，在该实验中分别创建vlan10和vlan20。将SW1和SW2上的接口F0/1～F0/7分配给vlan10，将两台交换机上的F0/8～F0/15划分给vlan20。两台交换机的F0/0接口之间用一条交叉线连接，如图3-7所示。

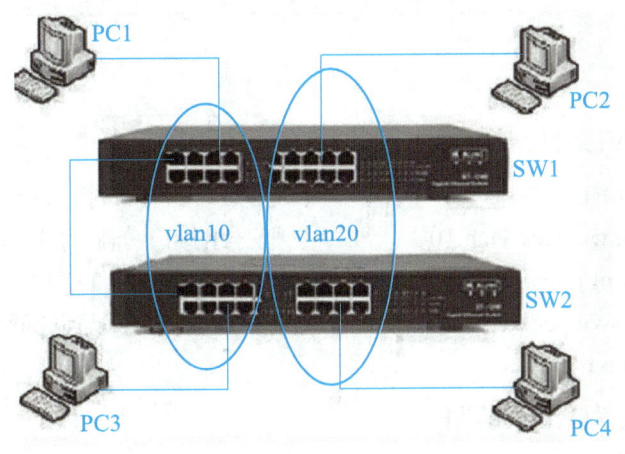

图3-7　多交换机端口图

端口连接为：

Switch1 F0/0 <-----> Switch2 F0/0
Switch1 F0/1 <-----> VPCS V0/1
Switch1 F0/15 <-----> VPCS V0/2
Switch2 F0/1 <-----> VPCS V0/3
Switch2 F0/15 <-----> VPCS V0/4

拓扑编址：

PC1：192.168.0.1/24

PC2：192.168.0.2/24

PC3：192.168.0.3/24

PC4：192.168.0.4/24

实验步骤

1. 实验前测试

打开两台交换机，配置好虚拟主机IP之后，这4台主机之间是可以ping通的。

2. 在sw1上进行配置

（1）创建vlan10和vlan20

```
Router>en
Router#conf t
Router(config)#ho sw1                          ！把交换机名称改为sw1
sw1#vlan data
sw1(vlan)#vlan 10 name vlan10                  ！创建vlan10
VLAN 10 added:
    Name: vlan10
sw1(vlan)#vlan 20 name vlan20                  ！创建vlan20
VLAN 20 added:
    Name: vlan20
sw1(vlan)#exit
APPLY completed.
Exiting...
```

（2）把接口分配到VLAN

```
sw1(config)#int range f0/1 - 7                 ！进入F0/1~F0/7接口
sw1(config-if-range)#swit acce vlan 10         ！把一组接口分配到vlan10
sw1(config-if-range)#int range f0/8 - 15
sw1(config-if-range)#swit acce vlan 20         ！把一组接口分配到vlan20
sw1(config-if-range)#exit
```

（3）把sw1上F0/0设为Trunk链路

```
sw1(config)#int f0/0                           ！进入接口F0/0
sw1(config-if)#swit mode trunk                 ！配置接口F0/0为Trunk链路
```

配置完成后可以用"show vlan-sw"命令来查看VLAN配置，另外还可以用"show inter trunk"命令来查看Trunk链路配置情况，如下：

sw1#show inter trunk　　　　　　　　　　　　! 显示Trunk配置情况

Trunk配置情况如图3-8所示。

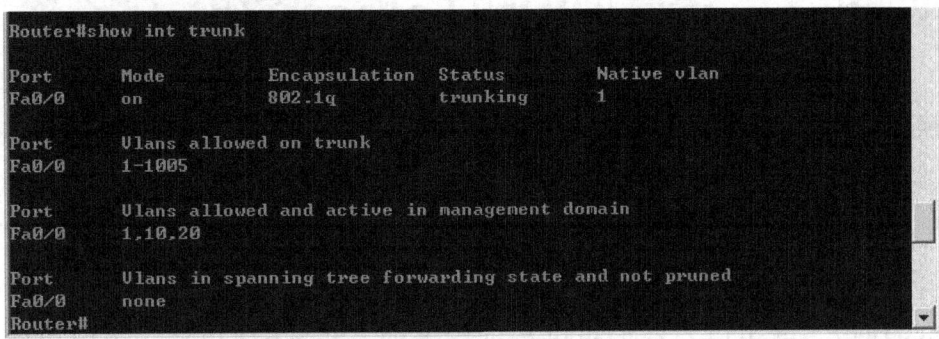

图3-8　显示Trunk配置情况

3. 在sw2上的配置

（1）创建vlan10和vlan20

Router>en
Router#conf t
Router(config)#ho sw2　　　　　　! 把交换机名称改为sw2
sw2#vlan data
sw2(vlan)#vlan 10 name vlan10　　! 创建vlan10
VLAN 10 added:
　　Name: vlan10
sw2(vlan)#vlan 20 name vlan20　　! 创建vlan20
VLAN 20 added:
　　Name: vlan20
sw2(vlan)#exit
APPLY completed.
Exiting...

（2）把接口分配到VLAN

sw2(config)#int range f0/1 - 7　　　　! 进入F0/1-F0/7接口
sw2(config-if-range)#swit acce vlan 10　! 把一组接口分配到vlan10
sw2(config-if-range)#int range f0/8 - 15
sw2(config-if-range)#swit acce vlan 20　! 把一组接口分配到vlan20
sw2(config-if-range)#exit

（3）把sw2上F0/0设为Trunk链路

sw2(config)#int f0/0　　　　　　　! 进入接口F0/0
sw2(config-if)#swit mode trunk　　! 配置接口F0/0为Trunk链路

结果总结

配置好整个实验后，PC1和PC3属于同一个VLAN，它们之间可以ping通。PC2和PC4属于同一个VLAN，它们之间可以ping通。但不同VLAN之间，PC1和PC2即使属于同一个网段，而且还在同一个交换机上，它们也不能ping通。

3.5 实验5——设管理IP和Telnet密码

设置交换机一般都是用Console口连接，然后在超级终端上调试。但在实际工作中，这样很不方便，一旦设备出现问题或需要进行一些更改，管理员都需要跑到机房连接交换机的Console口，这样很不方便。因为有些机房不能轻易进入，有些机房没有安放计算机，所以若能远程管理交换机将是最好的办法。

借助Telnet协议，就可以对交换机进行远程管理。Telnet协议是一个应用层协议，它可以传送Telnet控制信息，通过这些控制信息，网管可以远程管理维护一台设备，就像在本地操作一样。

其实每个交换机都有一个默认的VLAN，VLAN的ID号是1，因此，配置VLAN时不要使用vlan1这个号码，如图3-9所示。

```
Router#sh vlan-sw
VLAN Name                            Status    Ports
1    default                         active    Fa0/0, Fa0/1, Fa0/2, Fa0/3
                                               Fa0/4, Fa0/5, Fa0/6, Fa0/7
                                               Fa0/8, Fa0/9, Fa0/10, Fa0/11
                                               Fa0/12, Fa0/13, Fa0/14, Fa0/15
10   vlan10                          active
20   vlan20                          active
1002 fddi-default                    active
1003 token-ring-default              active
1004 fddinet-default                 active
1005 trnet-default                   active
```

图3-9 默认VLAN

这个默认的VLAN包括了所有的交换机端口，为这个VLAN配置一个IP地址，管理员就可用这个IP地址登录到交换机上进行配置。就像用Dynamips GUI软件时的"直接输出"效果。

对于二层交换机来说，这个配置更显重要，因为二层交换机上无法给各种接口配置IP地址，网管只能通过这个IP地址来管理二层设备。

实验概述

这个实验比较简单，就是在vlan1上设置一个IP地址，然后用"telnet"命令访问这个IP地址即可。但是用Dynamips软件中的虚拟PC就不行了，那个虚拟PC只能验证ping通与否，不能像真正的计算机一样使用"telnet"命令。

用Dynamips GUI软件中的"桥接到PC"，利用真实计算机来访问虚拟交换机。具体操作参考附录A《Dynamips GUI使用说明》。

另外，利用Telnet远程访问设备时，可以通过VTY（Virtual Type Terminal，虚拟类型终端）密码做验证，配置VTY密码是必需的。在Cisco的设备上如果没有配置VTY密码是无法实现远程登录的，而且远程访问交换机时特权模式密码也必须配置。利用这个Telnet实验，把密码设置再复习总结一下。

实验规划

拓扑图是一台真正的计算机连接虚拟交换机图。

拓扑编址：

vlan1：172.18.0.100/24

真实PC：172.18.0.2/24

实验用真实计算机的"cmd"命令窗口，用命令"telnet"虚拟交换机的vlan1的IP地址即可，注意要配置VTY和特权模式密码。

实验步骤

```
Router(config)#ho sw1                          ! 给交换机改名
sw1(config)#int vlan 1                         ! 进入VLAN模式
sw1(config-if)#ip address 172.18.0.100 255.255.255.0
                                               ! 设置vlan1的IP地址为172.18.0.100，子网掩码为
                                                 255.255.255.0
sw1(config-if)#no shut                         ! 开启交换机的管理vlan1端口
sw1(config-if)#enable password switch          ! 设置特权模式明文密码为switch
sw1(config)#line vty 0 4                       ! 配置远程登录密码
sw1(config-line)#password cisco                ! 配置远程登录密码为cisco
sw1(config-line)#login
sw1(config-line)#exit                          ! 配置完成退出
```

结果总结

配置好交换机之后，在真实的计算机上就可以进入"cmd"命令行模式，运行"telnet 172.18.0.100"命令，就可以进入交换机配置画面，和大家平时看到的交换机配置画面一样，不过进入时会提示输入密码。这里应该输入远程登录密码cisco，然后进入特权模式时又会提示输入密码，这时输入特权模式密码switch，即可进入特权模式。

本单元命令汇总见表3-1。

表3-1 本单元命令汇总

命　　令	作　　用
vlan database	在特权模式下进入VLAN模式
vlan 10 name teacher	创建vlan10名称为teacher
show vlan-sw（show vlan）	显示VLAN配置情况
switch access vlan10	把端口划分到vlan10
switch mode access	把端口改为访问模式

(续)

命　令	作　用
int range F0/2 – 7	进入接口范围模式
int range F0/5，F0/7，F0/10	进入不连续接口范围
default interface	把某个接口恢复原状，从VLAN中删除
switch mode trunk	把接口配置为Trunk链路
show inter trunk	显示Trunk配置信息
int vlan 1	进入VLAN模式
ip address 172.18.0.100 255.255.255.0	设置IP地址和相应的子网掩码
no shutdown	开启接口

榜样人物

邬江兴，男，汉族，中国工程院院士，通信与信息系统专家，中国国家数字交换系统工程技术研究中心（NDSC）主任，教授，被誉为"中国大容量程控数字交换机之父"。

1991年，38岁的解放军信息工程学院院长邬江兴主持研制出了HJD04（简称04机）万门数字程控交换机，从而一举打破了国外厂商的垄断。

邬江兴1970年参加中国第一台集成电路计算机研制并担任内存储器调试组长，1974—1978年作为总师组成员参与J103型百万次计算机研制，1980—1984年作为总设计师主持了大型分布式计算机系统GP300（每秒5亿次运算速度）的研制，从1985年起开始从事程控交换机和通信网络技术的研究与实践，2002年主持研制成功中国高速信息示范网并实现了中国互联网核心技术和装备制造业"零"的突破。2006年主持研制成功中国高速信息示范网并在中国长三角地区构建了全球最大规模的先进技术示范网—3Tnet，2011年主持研制成功中国下一代有线电视网（NGB）上海示范网，2013年带领团队研制成功世界首台拟态计算机。

课后习题

一、填空题

1）交换机主要工作在_____层。

2）VLAN的划分方法主要有_____、基于MAC地址划分、基于网络层协议划分等，这里学习的是基于_____的方法。

3）删除VLAN的命令是_____。

4）两台交换机连接是，一定要把它们之间的链路设为_____链路。

5）配置好远程登录密码后，在计算机上用_____后加IP地址即可访问和远程配置交换机。

二、选择题

1）创建VLAN的命令是在（　　）模式下使用的。
  A．用户模式　　　　　　　　　　B．特权模式
  C．全局配置模式　　　　　　　　D．接口模式

2）创建VLAN的命令是（　　）。
  A．vlan data　　B．vlan　　　C．vlan creat　　D．vlan-sw

3）交换机端口和主机之间的连接链路称为（　　）链路。
  A．Trunk　　　B．VLAN　　C．Access　　　D．Switch

4）显示VLAN配置情况命令是（　　）。
  A．show data　B．show trunk　C．show access　D．show vlan

5）把一组接口分配到VLAN时，用（　　）命令进入一组接口。
  A．int range　B．ing range　　C．ink range　　D．inc range

三、简答题

什么是VLAN？它的特点是什么？

单元4
路由器基本配置和实验

学习目标

知识目标

> 理解路由器和交换机在功能上的主要区别；顺利完成本单元实验1，用路由器实现不同网段终端之间的连通；顺利完成本单元实验2，用两个路由器实现不同网段终端之间的静态路由连通。

能力目标

> 提升实践能力和水平，实现三台路由器之间的静态路由；提升项目总结能力，能把本单元所有命令进行分类和总结。

素质目标

> 具有高效的协调沟通能力。随着实验规模的扩大，需要成立学习小组，各个小组内部组员之间要分配任务，合作完成实验，确保合作过程高效顺利，提高沟通能力和素质。

和交换机不同，路由器工作在网络层，也叫三层，它提供无连接的服务，处理的数据单位称为包（packet）或分组。

在这层工作的最主要的特点是采用逻辑编址，也就是使用IP地址来区分各个主机和端口。在互联网（Internet）上，IP地址是唯一的；但在局域网上，IP地址是根据自己网络的需要自由定制的，一般称为私有地址，这和互联网上的唯一IP只是形式上的一致。这里做的实验都使用私有地址。

路由器是局域网到广域网的接入以及局域网之间互联所需要的关键设备，掌握路由器的配置管理是非常重要的。

4.1 实验1——路由器的基本配置

实验概述

由于设备在网络中所处的位置和发挥的功能不一样，路由器和交换机是大不一样的。交换机主要负责用户设备接入和设备汇聚，所以它接口比较多。路由器一般处于网络的边缘，经常需要将不同的网络设备连接起来，所以连接模块比较丰富，而接口一般比较少。

要实现三层设备的连接，就要在接口上配置IP地址，这和交换机也是不一样的，除三层交换机外，一般交换机接口是不需要也不能配置IP地址的。

实验规划

本实验中，简单地把一台交换机和两台计算机连接，如图4-1所示。

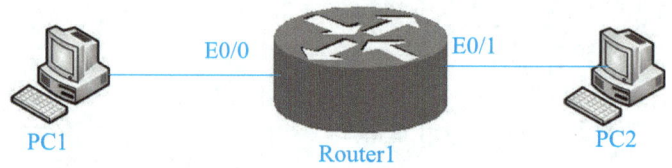

图4-1　路由器基本连接拓扑图

首先，在路由器上设置端口IP。路由器是将数据从一个网络发送到另一个网络，所以每个端口都有一个IP地址，而且这些端口IP应该不属于同一个网段，用两台计算机表示两个不同的网络（网段不一样），它们之间可以通过路由器互相连通。

在主机上设置IP地址。主机IP地址应该表示不同的网段，它们的网关应该是路由器端口的IP地址，通过下面的拓扑编址来说明：

拓扑编址：

PC1——IP：192.168.0.2/24，网关：192.168.0.1

PC2——IP：172.18.0.2/24，网关：172.18.0.1

Router1——E0/0——IP：192.168.0.1/24

　　　　　　　E0/1——IP：172.18.0.1/24

从中可以看出Router1上E0/0的接口IP地址就是PC1的网关地址，E0/1的接口IP地址就是和它连接的PC2的网关地址。

实验步骤

实验中使用虚拟软件时，Slot0模块选择NM-4E，所以接口号也和交换机不同，交换机是F0/0～F0/15共16个接口。路由器是E0/0、E0/1、E0/2、E0/3，一共4个接口，也就是最多可以接4个网络。

```
Router>en
Router#conf t
Router(config)#ho Router1                    ！更改路由器名称为Router1
Router1(config)#int e0/0                     ！进入路由器e0/0接口
Router1(config-if)#ip address 192.168.0.1 255.255.255.0
                                             ！配置接口IP地址为192.168.0.1
Router1(config-if)#no shut                   ！开启路由器e0/0端口
Router1(config)#int e0/1                     ！进入路由器e0/1接口
Router1(config-if)#ip address 172.18.0.1 255.255.255.0
                                             ！配置接口IP地址为172.18.0.1
Router1(config-if)#no shut                   ！开启路由器e0/1接口
```

结果总结

用"show run"命令，可以看到接口IP已经设置完成，如图4-2所示。

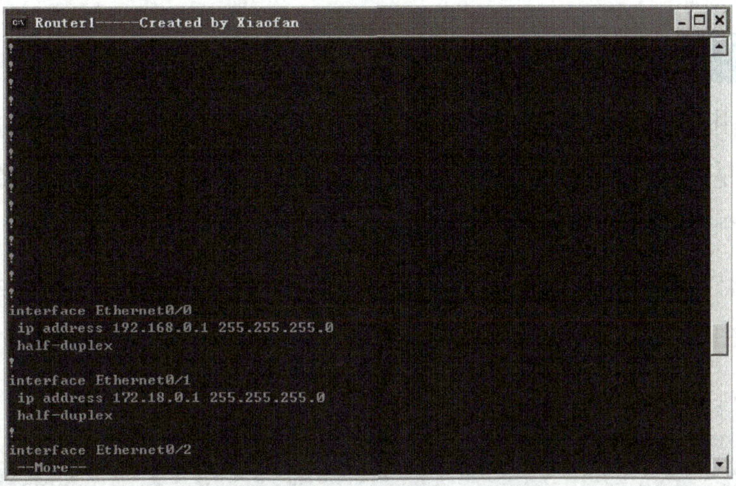

图4-2　显示接口情况

也可以用"sh ip int"命令来查看路由器各个端口的情况，如图4-3所示。

图4-3　显示接口IP地址

在虚拟计算机上设置IP如下：

VPCS 1 >ip 192.168.0.2 192.168.0.1 24

PC1 : 192.168.0.2 255.255.255.0 gateway 192.168.0.1

VPCS 1 >2

VPCS 2 >ip 172.18.0.2 172.18.0.1 24

PC2 : 172.18.0.2 255.255.255.0 gateway 172.18.0.1

两台虚拟PC是可以ping通的，如图4-4所示。

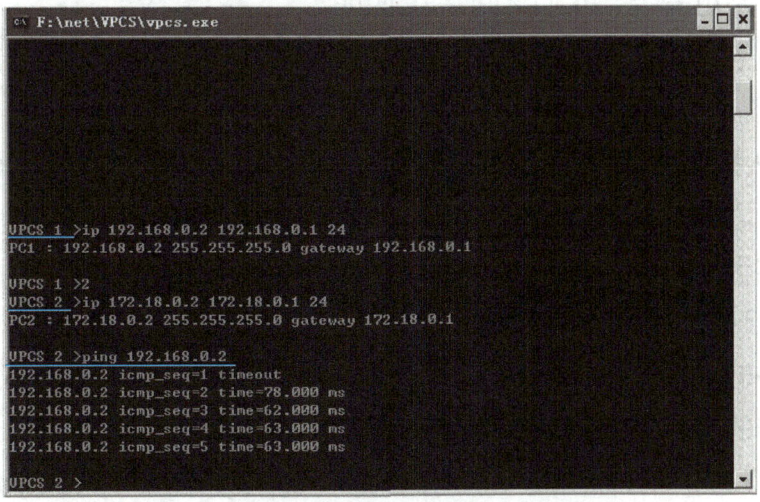

图4-4　用虚拟PC验证实验结果

4.2 实验2——两台路由器的静态路由

实验概述

前面提到，路由是指寻找从一个节点到另一个节点之间合理路径的过程。找路的过程并不是盲目的，而是形成一个路由表，通过路由表来完成逻辑寻址，并实现数据转发，路由表中存储着与每个网络互联的相关信息。

对于直连网络，只要接口上配置好IP地址，路由器就会根据接口配置的IP地址及子网掩码形成相应的路由条目。比如，实验1已经配置好了IP地址，用"show ip route"命令就可以查看路由信息，如图4-5所示。

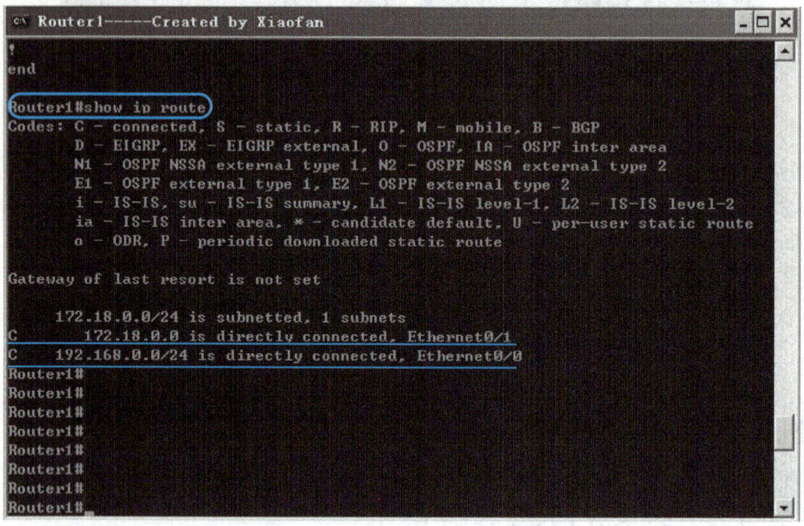

图4-5 显示路由信息

其中显示的"C 172.18.0.0/24 is directly connected, ……"表示这条路由是直接连接的，凡是直接连接到该路由器的网段，都可以互相ping通，正如实验1，两台不同网段的计算机，直连到一台路由器上，它们之间是互通的。

对于那些非直连路由，路由器是不可能直接生成路由条目的，必须借助路由协议的帮助。本实验将采用静态路由来完成两台路由器、两台计算机之间的互联。静态路由是由网管人员在路由器中手动配置的路由，就是把非直连的网段手工输入到路由器的路由表中，从而实现不同网段之间的互联。

静态路由其实很简单，只要解决两个问题即可：

1）去哪儿（目标网段包括子网掩码）？

2）走哪儿（转发端口，本路由器的端口或下一跳IP地址，所谓下一跳IP地址，就是和本地转发端口连接的另一个网络设备的IP地址）？

配置命令：IP route 目标网段 子网掩码 本地转发端口/下一跳IP地址。

删除命令：No IP route 目标网段 子网掩码 本地转发端口/下一跳IP地址。

一般来说，网管在配置静态路由时，都愿意使用本地端口，因为这种配置方式很方便，很多时候下一跳的IP地址不是这个网管配置的，甚至无法预先知道下一跳IP地址。

注意：在配置静态路由时，既可指定本地转发端口，也可指定下一跳地址，到底采用哪种方法，需要根据实际情况而定：对于支持网络地址到链路层地址解析的接口（直接连到主机）或点到点接口（PPP），指定发送接口即可；对于nbma接口，如以太网接口、Vlan接口、封装x.25或帧中继的接口、拨号口等，支持点到多点，这时除了配置IP路由外，还需要在链路层建立二次路由，即IP地址到链路层地址的映射（如dialer map IP、x.25 map IP或frame-relay map IP等），这种情况配置静态路由不能指定发送接口，应配置下一跳IP地址。

实验规划

使用两台路由器、两台主机。两台路由器的E0/0端口互联，每台路由器的E0/1端口各连接一台计算机。拓扑图如图4-6所示。

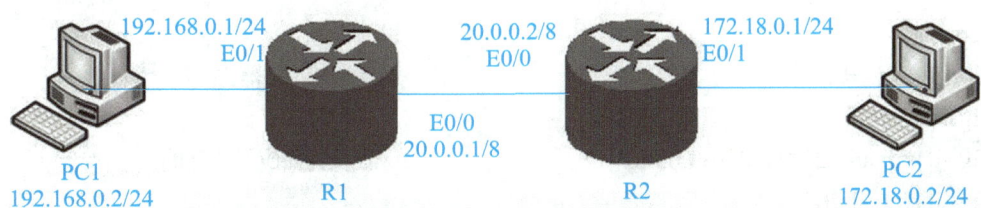

图4-6 静态路由实验拓扑图

连接方式：

R1 E0/0 <-----> R2 E0/0
R1 E0/1 <-----> VPCS V0/1
R2 E0/1 <-----> VPCS V0/2

拓扑编址：

PC1——IP：192.168.0.2/24，网关：192.168.0.1，就是R1上E0/1的IP地址

PC2——IP：172.18.0.2/24，网关：172.18.0.1，就是R2上E0/1的IP地址

R1——E0/1——IP：192.168.0.1/24，PC1的网关

　　　E0/0——IP：20.0.0.1/8

R2——E0/1——IP：172.18.0.1/24，PC2的网关

　　　E0/0——IP：20.0.0.2/8

这个实验涉及到3个网段：192.168.0.0/24、20.0.0.0/8、172.18.0.0/24，其中对于R1来说，192网段和20网段都是直连的，不需要路由。同理，对于R2来说，172网段和20网段也是直连的，也不需要路由。

所以在R1上要配置一条静态路由到172.18.0.0/24网段。在R2上要配置一条静态路由到192.168.0.0/24网段。

实验步骤

1. 在R1上的配置如下

```
Router>en
Router#conf t
Router(config)#ho R1                                    ！给路由器改名
R1(config)#int e0/0
R1(config-if)#ip add 20.0.0.1 255.0.0.0                 ！配置e0/0端口地址
R1(config-if)#no shut
R1(config-if)#int e0/1
R1(config-if)#ip add 192.168.0.1 255.255.255.0          ！配置e0/1端口地址
R1(config-if)#no shut
R1(config-if)#
R1(config)#ip route 172.18.0.0 255.255.255.0 e0/0       ！配置静态路由（采用本路由器接口）
```

2. 在R2上的配置如下

```
Router>en
Router#conf t
Router(config)#ho R2                                    ！给路由器改名
R2(config)#int e0/0
R2(config-if)#ip add 20.0.0.2 255.0.0.0                 ！配置e0/0端口地址
R2(config-if)#no shut
R2(config-if)#int e0/1
R2(config-if)#ip add 172.18.0.1 255.255.255.0           ！配置e0/1端口地址
R2(config-if)#no shut
R2(config)#ip route 192.168.0.0 255.255.255.0 20.0.0.1  ！配置静态路由（采用下一跳IP地址）
```

结果总结

对于R1，只配置IP地址后的路由情况，如图4-7所示。

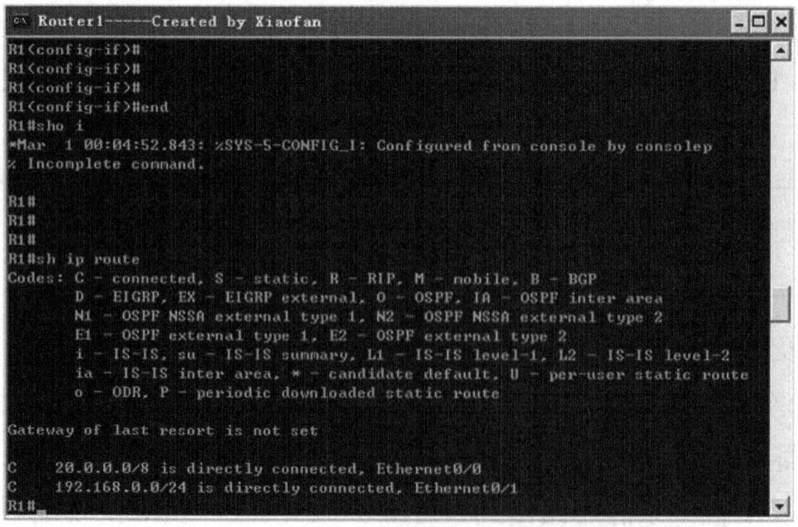

图4-7　查看R1路由状态

对于R2，只配置IP地址后的路由情况，如图4-8所示。

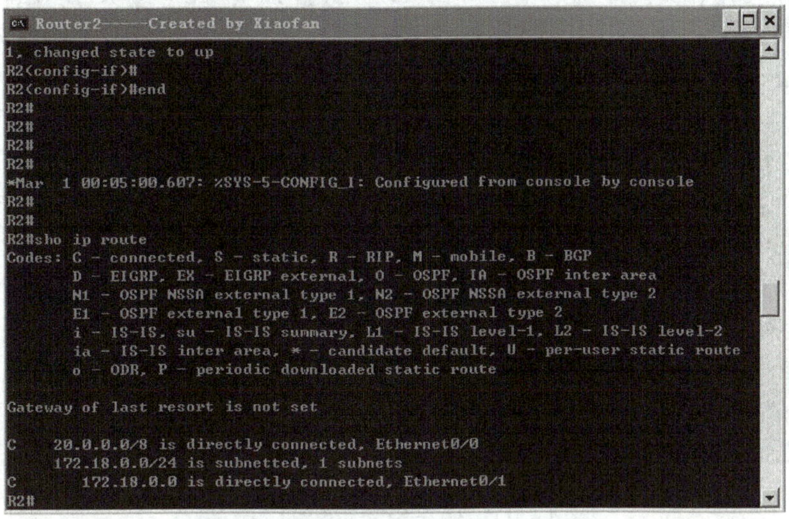

```
Router2-----Created by Xiaofan
1, changed state to up
R2(config-if)#
R2(config-if)#end
R2#
R2#
R2#
R2#
*Mar  1 00:05:00.607: %SYS-5-CONFIG_I: Configured from console by console
R2#
R2#
R2#sho ip route
Codes: C - connected, S - static, R - RIP, M - mobile, B - BGP
       D - EIGRP, EX - EIGRP external, O - OSPF, IA - OSPF inter area
       N1 - OSPF NSSA external type 1, N2 - OSPF NSSA external type 2
       E1 - OSPF external type 1, E2 - OSPF external type 2
       i - IS-IS, su - IS-IS summary, L1 - IS-IS level-1, L2 - IS-IS level-2
       ia - IS-IS inter area, * - candidate default, U - per-user static route
       o - ODR, P - periodic downloaded static route

Gateway of last resort is not set

C    20.0.0.0/8 is directly connected, Ethernet0/0
     172.18.0.0/24 is subnetted, 1 subnets
C       172.18.0.0 is directly connected, Ethernet0/1
R2#
```

图4-8　查看R2路由状态

这时，利用虚拟计算机进行ping连接测试，发现，在PC1上可以ping通192.168.0.1和20.0.0.1，但无法ping通20.0.0.2以后的IP地址。同理，在PC2上可以ping通172.18.0.1和20.0.0.2，但无法ping通20.0.0.1以后的计算机。

配置好静态路由后，R1的路由情况如图4-9所示。

路由表中的“S　172.18.0.0……”表示这条路由是经由E0/0通过静态路由获得的。

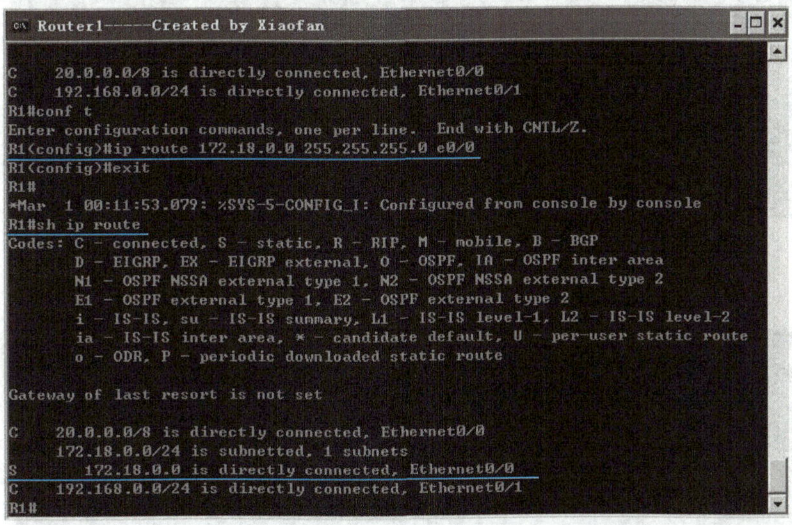

```
Router1-----Created by Xiaofan
C    20.0.0.0/8 is directly connected, Ethernet0/0
C    192.168.0.0/24 is directly connected, Ethernet0/1
R1#conf t
Enter configuration commands, one per line.  End with CNTL/Z.
R1(config)#ip route 172.18.0.0 255.255.255.0 e0/0
R1(config)#exit
R1#
*Mar  1 00:11:53.079: %SYS-5-CONFIG_I: Configured from console by console
R1#sh ip route
Codes: C - connected, S - static, R - RIP, M - mobile, B - BGP
       D - EIGRP, EX - EIGRP external, O - OSPF, IA - OSPF inter area
       N1 - OSPF NSSA external type 1, N2 - OSPF NSSA external type 2
       E1 - OSPF external type 1, E2 - OSPF external type 2
       i - IS-IS, su - IS-IS summary, L1 - IS-IS level-1, L2 - IS-IS level-2
       ia - IS-IS inter area, * - candidate default, U - per-user static route
       o - ODR, P - periodic downloaded static route

Gateway of last resort is not set

C    20.0.0.0/8 is directly connected, Ethernet0/0
     172.18.0.0/24 is subnetted, 1 subnets
S       172.18.0.0 is directly connected, Ethernet0/0
C    192.168.0.0/24 is directly connected, Ethernet0/1
R1#
```

图4-9　显示R1静态路由信息

R2的路由情况如图4-10所示，其中“S　192.168.0.0……”表示经由20.0.0.1通过的静态路由。

完全配置好之后的结果验证，表示全网互通了，如图4-11所示。

查看各个接口的情况，还可以使用“sho ip int br”命令，如图4-12所示。

还可以用“sh int某一具体接口（E0/0等）”来查看某一具体接口的情况，当然也可以用“sh run”命令、“sh ip int”命令等。

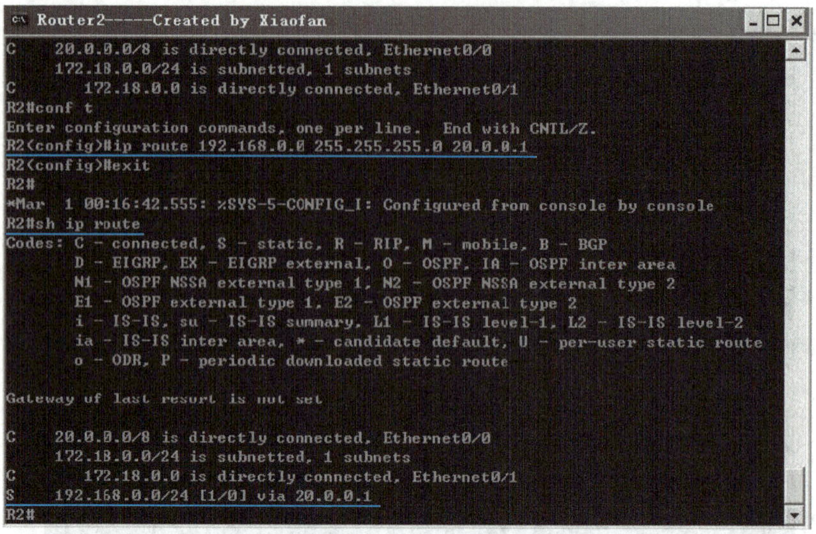

```
Router2-----Created by Xiaofan
C    20.0.0.0/8 is directly connected, Ethernet0/0
     172.18.0.0/24 is subnetted, 1 subnets
C       172.18.0.0 is directly connected, Ethernet0/1
R2#conf t
Enter configuration commands, one per line.  End with CNTL/Z.
R2(config)#ip route 192.168.0.0 255.255.255.0 20.0.0.1
R2(config)#exit
R2#
*Mar  1 00:16:42.555: %SYS-5-CONFIG_I: Configured from console by console
R2#sh ip route
Codes: C - connected, S - static, R - RIP, M - mobile, B - BGP
       D - EIGRP, EX - EIGRP external, O - OSPF, IA - OSPF inter area
       N1 - OSPF NSSA external type 1, N2 - OSPF NSSA external type 2
       E1 - OSPF external type 1, E2 - OSPF external type 2
       i - IS-IS, su - IS-IS summary, L1 - IS-IS level-1, L2 - IS-IS level-2
       ia - IS-IS inter area, * - candidate default, U - per-user static route
       o - ODR, P - periodic downloaded static route

Gateway of last resort is not set

C    20.0.0.0/8 is directly connected, Ethernet0/0
     172.18.0.0/24 is subnetted, 1 subnets
C       172.18.0.0 is directly connected, Ethernet0/1
S    192.168.0.0/24 [1/0] via 20.0.0.1
R2#
```

图4-10 显示R2静态路由信息

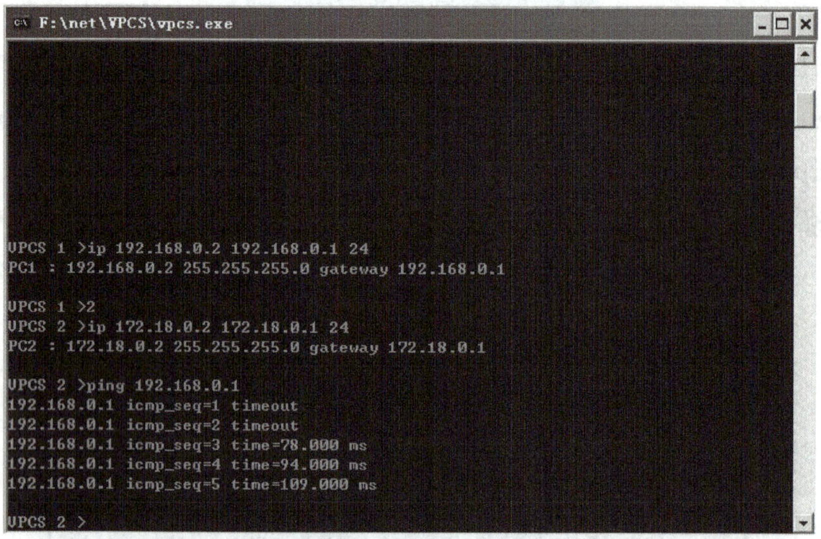

```
F:\net\VPCS\vpcs.exe

VPCS 1 >ip 192.168.0.2 192.168.0.1 24
PC1 : 192.168.0.2 255.255.255.0 gateway 192.168.0.1

VPCS 1 >2
VPCS 2 >ip 172.18.0.2 172.18.0.1 24
PC2 : 172.18.0.2 255.255.255.0 gateway 172.18.0.1

VPCS 2 >ping 192.168.0.1
192.168.0.1 icmp_seq=1 timeout
192.168.0.1 icmp_seq=2 timeout
192.168.0.1 icmp_seq=3 time=78.000 ms
192.168.0.1 icmp_seq=4 time=94.000 ms
192.168.0.1 icmp_seq=5 time=109.000 ms

VPCS 2 >
```

图4-11 验证结果

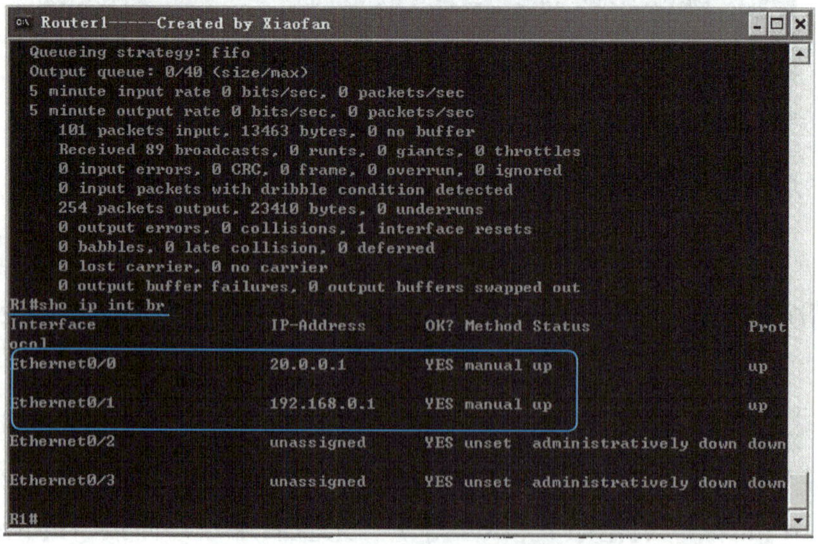

```
Router1-----Created by Xiaofan
  Queueing strategy: fifo
  Output queue: 0/40 (size/max)
  5 minute input rate 0 bits/sec, 0 packets/sec
  5 minute output rate 0 bits/sec, 0 packets/sec
     101 packets input, 13463 bytes, 0 no buffer
     Received 89 broadcasts, 0 runts, 0 giants, 0 throttles
     0 input errors, 0 CRC, 0 frame, 0 overrun, 0 ignored
     0 input packets with dribble condition detected
     254 packets output, 23410 bytes, 0 underruns
     0 output errors, 0 collisions, 1 interface resets
     0 babbles, 0 late collision, 0 deferred
     0 lost carrier, 0 no carrier
     0 output buffer failures, 0 output buffers swapped out
R1#sho ip int br
Interface                  IP-Address      OK? Method Status                Prot
ocol
Ethernet0/0                20.0.0.1        YES manual up                    up

Ethernet0/1                192.168.0.1     YES manual up                    up

Ethernet0/2                unassigned      YES unset  administratively down down

Ethernet0/3                unassigned      YES unset  administratively down down

R1#
```

图4-12 查看接口地址状况

4.3 实验3——三台路由器的静态路由

实验概述

静态路由效率高，占用资源少，配置简单，维护方便，在小型网络中应用比较广泛。在很多单位，企事业机关的局域网中都有很好的应用，尤其在局域网接入Internet时，多使用静态路由。所谓静态路由选择是指路由器中的路由表是静态的，路由器之间不需要进行路由信息交换。

但是，静态路由在路由器数量增加时，会增加人工配置的工作量，从本例就可以看出，一旦增加了一台路由器，每台路由器上的静态路由就都增加了。

实验规划

本实验拓扑图如图4-13所示。

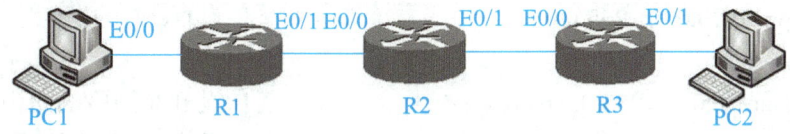

图4-13　3台路由器静态路由拓扑

该实验使用3台路由器，分别是R1、R2、R3，PC1和PC2分别连在路由器R1和R3上。
拓扑编址：

PC1——IP：192.168.0.2/24，网关：192.168.0.1，就是R1上E0/0的IP地址

PC2——IP：172.18.0.2/24，网关：172.18.0.1，就是R3上E0/1的IP地址

R1——E0/0——IP：192.168.0.1/24，PC1的网关

　　　E0/1——IP：20.0.0.1/8

R2——E0/0——IP：20.0.0.2/8

　　　E0/1——IP：30.0.0.1/8

R3——E0/0——IP：30.0.0.2/8

　　　E0/1——IP：172.18.0.1/24，PC2的网关

这个实验涉及到4个网段：192.168.0.0/24、20.0.0.0/8、30.0.0.0/8、172.18.0.0/24。

其中对于R1来说，192网段和20网段都是直连的，不需要路由。同理对于R2来说，20网段和30网段也是直连的，不需要路由。R3上30网段和172网段直连。

所以在R1上要配置两条静态路由分别到30网段和172网段。

在R2上要配置两条静态路由分别到192和172网段。

在R3上要配置两条静态路由分别到192和20网段。

这个实验还可以扩展，多连接几台计算机，比如，在R2上再连接一台计算机等，增加复杂程度。

配置完成后的网络连接方式如下：

Router1 E0/0 <----> VPCS V0/1

Router1 E0/1 <----> Router2 E0/0

Router2 E0/1 <----> Router3 E0/0

Router3 E0/1 <----> VPCS V0/2

实验步骤

1. 在R1上的配置如下

```
Router>en
Router#conf t
Router(config)#ho R1                                  ! 给路由器改名
R1(config)#int e0/0                                   ! 进入e0/0端口
R1(config-if)#ip add 192.168.0.1 255.255.255.0        ! 设置e0/0的IP
R1(config-if)#no shut
R1(config-if)#int e0/1                                ! 进入e0/1端口
R1(config-if)#ip add 20.0.0.1 255.0.0.0               ! 设置e0/1的IP
R1(config-if)#no shut
R1(config)#ip route 30.0.0.0 255.0.0.0 e0/1           ! 设到30网段的路由
R1(config)#ip route 172.18.0.0 255.255.255.0 e0/1     ! 设到172网段的路由
```

配置完成后的路由情况如图4-14所示。

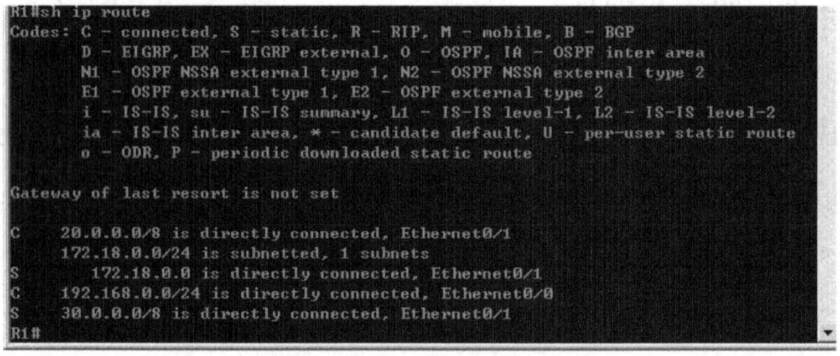

```
R1#sh ip route
Codes: C - connected, S - static, R - RIP, M - mobile, B - BGP
       D - EIGRP, EX - EIGRP external, O - OSPF, IA - OSPF inter area
       N1 - OSPF NSSA external type 1, N2 - OSPF NSSA external type 2
       E1 - OSPF external type 1, E2 - OSPF external type 2
       i - IS-IS, su - IS-IS summary, L1 - IS-IS level-1, L2 - IS-IS level-2
       ia - IS-IS inter area, * - candidate default, U - per-user static route
       o - ODR, P - periodic downloaded static route

Gateway of last resort is not set

C    20.0.0.0/8 is directly connected, Ethernet0/1
     172.18.0.0/24 is subnetted, 1 subnets
S       172.18.0.0 is directly connected, Ethernet0/1
C    192.168.0.0/24 is directly connected, Ethernet0/0
S    30.0.0.0/8 is directly connected, Ethernet0/1
R1#
```

图4-14　查看R1路由情况

其中有两条直连路由，两条静态路由。

2. 在R2上的配置如下

```
Router>en
Router#conf t
Router(config)#ho R2
R2(config)#int e0/0                                   ! 进入e0/0端口
R2(config-if)#ip add 20.0.0.2 255.0.0.0               ! 配置端口IP
R2(config-if)#no shut
R2(config-if)#int e0/1                                ! 进入e0/1端口
R2(config-if)#ip add 30.0.0.1 255.0.0.0               ! 配置端口IP
R2(config-if)#no shut
```

```
R2(config-if)#exit
R2(config)#ip route 192.168.0.0 255.255.255.0 e0/0          ! 配置192网段路由
R2(config)#ip route 172.18.0.0 255.255.255.0 e0/1           ! 配置172网段路由
R2(config)#exit
```

配置完成后的路由情况如图4-15所示。

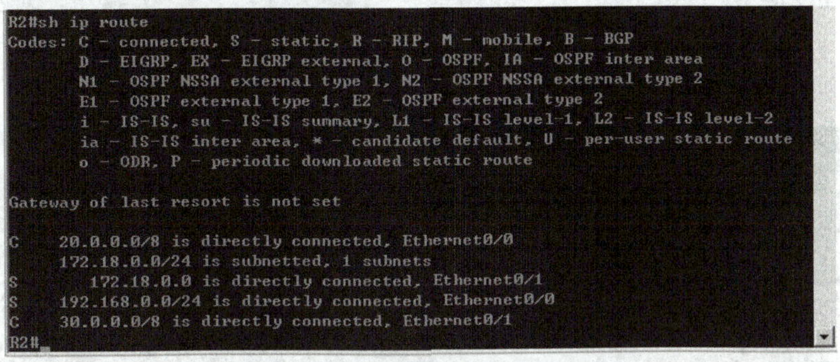

```
R2#sh ip route
Codes: C - connected, S - static, R - RIP, M - mobile, B - BGP
       D - EIGRP, EX - EIGRP external, O - OSPF, IA - OSPF inter area
       N1 - OSPF NSSA external type 1, N2 - OSPF NSSA external type 2
       E1 - OSPF external type 1, E2 - OSPF external type 2
       i - IS-IS, su - IS-IS summary, L1 - IS-IS level-1, L2 - IS-IS level-2
       ia - IS-IS inter area, * - candidate default, U - per-user static route
       o - ODR, P - periodic downloaded static route

Gateway of last resort is not set

C    20.0.0.0/8 is directly connected, Ethernet0/0
     172.18.0.0/24 is subnetted, 1 subnets
S       172.18.0.0 is directly connected, Ethernet0/1
S    192.168.0.0/24 is directly connected, Ethernet0/0
C    30.0.0.0/8 is directly connected, Ethernet0/1
R2#
```

图4-15　查看R2的路由情况

3．在R3上的配置如下

```
Router>en
Router#conf t
Router(config)#ho R3
R3(config)#int e0/0                                          ! 进入e0/0端口
R3(config-if)#ip add 30.0.0.2 255.0.0.0                      ! 配置端口地址
R3(config-if)#no shut
R3(config-if)#int e0/1                                       ! 进入e0/1端口
R3(config-if)#ip add 172.18.0.1 255.255.255.0                ! 配置端口地址
R3(config-if)#no shut
R3(config)#ip route 192.168.0.0 255.255.255.0 e0/0           ! 配置192网段路由
R3(config)#ip route 20.0.0.0 255.0.0.0 e0/0                  ! 配置20网段路由
R3(config)#exit
```

配置完成后的路由情况如图4-16所示。

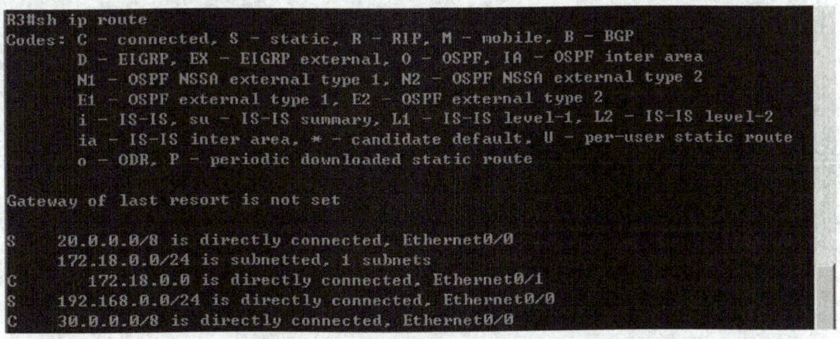

```
R3#sh ip route
Codes: C - connected, S - static, R - RIP, M - mobile, B - BGP
       D - EIGRP, EX - EIGRP external, O - OSPF, IA - OSPF inter area
       N1 - OSPF NSSA external type 1, N2 - OSPF NSSA external type 2
       E1 - OSPF external type 1, E2 - OSPF external type 2
       i - IS-IS, su - IS-IS summary, L1 - IS-IS level-1, L2 - IS-IS level-2
       ia - IS-IS inter area, * - candidate default, U - per-user static route
       o - ODR, P - periodic downloaded static route

Gateway of last resort is not set

S    20.0.0.0/8 is directly connected, Ethernet0/0
     172.18.0.0/24 is subnetted, 1 subnets
C       172.18.0.0 is directly connected, Ethernet0/1
S    192.168.0.0/24 is directly connected, Ethernet0/0
C    30.0.0.0/8 is directly connected, Ethernet0/0
```

图4-16　查看R3的路由情况

结果总结

用“sh ip int b”命令可以对各个端口配置情况进行检查，如图4-17～图4-19所示。

```
R1#sh ip int b
Interface                  IP-Address      OK? Method Status                Prot
ocol
Ethernet0/0                192.168.0.1     YES manual up                    up

Ethernet0/1                20.0.0.1        YES manual up                    up

Ethernet0/2                unassigned      YES unset  administratively down down

Ethernet0/3                unassigned      YES unset  administratively down down

R1#
```

图4-17 查看R1路由器接口

```
R2#sh ip int b
Interface                  IP-Address      OK? Method Status                Prot
ocol
Ethernet0/0                20.0.0.2        YES manual up                    up

Ethernet0/1                30.0.0.1        YES manual up                    up

Ethernet0/2                unassigned      YES unset  administratively down down

Ethernet0/3                unassigned      YES unset  administratively down down

R2#
```

图4-18 查看R2路由器接口

```
R3#sh ip int b
Interface                  IP-Address      OK? Method Status                Prot
ocol
Ethernet0/0                30.0.0.2        YES manual up                    up

Ethernet0/1                172.18.0.1      YES manual up                    up

Ethernet0/2                unassigned      YES unset  administratively down down

Ethernet0/3                unassigned      YES unset  administratively down down

R3#
```

图4-19 查看R3路由器接口

配置完成后用虚拟计算机进行验证，如图4-20所示。

```
F:\net\VPCS\vpcs.exe

VPCS 1 >ip 192.168.0.2 192.168.0.1 24
PC1 : 192.168.0.2 255.255.255.0 gateway 192.168.0.1

VPCS 1 >2
VPCS 2 >ip 172.18.0.2 172.18.0.1 24
PC2 : 172.18.0.2 255.255.255.0 gateway 172.18.0.1

VPCS 2 >ping 192.168.0.1
192.168.0.1 icmp_seq=1 timeout
192.168.0.1 icmp_seq=2 timeout
192.168.0.1 icmp_seq=3 timeout
192.168.0.1 icmp_seq=4 timeout
192.168.0.1 icmp_seq=5 time=125.000 ms

VPCS 2 >ping 192.168.0.1
192.168.0.1 icmp_seq=1 time=110.000 ms
192.168.0.1 icmp_seq=2 time=188.000 ms
192.168.0.1 icmp_seq=3 time=110.000 ms
192.168.0.1 icmp_seq=4 time=94.000 ms
192.168.0.1 icmp_seq=5 time=94.000 ms
```

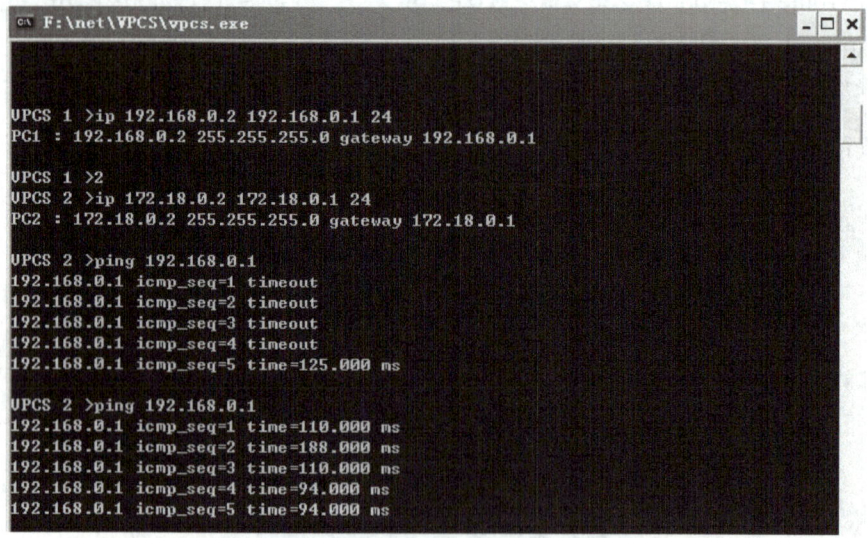

图4-20 验证连通状况

其中第一次ping时，有一些发送包没有回应，这是因为要通过各个路由端口的原因，一旦ping通一次，后面的反应就会比较快。

4.4 实验4——默认路由

实验概述

默认路由是一种特殊的静态路由，如果配置了默认路由，那么当路由表中的具体条目与包的目的地址之间没有匹配内容时，路由器就会根据默认路由将数据包转发出去。如果没有默认路由，也没有目的地址匹配的路由表项，则包就会被丢弃。

默认路由有时非常有用，在末梢网络，默认路由会大大简化路由器的配置，减轻网管的工作负担，并提高网络性能，如图4-21所示。

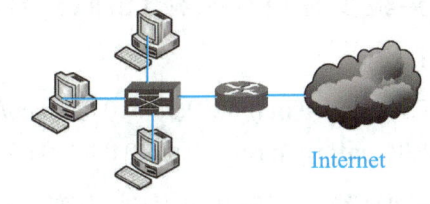

图4-21 适合使用默认路由的拓扑图

一般单位或企业都是用一台路由器来连接内部局域网和互联网（Internet）。在企业内部局域网通过这台末梢路由器连接Internet这种网络环境中，配置静态路由是不可能的。因为无法知道用户将访问哪些网站、哪些IP，在这种情况下，配置一条默认路由，就意味着任何IP地址的数据包都可以从此路由通过。

配置默认路由的命令是：ip route 目标网段　子网掩码　本地端口/下一跳IP地址。

其中目标网段固定为：0.0.0.0，子网掩码固定为：0.0.0.0。

这个命令可以写成：ip route 0.0.0.0 0.0.0.0 本地端口/下一跳IP地址。

实验规划

这里还用实验3的例子（见图4-13）。该实验使用3台路由器，分别是R1、R2、R3，PC1和PC2分别连在路由器R1和R3。

拓扑编址也和实验3一样：

PC1——IP：192.168.0.2/24，网关：192.168.0.1，就是R1上E0/0的IP地址

PC2——IP：172.18.0.2/24，网关：172.18.0.1，就是R3上E0/1的IP地址

R1——E0/0——IP：192.168.0.1/24，PC1的网关

　　　E0/1——IP：20.0.0.1/8

R2——E0/0——IP：20.0.0.2/8

　　　E0/1——IP：30.0.0.1/8

R3——E0/0——IP：30.0.0.2/8

　　　E0/1——IP：172.18.0.1/24，PC2的网关

这个实验涉及到4个网段：192.168.0.0/24，20.0.0.0/8，30.0.0.0/8，172.18.0.0/24。

其中对于R1来说，192网段和20网段都是直连的，不需要路由。对于R2来说，20网段和30网段也是直连的，不需要路由。R3上30网段和172网段直连。

在R1和R3上采用默认路由，在R2上要配置两条静态路由，分别到192和172网段。配置完成后的网络连接方式如下：

Router1 E0/0 <----> VPCS V0/1
Router1 E0/1 <----> Router2 E0/0
Router2 E0/1 <----> Router3 E0/0
Router3 E0/1 <----> VPCS V0/2

实验步骤

实验步骤也和实验3相似，只是在配置R1和R3时，把两条静态路由变为一条默认路由：

R1(config)#ip route 0.0.0.0 0.0.0.0 e0/1 　　！默认路由从e0/1端口
R3(config)#ip route 0.0.0.0 0.0.0.0 e0/0 　　！默认路由从e0/0端口

R2配置静态路由，内容不变。

结果总结

经过以上配置，路由器R1的路由配置情况如图4-22所示。

```
R1#sho ip route
Codes: C - connected, S - static, R - RIP, M - mobile, B - BGP
       D - EIGRP, EX - EIGRP external, O - OSPF, IA - OSPF inter area
       N1 - OSPF NSSA external type 1, N2 - OSPF NSSA external type 2
       E1 - OSPF external type 1, E2 - OSPF external type 2
       i - IS-IS, su - IS-IS summary, L1 - IS-IS level-1, L2 - IS-IS level-2
       ia - IS-IS inter area, * - candidate default, U - per-user static route
       o - ODR, P - periodic downloaded static route

Gateway of last resort is 0.0.0.0 to network 0.0.0.0

C    20.0.0.0/8 is directly connected, Ethernet0/1
C    192.168.0.0/24 is directly connected, Ethernet0/0
S*   0.0.0.0/0 is directly connected, Ethernet0/1
R1#
```

图4-22　查看R1的默认路由

其中两条直连路由前面标示是大写字母"C"，大写字母"S"表示有一条默认路由，可以通过E0/1端口到以外的任意IP网段。

R3上的路由配置如图4-23所示。

```
R3#sh ip route
Codes: C - connected, S - static, R - RIP, M - mobile, B - BGP
       D - EIGRP, EX - EIGRP external, O - OSPF, IA - OSPF inter area
       N1 - OSPF NSSA external type 1, N2 - OSPF NSSA external type 2
       E1 - OSPF external type 1, E2 - OSPF external type 2
       i - IS-IS, su - IS-IS summary, L1 - IS-IS level-1, L2 - IS-IS level-2
       ia - IS-IS inter area, * - candidate default, U - per-user static route
       o - ODR, P - periodic downloaded static route

Gateway of last resort is 0.0.0.0 to network 0.0.0.0

     172.18.0.0/24 is subnetted, 1 subnets
C       172.18.0.0 is directly connected, Ethernet0/1
C    30.0.0.0/8 is directly connected, Ethernet0/0
S*   0.0.0.0/0 is directly connected, Ethernet0/0
R3#
```

图4-23　查看R3的默认路由

R2上的路由配置情况和实验3的内容一样，不再赘述。经过以上配置，全网互通。本单元命令汇总见表4-1。

表4-1 本单元命令汇总

命 令	作 用
ip address 172.18.0.100 255.255.255.0	设置IP地址和相应的子网掩码
no shutdown	开启接口
show ip inter	查看路由器各个接口情况
ip route 目标网段 子网掩码 本地端口/下一跳IP地址	配置静态路由
show ip route	查看路由信息
no ip route	删除静态路由
show ip int brief	查看各个接口情况
show int F0/2	查看某个接口情况
ip route 0.0.0.0 0.0.0.0 本地端口/下一跳IP地址	配置默认路由

榜样人物

赵建军，深圳市普联技术有限公司（TP-Link Technologies Co. Ltd）创始人，现任该公司董事长。普联技术有限公司成立于1996年，是专业的网络与通信设备供应商，是中国局域网络与用户端通信设备领域技术和市场的领先者，其自有品牌"TP-Link"在中国市场占有率第一。

赵建军独立研究UMC9008芯片的ISA总线双口10M网卡投入市场后获得了巨大的反响。这让公司得以扩大规模，正式与外国品牌竞争。他坚信网络设备必然会兴起，于是总结了思科路由器的优缺点，规划出自己的发展目标，家庭网络不需要太多的功能，但要使用简便。这个规划总结令普联技术有限公司制造的产品很快就打败了思科，迅速地占领了家庭网络市场。

课后习题

一、填空题

1）路由器工作在_____层，也叫_____层。

2）路由器的_____可以设置IP地址。

3）用_____命令查看路由器的路由信息。

4）查看路由信息时，前面显示大写字母"S"，表示这条路由是_____路由。

5）使用3台路由器的网络拓扑，要想全网互通，每台路由器上需要配置_____条静态路由。

二、选择题

1）两个不同的网络（网段不一样），可以通过（　　）直连互相连通。

  A．路由器   B．交换机   C．集线器   D．网关

2）在特权模式下，经常使用（　　）命令可以查看路由器或交换机的配置信息。

  A．show ip   B．show run   C．show router   D．show inter

3）查看路由器路由信息时，前面显示大写字母（　　），表示这条路由是直连路由。

  A．"A"   B．"B"   C．"C"   D．"D"

4）静态路由配置命令为（　　）。

  A．IP config   B．IP router   C．IP switch   D．IP route

5）配置默认路由时，目标网段和子网掩码固定为（　　）。

  A．0.0.0.0   B．255.255.255.255

  C．192.168.0.0   D．172.18.0.0

三、简答题

1）什么是静态路由，静态路由需要解决哪两个问题？

2）什么是默认路由？

单元5
交换机高级配置和实验

学习目标

- **知识目标**
  - 能把二层接口升级到三层接口；利用三层交换机实现VLAN间的通信。

- **能力目标**
  - 培养耐心，能在比较大的实验中一步一步顺利完成比较类似和枯燥的命令；能够预见问题并及时采取措施解决，在设计实验方案时，具备预判能力。

- **素质目标**
  - 提升实践素质和水平。在虚拟机和仿真实验的基础上，能举一反三，应用到真实的交换机和路由器等实验设备中，顺利完成实验。

5.1 实验1——升级到三层交换机接口

实验概述

根据交换机的工作模式可以把交换机分为二层和三层。

二层交换机仅仅工作在二层（数据链路层），由于二层是用MAC地址确定目标，所以在这层工作的交换机是不需要涉及到IP地址这个概念的，也就是说二层交换机的端口（接口）是无法设定IP地址的。它只能让同一网段的计算机通信。

三层交换机可以工作在二层，同时也可以工作在三层（网络层），也有三层接口，在三层接口可以配置IP地址，通过路由实现不同网段之间的通信。一般小型网络使用二层交换机即可。中大型网络需要使用路由功能，可以考虑使用三层交换机实现。

Cisco三层交换机支持3种接口：

1）二层交换接口。相当于一般二层交换机的接口。在此接口上，不能配置IP地址。

2）三层路由接口。相当于路由器的接口，可以配置IP地址，也可以进行路由设置。

3）VLAN接口。对VLAN进行配置，可以给VLAN配置IP地址，从而实现VLAN间路由，在单元3的3.5节中，给vlan1配置管理的IP地址就是这种情况。

实验规划

中低端三层交换机，一般默认的接口是二层接口，如果希望在这些交换机上配置IP地址，必须通过命令把二层接口升级到三层路由接口。当然三层路由接口也可以降级到二层接口，如图5-1所示。

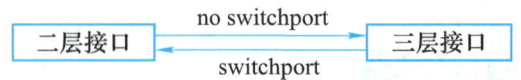

图5-1　三层交换机二层和三层接口转换

实验步骤

下面通过实例，总结两种接口之间的转换命令。

```
Switch(config)#host SW1           ！为交换机改名
SW1(config)#int F0/1              ！进入F0/1接口
SW1(config-if)#no swit            ！升级F0/1为三层接口
SW1(config-if)#ip add 192.168.0.1 255.255.255.0
                                  ！给三层接口配IP地址
SW1(config-if)#no shut            ！开启路由器接口
```

如果要把三层接口降级到二层接口，用switchport命令即可。

```
SW1(config-if)#swit               ！降级到二层接口
```

结果总结

经过以上配置，就把三层交换机的二层交换接口升级到三层路由接口，并为之配置了IP地址，用"show run"命令查看，F0/1接口已经配置了IP地址，并且提示"no switchport"，表示是三层路由接口，如图5-2所示。

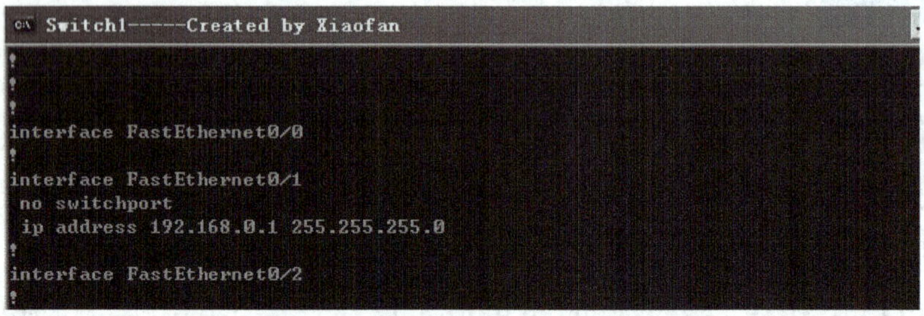

图5-2　显示升级到三层接口

用"sh ip route"命令还可以看到相应的直连路由，表示路由表已经产生，可以利用这个接口进行路由连接，如图5-3所示。

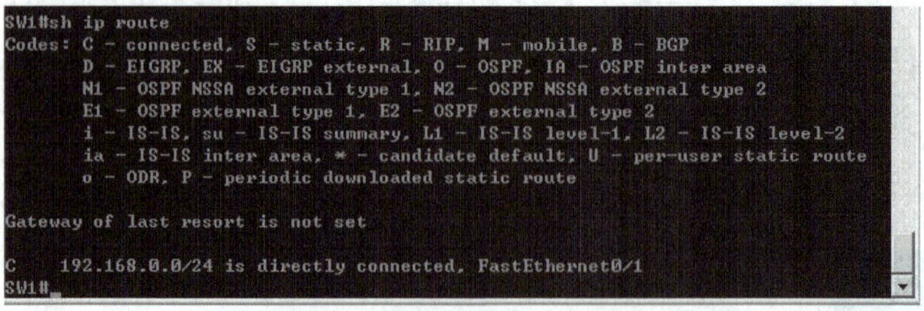

图5-3　显示三层交换机直连路由

5.2 实验2——利用三层交换机实现VLAN间的通信（VLAN间路由实验1）

实验概述

在划分了VLAN后，位于同一VLAN内的PC之间是可以通信的，而不同VLAN之间即使在同一交换机上也不能通信，也就是说，不同VLAN之间是无法进行通信的。如果要想让不同VLAN之间通信，就必须使用路由器或三层交换机实现VLAN之间的通信。实际工作中一般采用三层交换机来实现VLAN间的路由。

先用一个简单的实验来理解在三层交换机上实现VLAN间路由。

实验规划

用一台三层交换机连接3台计算机，把F0/1和F0/3端口分配到vlan10，F0/2端口分配到vlan20，如图5-4所示。

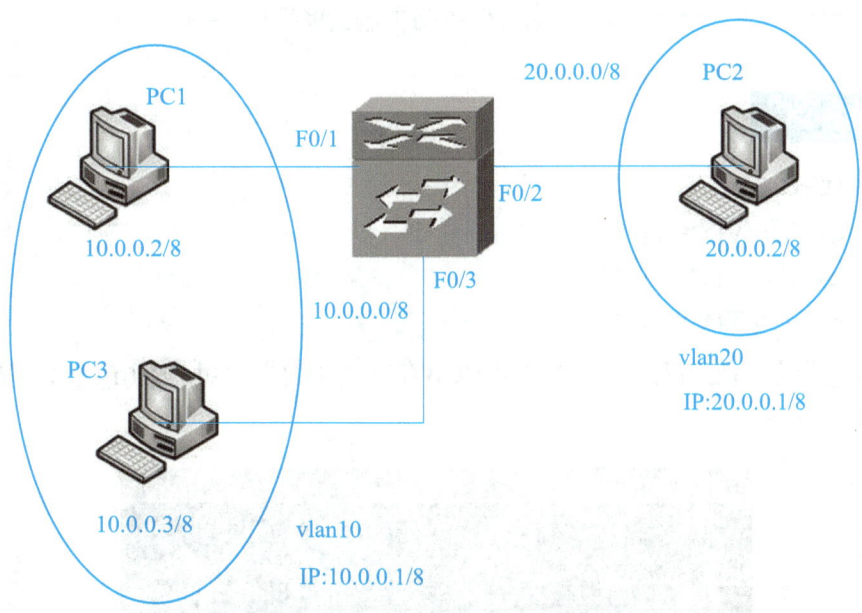

图5-4 单个交换机VLAN间路由

PC1和PC3属于vlan10，PC2属于vlan20，如果不采用VLAN间路由，VLAN之间是不能通信的，PC1无法联络到PC2，即使它们在同一交换机，配置成同一网段。

为了实现VLAN间路由，需要进入VLAN接口，为VLAN配置IP地址。

拓扑编址：

PC1——IP：10.0.0.2/8 网关：10.0.0.1/8

PC3——IP：10.0.0.3/8 网关：10.0.0.1/8

PC2——IP：20.0.0.2/8 网关：20.0.0.1/8

vlan10——IP：10.0.0.1/8，就是vlan10内所有PC的网关IP。

vlan20——IP：20.0.0.1/8，就是vlan20内所有PC的网关IP。

vlan10都是10.0.0.0/8网段，vlan20都是20.0.0.0/8网段。

充分理解这个实验，可以把三层交换机看成是由一个二层交换机和一个路由器组成，首先在二层交换机上创建VLAN，并把端口划分到VLAN内。然后为VLAN配置IP地址，就像给路由器的端口配置IP地址一样。

配置完成后，所有PC均可通信。这就好比单元4的4.1节：一个路由器连接两台PC，只要配置好了路由器端口地址，它们就可以通信了。

如果把实验1的路由器端口分别接一台二层交换机，交换机上再连接多台计算机，只要把多台计算机的网关都设置成路由器的端口地址，它们之间就可以通信了，如图5-5所示。

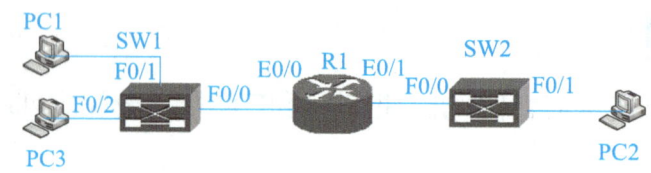

图5-5　实际工作中路由器交换机拓扑图

实验步骤

端口和PC的连接为：

Switch1 F0/1 <-----> VPCS V0/1
Switch1 F0/2 <-----> VPCS V0/2
Switch1 F0/3 <-----> VPCS V0/3

打开虚拟计算机，配置IP后，PC1和PC3在一个网段，可以ping通，但不能和PC2通信，如图5-6所示。

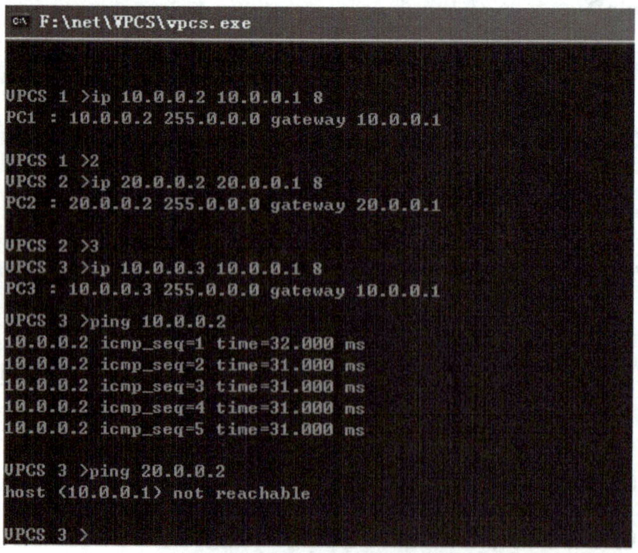

图5-6　虚拟PC配置图

1. 两层交换方面的配置

```
SW1#vlan data                              ! 进入创建VLAN模式
SW1(vlan)#vlan10 name Vlan10               ! 创建vlan10名称为Vlan10
VLAN 10 added:
    Name: Vlan10
SW1(vlan)#vlan20 name Vlan20               ! 创建vlan20名称为Vlan20
VLAN 20 added:
    Name: Vlan20
SW1(vlan)#exit
APPLY completed.
Exiting….
SW1#conf t
SW1(config)#int range f0/1 , f0/3          ! 进入接口f0/1和f0/3
SW1(config-if-range)#swit acce vlan10      ! 把两个接口划分到vlan10
SW1(config-if-range)#exit
SW1(config)#int f0/2                       ! 进入接口f0/2
SW1(config-if)#swit acce vlan20            ! 把f0/2划分到vlan20
SW1(config-if)#exit
```

用"sh vlan-sw"命令查看VLAN配置，如图5-7所示。

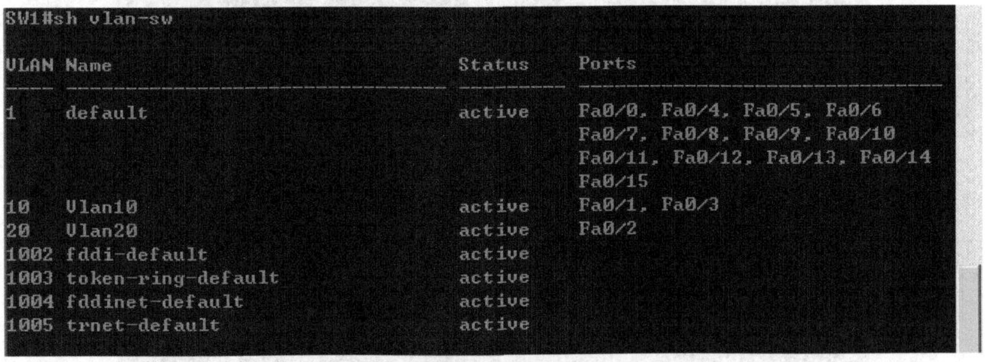

```
SW1#sh vlan-sw
VLAN Name                       Status    Ports
---- ---------------------------- --------- -------------------------------
1    default                     active    Fa0/0, Fa0/4, Fa0/5, Fa0/6
                                           Fa0/7, Fa0/8, Fa0/9, Fa0/10
                                           Fa0/11, Fa0/12, Fa0/13, Fa0/14
                                           Fa0/15
10   Vlan10                      active    Fa0/1, Fa0/3
20   Vlan20                      active    Fa0/2
1002 fddi-default                active
1003 token-ring-default          active
1004 fddinet-default             active
1005 trnet-default               active
```

图5-7 显示VLAN配置

2. 三层路由方面的配置

```
SW1(config)#int vlan 10                    ! 进入vlan10接口
SW1(config-if)#ip add 10.0.0.1 255.0.0.0   ! 为VLAN接口配置IP地址
SW1(config-if)#no shut
SW1(config-if)#int vlan 20                 ! 进入vlan20接口
SW1(config-if)#ip add 20.0.0.1 255.0.0.0   ! 为VLAN配置IP地址
SW1(config-if)#no shut
```

配置完成后，用"sh ip route"命令查看交换机路由表，如图5-8所示。

```
SW1#sh ip route
Codes: C - connected, S - static, R - RIP, M - mobile, B - BGP
       D - EIGRP, EX - EIGRP external, O - OSPF, IA - OSPF inter area
       N1 - OSPF NSSA external type 1, N2 - OSPF NSSA external type 2
       E1 - OSPF external type 1, E2 - OSPF external type 2
       i - IS-IS, su - IS-IS summary, L1 - IS-IS level-1, L2 - IS-IS level-2
       ia - IS-IS inter area, * - candidate default, U - per-user static route
       o - ODR, P - periodic downloaded static route

Gateway of last resort is not set

C    20.0.0.0/8 is directly connected, Vlan20
C    10.0.0.0/8 is directly connected, Vlan10
SW1#
```

图5-8　显示直连路由表

有的交换机还要使用"ip routing"命令来启用交换机的路由功能，但这个实验不用。

结果总结

利用三层交换机实现VLAN间路由，概念其实很简单，首先给VLAN配置IP地址，然后把这个IP作为本VLAN内所有PC的网关。把这个三层交换机当成路由器来理解就比较容易了。

当初没有配置VLAN间路由时，只能在本VLAN内通信，配置完成后，全网都可以互通，如图5-9所示。

```
VPCS 1 >ping 10.0.0.1
10.0.0.1 icmp_seq=1 time=47.000 ms
10.0.0.1 icmp_seq=2 time=47.000 ms
10.0.0.1 icmp_seq=3 time=47.000 ms
10.0.0.1 icmp_seq=4 time=47.000 ms
10.0.0.1 icmp_seq=5 time=46.000 ms

VPCS 1 >ping 20.0.0.1
20.0.0.1 icmp_seq=1 time=47.000 ms
20.0.0.1 icmp_seq=2 time=47.000 ms
20.0.0.1 icmp_seq=3 time=47.000 ms
20.0.0.1 icmp_seq=4 time=47.000 ms
20.0.0.1 icmp_seq=5 time=78.000 ms

VPCS 1 >ping 20.0.0.2
20.0.0.2 icmp_seq=1 time=62.000 ms
20.0.0.2 icmp_seq=2 time=63.000 ms
20.0.0.2 icmp_seq=3 time=62.000 ms
20.0.0.2 icmp_seq=4 time=63.000 ms
20.0.0.2 icmp_seq=5 time=63.000 ms

VPCS 1 >
```

图5-9　验证全网互通

5.3 实验3——利用三层交换机实现VLAN间的通信（VLAN间路由实验2）

实验概述

理解了VLAN间路由的基本概念后，下面就来做一个稍微复杂一点的实验。

在实际工作中往往同时用到二层交换机和三层交换机,在二层设备上创建VLAN,并将端口添加到VLAN。然后在三层设备上也要创建相应的VLAN,然后对VLAN配置IP地址,实现VLAN间路由。

实验规划

用1台三层交换机,两台二层交换机,连接4台计算机,设置两个VLAN,然后在不同的VLAN之间实现VLAN间路由的设置。拓扑图如图5-10所示。

在图5-10中,1台三层交换机SW3分别连接两台二层交换机,每台二层交换机又连接两台计算机,其中PC1和PC2连接在交换机SW2-1上,PC3和PC4连接在交换机SW2-2上。

在这两个二层交换机上分别划分VLAN,其中vlan10的IP地址是192.168.0.1/24,它包括PC1、PC4两台计算机。vlan20的IP地址是192.168.1.1/24,它包括PC2、PC3两台计算机。

拓扑编址:

PC1——IP:192.168.0.2/24 网关:192.168.0.1/24

PC4——IP:192.168.0.3/24 网关:192.168.0.1/24

PC2——IP:192.168.1.2/24 网关:192.168.1.1/24

PC3——IP:192.168.1.3/24 网关:192.168.1.1/24

vlan10——IP:192.168.0.1/24,就是vlan10内所有PC的网关IP。

vlan20——IP:192.168.1.1/24,就是vlan20内所有PC的网关IP。

vlan10都是192.168.0.0/24网段,vlan20都是192.168.1.0/24网段。

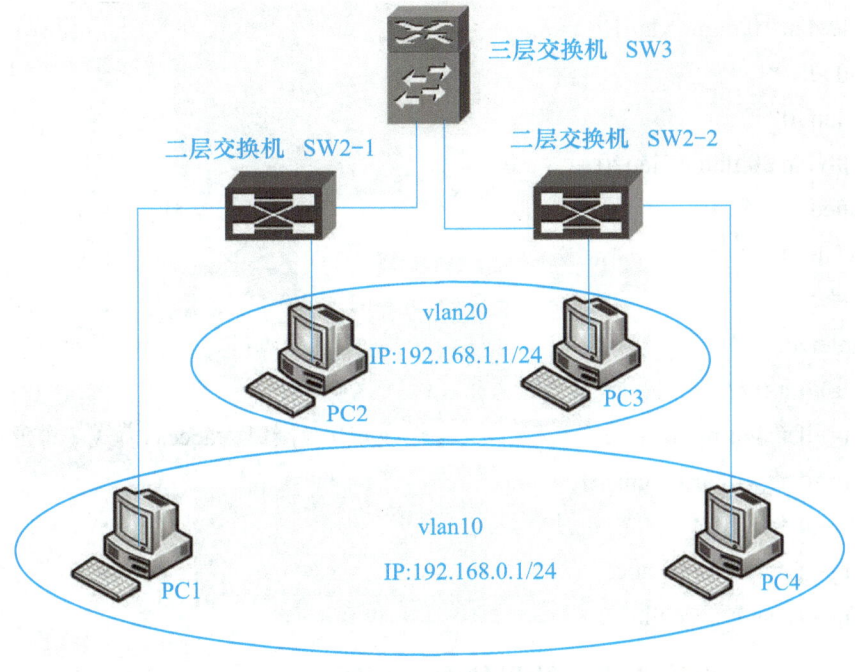

图5-10 多交换机VLAN间路由拓扑图

为了完成这个实验，需要注意以下几点：

1）SW2-1和SW2-2上要划分两个VLAN，vlan10和vlan20。

2）SW2-1和SW3的连接以及SW2-2和SW3的连接要使用Trunk链路。

3）在三层交换机SW3上也要创建两个VLAN，并为这两个VLAN配置IP地址。

实验步骤

在Dynamips仿真机上的连接为：

```
Switch1 F0/1 <----> Switch3 F0/1
Switch2 F0/1 <----> Switch3 F0/2
Switch2 F0/2 <----> VPCS V0/1，PC1
Switch2 F0/3 <----> VPCS V0/2，PC2
Switch3 F0/2 <----> VPCS V0/3，PC3
Switch3 F0/3 <----> VPCS V0/4，PC4
```

此处，Switch1为SW3配置，Switch2为SW2-1，Switch3为SW2-2。

实验前，安装好各种连接，配置好各个PC的IP地址，在未对交换机进行VLAN划分时，在一台交换机上的PC之间（PC1和PC2，PC3和PC4）是不可以通信的，用"ping"命令不能ping通，因为它们配置的网段不一样。划分好VLAN并实现路由的设置后，这4台计算机就可以互通访问。

1）在SW2-1上创建vlan10，并将端口F0/2加入到vlan10，在SW2-1上创建vlan20，并将端口F0/3加入到vlan20。

```
SW2-1#vlan data
SW2-1(vlan)#vlan 10 name vlan10
VLAN 10 added:
    Name: vlan10
SW2-1(vlan)#vlan 20 name vlan20
VLAN 20 added:
    Name: vlan20
SW2-1(vlan)#exit
APPLY completed.
SW2-1(config)#int f0/2
SW2-1(config-if)#swit mode acce              ！设定f0/2接口为access模式（非必要步骤）
SW2-1(config-if)#swit acce vlan 10
SW2-1(config-if)#int f0/3
SW2-1(config-if)#swit mode acce
SW2-1(config-if)#swit acce vlan 20
```

用"show vlan-sw"命令查看，结果如图5-11所示。

```
SW2-1#show vlan-sw
VLAN Name                             Status    Ports
---------------------------------------------------------
1    default                          active    Fa0/0, Fa0/1, Fa0/4, Fa0/5
                                                Fa0/6, Fa0/7, Fa0/8, Fa0/9
                                                Fa0/10, Fa0/11, Fa0/12, Fa0/13
                                                Fa0/14, Fa0/15
10   vlan10                           active    Fa0/2
20   vlan20                           active    Fa0/3
1002 fddi-default                     active
1003 token-ring-default               active
1004 fddinet-default                  active
1005 trnet-default                    active
```

图5-11　显示VLAN及其接口

2）在SW2-1上将f0/1（和SW3连接的接口）设为Trunk链路。

SW2-1(config)#int f0/1

SW2-1(config-if)#swit mode trunk

用"show int trunk"命令查看，结果如图5-12所示。

```
SW2-1#show int trunk
Port      Mode         Encapsulation  Status        Native vlan
Fa0/1     on           802.1q         trunking      1

Port      Vlans allowed on trunk
Fa0/1     1-1005

Port      Vlans allowed and active in management domain
Fa0/1     1,10,20

Port      Vlans in spanning tree forwarding state and not pruned
Fa0/1     1,10,20
```

图5-12　显示Trunk配置

3）在SW2-2上创建vlan10，并将端口f0/2加入vlan20，在SW2-2上创建vlan20，并将端口F0/3加入到vlan10（此处需要注意，不要配错）。

SW2-2#vlan data

SW2-2(vlan)#vlan 10 name vlan10

VLAN 10 added:

　　Name: vlan10

SW2-2(vlan)#vlan 20 name vlan20

VLAN 20 added:

　　Name: vlan20

SW2-2(vlan)#exit

APPLY completed.

Exiting....

SW2-2#conf t

Enter configuration commands, one per line. End with CNTL/Z.

SW2-2(config)#int f0/2

SW2-2(config-if)#swit acce vlan 20

SW2-2(config-if)#int f0/3

SW2-2(config-if)#swit acce vlan 10

4）在SW2-2上将f0/1（和SW3连接的接口）设为Trunk链路。

SW2-2(config-if)#int f0/1
SW2-2(config-if)#swit mode trunk

5）在三层交换机SW3上把用于级联的端口f0/1和f0/2设置为Trunk链路。

SW3(config)#int f0/1
SW3(config-if)#swit mode trunk
SW3(config-if)#int f0/2
SW3(config-if)#swit mode trunk

用"show int trunk"命令查看，结果如图5-13所示。

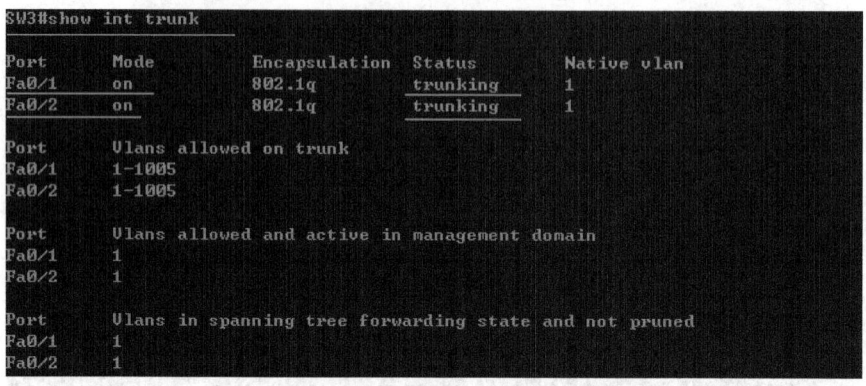

图5-13　显示三层交换机Trunk配置

通过以上配置，位于同一VLAN（但在不同交换机）的PC之间，可以ping通，如PC1和PC4之间，PC2和PC3之间。就是说同一网段之间可以通信。

6）在三层交换机上创建VLAN并设置IP，完成VLAN间路由配置。

SW3#vlan data
SW3(vlan)#vlan 10 name vlan10
VLAN 10 added:
　　Name: vlan10
SW3(vlan)#vlan 20 name vlan20
VLAN 20 added:
　　Name: vlan20
SW3(vlan)#exit
APPLY completed.
Exiting....
SW3#conf t
SW3(config)#int vlan 10
SW3(config-if)#ip add 192.168.0.1 255.255.255.0
SW3(config-if)#no shut
SW3(config-if)#int vlan 20
SW3(config-if)#ip add 192.168.1.1 255.255.255.0
SW3(config-if)#no shut

用"show run"命令查看，结果如图5-14所示（show run显示的一部分）。

```
interface FastEthernet0/0
interface FastEthernet0/1
 switchport mode trunk
interface FastEthernet0/2
 switchport mode trunk

no ip address

interface Vlan10
 ip address 192.168.0.1 255.255.255.0

interface Vlan20
 ip address 192.168.1.1 255.255.255.0

ip http server
```

图5-14　显示配置情况

结果总结

经过以上配置，不同网段之间的PC以及同一网段的PC都可以通信，也就是实现了全网互通。

虚拟PC的IP地址情况如图5-15所示。

```
VPCS 1 >show

NAME    IP/CIDR           GATEWAY         LPORT   RPORT
PC1     192.168.0.2/24    192.168.0.1     10001   22002
PC2     192.168.1.2/24    192.168.1.1     10002   22003
PC3     192.168.1.3/24    192.168.1.1     10003   23002
PC4     192.168.0.3/24    192.168.0.1     10004   23003
PC5     0.0.0.0/0         0.0.0.0         10005   30004
PC6     0.0.0.0/0         0.0.0.0         10006   30005
PC7     0.0.0.0/0         0.0.0.0         10007   30006
PC8     0.0.0.0/0         0.0.0.0         10008   30007
PC9     0.0.0.0/0         0.0.0.0         10009   30008
```

图5-15　虚拟PC配置

虚拟PC的验证情况如图5-16所示。

```
VPCS 1 >ping 192.168.0.3
192.168.0.3 icmp_seq=1 time=8.000 ms
192.168.0.3 icmp_seq=2 time=7.000 ms
192.168.0.3 icmp_seq=3 time=7.000 ms
192.168.0.3 icmp_seq=4 time=8.000 ms
192.168.0.3 icmp_seq=5 time=8.000 ms

VPCS 1 >ping 192.168.1.3
192.168.1.3 icmp_seq=1 timeout
192.168.1.3 icmp_seq=2 time=20.000 ms
192.168.1.3 icmp_seq=3 time=35.000 ms
192.168.1.3 icmp_seq=4 time=16.000 ms
192.168.1.3 icmp_seq=5 time=16.000 ms

VPCS 1 >ping 192.168.1.2
192.168.1.2 icmp_seq=1 time=78.000 ms
192.168.1.2 icmp_seq=2 time=15.000 ms
192.168.1.2 icmp_seq=3 time=15.000 ms
192.168.1.2 icmp_seq=4 time=46.000 ms
192.168.1.2 icmp_seq=5 time=16.000 ms
```

图5-16　验证VLAN间路由结果

5.4 实验4——链路聚合

实验概述

链路聚合是指将交换机上的多个端口分别连接，但是聚合成一个逻辑端口，以增加交换机之间的连接带宽，同时提供冗余链路的网络方式。

在局域网建设过程中，数据通信量增长很快，为了解决带宽不足问题，可以使用将多个链路聚合成一个逻辑链路的方式。聚合在一起的链路传输速率是单一链路的叠加，可以使交换机之间链路的带宽成倍增长。

同时，在交换机之间设置了链路聚合后，原来独立的链路之间可以起到冗余备份的作用，从而保证交换机之间的链路安全。

链路聚合时应当坚持如下原则：

1）通道中的端口配置在同一VLAN中（如果有的话），或全部设置为Trunk链路（有些型号的交换机不用做这步配置）。

2）将通道中的所有端口配置在相同速率和工作模式（默认都是一样的）。

3）将通道中所有端口的安全功能关闭（默认都是关闭的）。

4）确保通道中所有端口在通道两端都有相同的配置。

实验规划

在本实验中将交换机SW1和SW2相对应的端口的F0/1和F0/2连接起来，使其构成一个聚合链路。不同交换机支持的端口聚合数不同，一般为4～8个，如图5-17所示。

配置PC1的IP为：192.168.0.2/24，PC2的IP为：192.168.0.3/24。网关为：192.168.0.1/24（当然这个网关是没有的，只是在虚拟PC上必须有这一项）。

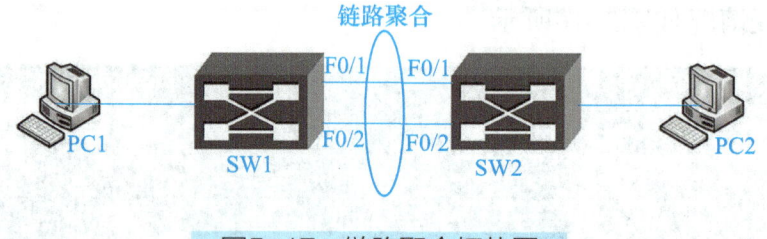

图5-17 链路聚合拓扑图

实验步骤

端口和PC的连接：

Switch1 F0/0 <-----> VPCS V0/1
Switch2 F0/0 <-----> VPCS V0/2
Switch1 F0/1 <-----> Switch2 F0/1
Switch1 F0/2 <-----> Switch2 F0/2

在不同的交换机上，甚至同一公司不同型号的交换机上，开启链路聚合的方式并不相同，必要时一定要查询手册，下面介绍两种方式，方式一是Cisco公司的3640交换机配置方式，在仿真软件Dynamips上使用；方式二是锐捷公司的产品方式。

1. 以ON方式开启链路聚合（Cisco 3640 Dynamips仿真）

（1）交换机SW1上的配置

```
SW1(config)#int range f0/1 – 2                          ！进入接口范围模式，捆绑f0/1，f0/2
SW1(config-if-range)#swit mode trunk                    ！设置该组为Trunk链路（非必须步骤）
SW1(config-if-range)#swit trunk allowed vlan all        ！允许所有VLAN通过（非必须步骤）
SW1(config-if-range)#channel-group 1 mode on            ！设置聚合通道组号为1，并开启
Creating a port-channel interface Port-channel1         ！交换机显示创建聚合通道（非命令）
SW1(config-if-range)#
*Mar  1 00:03:48.307: %EC-5-BUNDLE: Interface Fa0/1 joined port-channel Po1
*Mar  1 00:03:48.523: %EC-5-BUNDLE: Interface Fa0/2 joined port-channel Po1
                                                        ！交换机显示把端口加入聚合通道（非命令）
SW1(config-if-range)#
*Mar  1 00:03:51.155: %LINEPROTO-5-UPDOWN: Line protocol on Interface Port-channel1, changed state to up
                                                        ！（非命令）
```

配置完成后用"show run"命令查看，结果如图5-18所示。

```
interface Port-channel1
!
interface FastEthernet0/0
!
interface FastEthernet0/1
 channel-group 1 mode on
!
interface FastEthernet0/2
 channel-group 1 mode on
```

图5-18 显示链路聚合

（2）交换机SW2上的配置（采用分步加入聚合通道的方法）

```
SW2(config)#int f0/1                                    ！进入端口f0/1
SW2(config-if)#channel-group 1 mode on                  ！设置聚合通道组号为1，并开启
SW2(config-if)#int f0/2                                 ！进入端口F0/2
SW2(config-if)#channel-group 1 mode on                  ！设置聚合通道组号为1，并开启
SW2(config-if)#
*Mar  1 00:05:49.299: %EC-5-BUNDLE: Interface Fa0/2 joined port-channel Po1
```

在接口模式下用"no channel-group"命令可以删除某一个聚合端口成员，例如：

```
SW1(config)#int f0/1
SW1(config-if)#no channel-group                         ！表示把F0/1端口从聚合中删除
```

将交换机SW1上的1，2两个端口依次加入group1后可以看到，以ON模式加入一个组完全是强制性的，当输入将2号端口加入group1的命令时，1和2马上汇聚在一起形成channel-channel 1（需要说明的是，当有一个新的端口要加入已经汇聚成功的组时，必须先拆散原来的组，然后才能汇聚成一个新的组）。结果是SW1和SW2上的两个端口都以ON模式汇聚

起来，形成一个汇聚端口。

2. 锐捷公司产品（两台交换机配置相同）

```
SW1#(config)#int aggregateport 1                    ！创建聚合端口1（非必须步骤）
SW1#(config)#swit mode trunk                        ！将该端口配置为Trunk链路（非必须步骤）
SW1#(config)#int range F0/1－2
SW1#(config-if-range)#port-group 1
SW1#(config-if-range)#no shut
```

锐捷公司产品可以用"show aggregateport 1 summary"命令来查看。

在接口模式下用"no port-group"命令删除某一个聚合端口成员。

结果总结

在虚拟PC1和PC2上配置IP地址，它们之间可以ping通，但是没办法做冗余测试。如果在真实交换机上做实验，则可以断开一条链路，检测两台计算机是否可以通信。

链路聚合的主要作用是增加网络带宽，一种是交换机之间的连接，比如，两台交换机设备，用一根百兆网线级联，由于访问量增加，就会产生屏蔽，速度变慢，这时就可以使用链路聚合，建立链路聚合，多用两条网线连接交换机，并把两台交换机连接的端口各自聚合在一起，能增加网络带宽。

还有一种情况是，交换机与服务器之间的连接，比如，一台服务器连接到交换机上，如果访问量很大，那么服务器就会承受不了，此时可以考虑多安装两块网卡，使用链路聚合使两块网卡连接的端口聚合在一起，减轻服务器的负担，如图5-19所示。

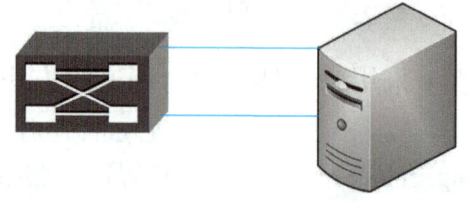

图5-19　交换机和服务器的链路聚合

本单元命令汇总见表5-1。

表5-1　本单元命令汇总

命　令	作　用
no switchport	把交换机二层接口升级到三层接口
switchport	把交换机三层接口降级到二层接口
ip routing	打开交换机路由功能
int vlan 10	进入vlan10接口
swit trunk allowed vlan all	Trunk链路允许所有VLAN通过
channel-group 1 mode on	设置链路聚合通道组号为1，并开启
no channel-group	删除某端口聚合成员

拓展阅读

党中央高度重视网络普法工作，加强顶层设计。在"七五"普法规划的基础上，2021年"八五"普法规划进一步提出，深化"法律进网络"，加强对网络企业管理和从业人员法治教育，推动网络企业自觉履行责任，做到依法依规经营；完善网络管理制度规范，培育符合互联网发展规律、体现公序良俗的网络伦理、网络规则；加强网络安全教育，提高网民法治意识，引导广大网民崇德守法、文明互动、理性表达。

围绕普法规划实施，国家每年举办"网络安全宣传周"，面向公众开展网络普法宣传教育，营造网络安全人人有责、人人参与的良好氛围。各地区各部门认真落实"谁执法谁普法"普法责任制，深入开展网络法治教育进校园、进社区、进企业等活动，发布典型案例，以案释法，向社会传递网络法治观念，建设网络法治文明。

课后习题

一、填空题

1）三层交换机上，把二层接口升级到三层接口的命令是_____。

2）三层交换机有时需要打开路由功能，命令是_____。

二、简答题

1）交换机可以分为二层和三层，它们的区别是什么？

2）什么是链路聚合？链路聚合时应遵循什么原则？

单元6
路由器高级配置和实验

学习目标

知识目标

> 理解动态路由的意义；学会用动态路由协议RIP配置动态路由；学会用动态路由协议OSPF配置动态路由；学会使用网络地址翻译（静态NAT）；学会使用端口地址翻译（PAT）。

能力目标

> 提升对动态路由的理解能力；提升单个实验和多个实验的整合能力，动态路由RIP和OSPF、地址翻译NAT和PAT有很多共通之处，能在实验中反复比较，提升对路由器高级配置的实验能力。

素质目标

> 提升创新素质。在反复比较和实验中，摸索规律，敢于创新。多问几个为什么，不要怕犯错误。因为是在虚拟机和仿真设备中进行实验，优势是即使出现错误，也不会对整个设备造成难以估量的损失，所以应该大胆实践，不能满足于完成本书提供的实验。

路由器的基本功能是能够使用不同的网络通信。为了能够更好地通信，需要通过路由表寻找通往目标的路径。路由表就像地图，指明到达各个网络的信息，包括线路、经过的路由器、下一台转发的路由器等内容。路由表可以是系统管理员设置好的静态路由（包括默认路由），也可以是由路由器自动调整、学习的动态路由。

在一些大型网络，有几十台、上百台甚至成千上万台路由器的网络环境中，或者说在Internet环境中，网络设备经常变动，拓扑结构也可能随时改变。在这种复杂的网络环境中，如果让管理员手工配置静态路由，几乎是不可能的。因为网络结构发生改变，静态路由往往无法及时更新。

在这种情况下产生了动态路由，就是让路由器之间互相学习网络分布状况，自动生成路由地址表，并根据网络系统情况自动进行调整，自动学习和记忆网络运行情况，自动计算数据传输的最佳路由并实现容错。

6.1 实验1——动态路由之RIP

动态路由是指路由器根据网络系统的运行情况自动计算调整路由。每台路由器将自己知道的路由信息，发给相邻的路由器，最终每台路由器都会收到网络中所有的路由信息。然后通过某种算法，计算出最终的路由表。

动态路由协议根据所连接网络的规模大小，又分为距离矢量路由协议和链路状态路由协议。距离矢量路由协议一般用于小型网络，其中"距离"的意思是使用"跳数"作为度量值，来计算到达目的地要经过的路由器数，根据距离的远近（"跳数"），来决定最好的路径。距离矢量路由协议不适用于大型网络，"跳数"过多将出现不可到达信息。由于每个路由器都是从邻居那里得到路由信息来更新自己的路由表，所以相互传输路由信息可信度不高。

实验概述

路由信息协议（RIP）是计算机网络中历史悠久的路由协议，也是较早推出的距离矢量路由协议，它是一种最简单的距离矢量路由协议，非常适用于小型网络。

RIP是以"跳数"作为度量值来计算路由的。"跳数"指的是一个包，从源到达目标网络过程中经过的路由器个数。每经过一台路由器，"跳数"加1。"跳数"越多，路由越长，RIP会根据原则，优先选择"跳数"少的路径作为最优路径。虽然到达相同目标有不等速或不同带宽的网络，但只要"跳数"一样，RIP就认为这两条路由是一样的。同理，低带宽"跳数"少的，优于高带宽"跳数"多的，这种情况有时是不合理的。

RIP支持最大的"跳数"是15，超过则被认为不可到达。RIP还经过了Version 1和Version 2两个版本，早期的V1版本已被淘汰，现在网络中都是采用V2版本。有时在实验时还要设置版本为Version 2。

RIP的具体配置非常简单：

全局配置模式下，启用RIP。

在路由器配置模式下，用network命令发布本路由器的直连网络网段，子网掩码可以不输入。

目前绝大多数路由器和三层交换机都支持默认的动态路由，即"network 0.0.0.0"命令，发布本路由器直连的所有网段，减少输入命令的条数。

相对应的命令：

```
  1. Router（config）#router rip              ！启用RIP
  2. Router（config-router）#network x.x.x.x   ！发布直连网段
或 3. Router（config-router）#network 0.0.0.0   ！默认路由
```

实验规划

为使实验贴近实际应用，采用如图6-1所示的拓扑结构。

拓扑编址：SW3：F0/0——IP：192.168.0.1/24

vlan10——IP：172.18.0.1/24

PC1——IP：172.18.0.2/24，网关为vlan10的IP

R1：E0/0——IP：192.168.0.2/24

　　　E0/1——IP：192.168.1.1/24

R2：E0/1——IP：192.168.1.2/24

　　　E0/0——IP：10.0.0.1/8

　　　PC2——IP：10.0.0.2/8，网关为R2上的E0/0的IP

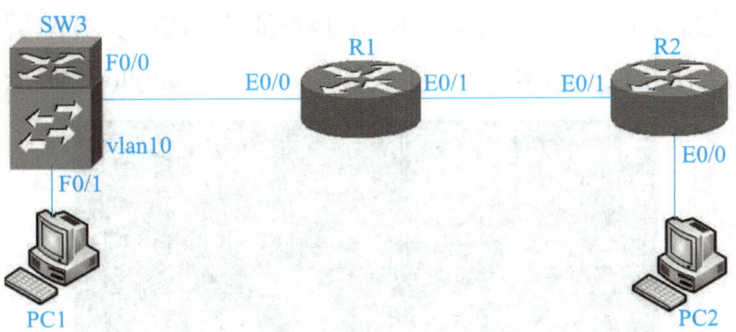

图6-1　RIP路由实验拓扑图

实验步骤

创建连接如下：

Switch1 F0/0 <----> Router1 E0/0
Switch1 F0/1 <----> VPCS V0/1
Router1 E0/1 <----> Router2 E0/1
Router2 E0/0 <----> VPCS V0/2

1. 三层交换机SW3的基本配置

```
Router>en
Router#conf t
Router(config)#ho SW3
    SW3(config)#int f0/0
    SW3(config-if)#no swit                        ！开启三层交换接口
    SW3(config-if)#ip add 192.168.0.1 255.255.255.0
    SW3(config-if)#no shut
SW3(config-if)#end
    SW3#vlan data
    SW3(vlan)#vlan 10 name vlan10
    VLAN 10 added:
        Name: vlan10
    SW3(vlan)#exit
    APPLY completed.
    Exiting....
    SW3#conf t
    SW3(config)#int vlan 10                       ！进入vlan10
    SW3(config-if)#ip add 172.18.0.1 255.255.255.0
```

```
SW3(config-if)#no shut
SW3(config-if)#int f0/1
SW3(config-if)#swit acce vlan 10                    ！把f0/1加入vlan10
SW3(config-if)#no shut
SW3(config-if)#exit
SW3(config)#
```

经过配置后用"show run"命令查看，F0/0升级到三层接口，并配置IP地址192.168.0.1，vlan10的IP地址是172.18.0.1，把接口F0/1加入到了vlan10，如图6-2所示。

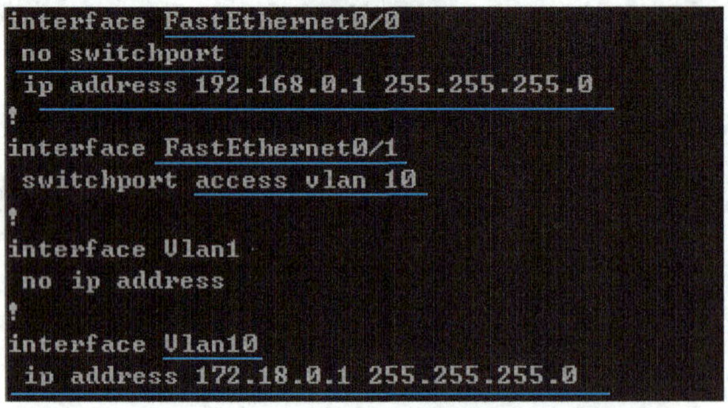

```
interface FastEthernet0/0
 no switchport
 ip address 192.168.0.1 255.255.255.0
!
interface FastEthernet0/1
 switchport access vlan 10
!
interface Vlan1
 no ip address
!
interface Vlan10
 ip address 172.18.0.1 255.255.255.0
```

图6-2　显示交换机配置情况

2．路由器R1的基本配置

```
Router>en
Router#conf t
Router(config)#ho R1
R1(config)#int e0/0
R1(config-if)#ip add 192.168.0.2 255.255.255.0
R1(config-if)#no shut
R1(config-if)#int e0/1
R1(config-if)#ip add 192.168.1.1 255.255.255.0
R1(config-if)#no shut
R1(config-if)#end
```

用"show run"命令查看，结果如图6-3所示。

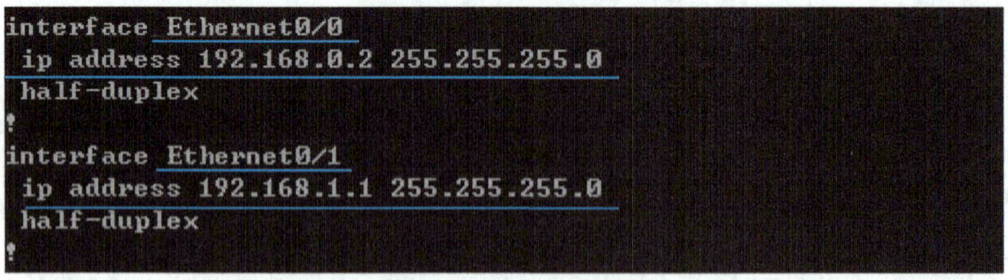

```
interface Ethernet0/0
 ip address 192.168.0.2 255.255.255.0
 half-duplex
!
interface Ethernet0/1
 ip address 192.168.1.1 255.255.255.0
 half-duplex
```

图6-3　显示R1配置情况

3．路由器R2的基本配置

```
Router>en
Router#conf t
Router(config)#ho R2
```

```
R2(config)#int e0/1
R2(config-if)#ip add 192.168.1.2 255.255.255.0
R2(config-if)#no shut
R2(config-if)#int e0/0
R2(config-if)#ip add 10.0.0.1 255.0.0.0
R2(config-if)#no shut
R2(config-if)#
```

用"show run"命令查看，如图6-4所示。

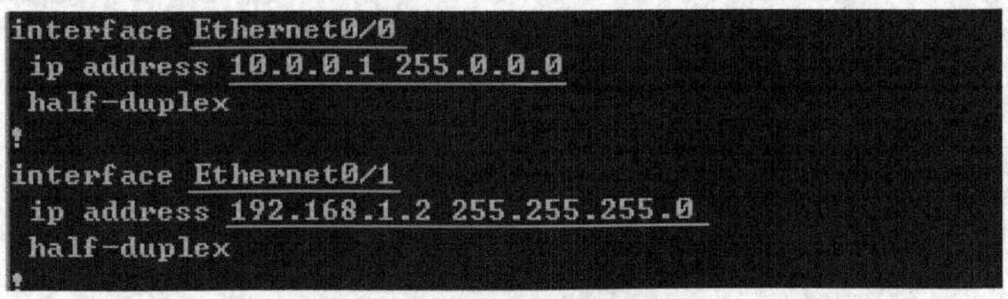

```
interface Ethernet0/0
 ip address 10.0.0.1 255.0.0.0
 half-duplex
!
interface Ethernet0/1
 ip address 192.168.1.2 255.255.255.0
 half-duplex
!
```

图6-4　显示R2配置情况

4. 在三层交换机上配置RIP路由协议

```
SW3(config)#ip routing                          !启用IP路由协议
SW3(config)#router rip                          !启用RIP路由协议
SW3(config-router)#network 192.168.0.0          !发布直连网段
SW3(config-router)#network 172.18.0.0           !发布直连网段
SW3(config-router)#version 2                    !设置RIP路由协议版本为V 2
SW3(config-router)#end
```

配置完成后用"show ip route"命令查看，如图6-5所示。

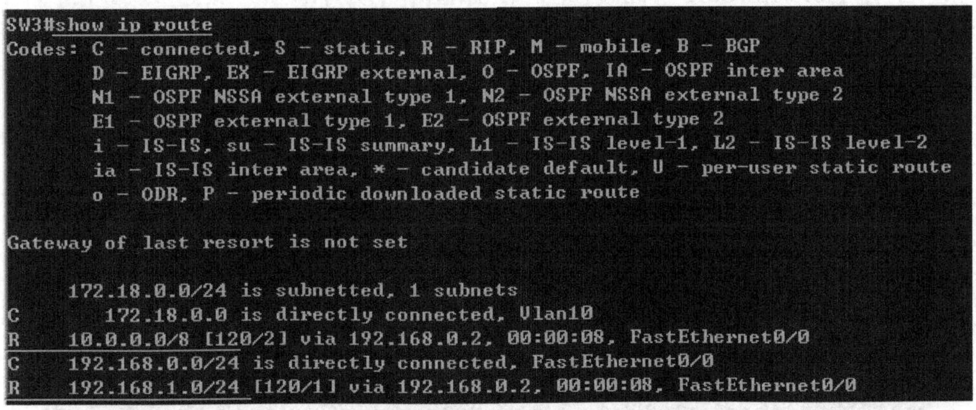

```
SW3#show ip route
Codes: C - connected, S - static, R - RIP, M - mobile, B - BGP
       D - EIGRP, EX - EIGRP external, O - OSPF, IA - OSPF inter area
       N1 - OSPF NSSA external type 1, N2 - OSPF NSSA external type 2
       E1 - OSPF external type 1, E2 - OSPF external type 2
       i - IS-IS, su - IS-IS summary, L1 - IS-IS level-1, L2 - IS-IS level-2
       ia - IS-IS inter area, * - candidate default, U - per-user static route
       o - ODR, P - periodic downloaded static route

Gateway of last resort is not set

     172.18.0.0/24 is subnetted, 1 subnets
C       172.18.0.0 is directly connected, Vlan10
R    10.0.0.0/8 [120/2] via 192.168.0.2, 00:00:08, FastEthernet0/0
C    192.168.0.0/24 is directly connected, FastEthernet0/0
R    192.168.1.0/24 [120/1] via 192.168.0.2, 00:00:08, FastEthernet0/0
```

图6-5　查看交换机动态RIP路由信息

图6-5中的C表示直连路由，有两条：172.18.0.0网段和192.168.0.0网段。R表示RIP路由，有两个网段：10.0.0.0和192.168.1.0。

5. 在R1上配置RIP

```
R1(config)#ip
R1(config)#router rip
R1(config-router)#network 192.168.0.0
```

R1(config-router)#network 192.168.1.0
R1(config-router)#version 2
R1(config-router)#end

配置完成后用"sho ip route"命令查看，如图6-6所示。

```
R1#sho ip route
Codes: C - connected, S - static, R - RIP, M - mobile, B - BGP
       D - EIGRP, EX - EIGRP external, O - OSPF, IA - OSPF inter area
       N1 - OSPF NSSA external type 1, N2 - OSPF NSSA external type 2
       E1 - OSPF external type 1, E2 - OSPF external type 2
       i - IS-IS, su - IS-IS summary, L1 - IS-IS level-1, L2 - IS-IS le
       ia - IS-IS inter area, * - candidate default, U - per-user stati
       o - ODR, P - periodic downloaded static route

Gateway of last resort is not set

R    172.18.0.0/16 [120/1] via 192.168.0.1, 00:00:23, Ethernet0/0
R    10.0.0.0/8 [120/1] via 192.168.1.2, 00:00:13, Ethernet0/1
C    192.168.0.0/24 is directly connected, Ethernet0/0
C    192.168.1.0/24 is directly connected, Ethernet0/1
```

图6-6　查看R1动态RIP信息

6. 在R2上配置RIP

R2(config)#ip
R2(config)#router rip
R2(config-router)#network 192.168.1.0
R2(config-router)#network 10.0.0.0
R2(config-router)#version 2
R2(config-router)#end

配置完成后用"sho ip route"命令查看，如图6-7所示。

```
R2#sho ip route
Codes: C - connected, S - static, R - RIP, M - mobile, B - BGP
       D - EIGRP, EX - EIGRP external, O - OSPF, IA - OSPF inter area
       N1 - OSPF NSSA external type 1, N2 - OSPF NSSA external type 2
       E1 - OSPF external type 1, E2 - OSPF external type 2
       i - IS-IS, su - IS-IS summary, L1 - IS-IS level-1, L2 - IS-IS
       ia - IS-IS inter area, * - candidate default, U - per-user stat
       o - ODR, P - periodic downloaded static route

Gateway of last resort is not set

R    172.18.0.0/16 [120/2] via 192.168.1.1, 00:00:22, Ethernet0/1
C    10.0.0.0/8 is directly connected, Ethernet0/0
R    192.168.0.0/24 [120/1] via 192.168.1.1, 00:00:22, Ethernet0/1
C    192.168.1.0/24 is directly connected, Ethernet0/1
```

图6-7　查看R2动态RIP路由信息

结果总结

通过以上实验和检验结果的show命令，可以看出，各项配置都是正确的，结果也是正确的。用虚拟PC检验，验证结果如图6-8所示。

顺利地实现了全网互通后，在实验过程中大家可以使用"network 0.0.0.0"命令来进行实验，减少输入命令的条数。

```
VPCS 2 >show

NAME   IP/CIDR            GATEWAY          MAC
PC1    172.18.0.2/24      172.18.0.1       00:50:79:66:68:00
PC2    10.0.0.2/8         10.0.0.1         00:50:79:66:68:01
PC3    0.0.0.0/0          0.0.0.0          00:50:79:66:68:02
PC4    0.0.0.0/0          0.0.0.0          00:50:79:66:68:03
PC5    0.0.0.0/0          0.0.0.0          00:50:79:66:68:04
PC6    0.0.0.0/0          0.0.0.0          00:50:79:66:68:05
PC7    0.0.0.0/0          0.0.0.0          00:50:79:66:68:06
PC8    0.0.0.0/0          0.0.0.0          00:50:79:66:68:07
PC9    0.0.0.0/0          0.0.0.0          00:50:79:66:68:08

VPCS 2 >ping 172.18.0.2
172.18.0.2 icmp_seq=1 time=56.000 ms
172.18.0.2 icmp_seq=2 time=25.000 ms
172.18.0.2 icmp_seq=3 time=29.000 ms
172.18.0.2 icmp_seq=4 time=35.000 ms
172.18.0.2 icmp_seq=5 time=26.000 ms
```

图6-8　验证结果

本实验中路由器全部使用的是快速以太网接口，如果使用Serial串行接口，一定要在电缆DCE端的路由器上配置该串口的时钟频率，一般为64 000。

Serial串行接口在仿真机上没办法做实验，其配置方法和普通以太网接口一样，不过进入的命令是“int serial 0”。配置完IP地址后，要增加一条时钟频率命令“clock rate 64000”。在线路两端，只能为其中一个串行端口配置时钟频率，不能在两个端口都配置，否则无法通信，如图6–9所示。

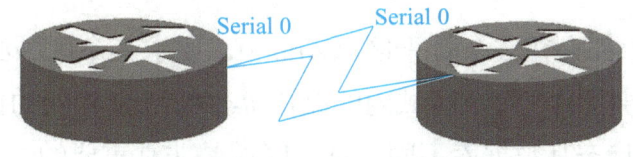

图6-9　路由器串口连接

6.2 实验2——动态路由之OSPF协议

在6.1节中提到的动态路由除了距离矢量路由协议之外，还有一种链路状态路由协议。链路状态路由协议比距离矢量路由协议有更强的处理能力，可以提供更多的控制和更快的响应速度。链路状态算法可以使用更多的方法，如根据链路的带宽、可靠性和负载变化，避开拥塞，选择线路，优化线路或提供更高的优先级来实现网络连通。

链路状态路由协议适合大型网络，它能在更短的时间发现新加入的路由器或中断，使得路由表更新时间更短。不过由于它的复杂性，要求路由器CPU更快，内存更大。

实验概述

OSPF协议又称“开放最短路径优先”协议，该协议是开放的，因此，它可以在几乎所有路由器和三层交换机上使用。

OSPF协议的实现原理是：处于同一个OSPF中的路由器选出这个区域内的一台主路由

器，每台路由器根据自己的网络结构生成自己的链路状态，告知主路由器，而不是像RIP那样向邻居发送。所有链路信息放在一起组成一个完整的链路情况数据库，每台路由器都得到这个数据库，每台路由器根据这个数据库，利用一定算法（SPF算法，由Dijkstra艾兹格·迪科斯彻发明，又叫最短路径算法），计算出以自己为根的最短路径，形成路由表。

因此OSPF协议不是通过邻居之间广播学习路由信息的，而是在同一个区域内拥有一个相同的路由信息数据库，OSPF协议关注的是链路的状态，它比RIP更可靠。

OSPF协议是一种典型的链路状态协议，它的适应范围比较广泛，支持各种规模的网络，反应速度更快，允许将大的网络划分为小的区域来管理，区域内部和区域间分别传送路由，从而减少占用网络带宽，减少对其他设备的干扰，如图6-10所示。

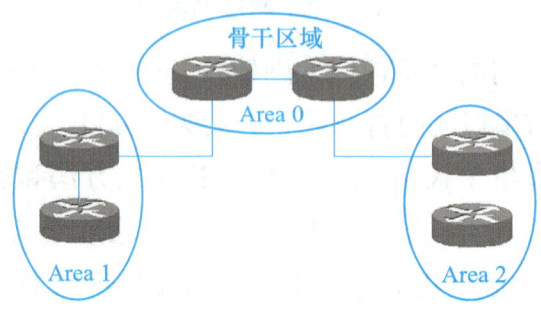

图6-10　OSPF路由中的区域

所有的OSPF协议中都存在一个骨干区域Area 0，要求其余区域必须与骨干区域直接相连，骨干区域一般为0号区域。每个区域内的路由器保持一个相同的链路状态数据库，不同区域内的路由器的链路状态其数据库不同。骨干区域是非常重要的，当一个区域的路由信息对外广播时，其路由信息先传递至骨干区域，再由骨干区域将该路由信息向其余区域广播。

本实验主要用于实现OSPF协议在单区域内的网络配置，OSPF协议配置命令为：

1）在全局配置模式下启动OSPF，进入OSPF协议配置模式：

Router（config）#Router ospf process-id

其中，process-id是用来在这个路由器接口上启动的OSPF的唯一标识。process-id可以作为识别一台路由器上是否运行着多个OSPF进程的依据。process-id的取值范围为1～65 535。一个路由器的每个接口都可以选择不同的id，但一般来说不推荐在路由器上运行多个OSPF，因为多个id会有多个拓扑数据库，给路由器造成额外负担。

2）发布OSPF的网络号和指定端口所在区域号：

Router（config-router）#network address wildcard area area-id

address wildcard表示运行OSPF端口所在网络网段地址以及相应的子网掩码的反码。例如，192.168.1.0/24，网段是192.168.1.0，子网掩码是255.255.255.0，子网掩码的反码是0.0.0.255。反码就是按位变反，1变0，0变1。如255.0.0.0的反码是0.255.255.255。

那么192.168.1.0 0.0.0.255表示192.168.1.0～192.168.1.255这个地址范围，这个0.0.0.255表示通配符。通配符为0的位，IP地址不能更改，通配符为1的位，IP地址可以更改。255表示8位的变化范围是00000000～11111111（0～255），所以192.168.1.0 0.0.0.255表示

192.168.1.0～192.168.1.255这个地址范围。

area-id表示OSPF路由器接口的区域号，骨干区域为0。

实验规划

设计本实验的拓扑图如图6-11所示。

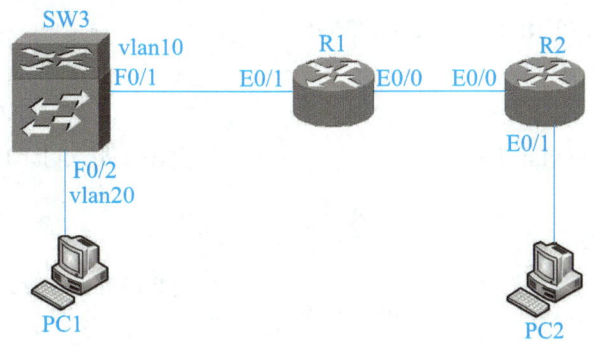

图6-11　OSPF路由实验拓扑图

拓扑编址：SW3：vlan10——IP：192.168.0.1/24

vlan20——IP：172.18.0.1/24

PC1——IP：172.18.0.2/24，网关为vlan20的IP

R1：E0/1——IP：192.168.0.2/24

E0/0——IP：192.168.1.1/24

R2：E0/0——IP：192.168.1.2/24

E0/1——IP：10.0.0.1/8

PC2——IP：10.0.0.2/8，网关为R2上的E0/1的IP

实验步骤

创建连接如下：

Switch1 F0/2 <-----> VPCS V0/1

Switch1 F0/1 <-----> Router1 E0/1

Router1 E0/0 <-----> Router2 E0/0

Router2 E0/1 <-----> VPCS V0/2

1. 三层交换机的基本配置

```
Router>en
Router#conf t
Router(config)#ho SW3
SW3#vlan data
SW3(vlan)#vlan 10 name vlan10
SW3(vlan)#vlan 20 name vlan20
SW3(vlan)#exit
APPLY completed.
```

```
Exiting....
SW3#conf t
SW3(config)#int vlan 10                                    ! 进入vlan10
SW3(config-if)#ip add 192.168.0.1 255.255.255.0
SW3(config-if)#no shut
SW3(config)#int vlan 20                                    ! 进入vlan20
SW3(config-if)#ip add 172.18.0.1 255.255.255.0
SW3(config-if)#no shut
SW3(config-if)#int f0/1
SW3(config-if)#swit acce vlan 10                           ! 把f0/1加入vlan10
SW3(config-if)#no shut
SW3(config-if)#int f0/2
SW3(config-if)#swit acce vlan 20                           ! 把f0/2加入vlan20
SW3(config-if)#no shut
SW3(config-if)#exit
SW3(config)#
```

2．路由器R1的基本配置

```
Router>en
Router#conf t
Router(config)#ho R1
R1(config)#int e0/1
R1(config-if)#ip add 192.168.0.2 255.255.255.0
R1(config-if)#no shut
R1(config-if)#int e0/0
R1(config-if)#ip add 192.168.1.1 255.255.255.0
R1(config-if)#no shut
R1(config-if)#exit
```

3．路由器R2的基本配置

```
Router>en
Router#conf t
Router(config)#ho R2
R2(config)#int e0/0
R2(config-if)#ip add 192.168.1.2 255.255.255.0
R2(config-if)#no shut
R2(config-if)#int e0/1
R2(config-if)#ip add 10.0.0.1 255.0.0.0
R2(config-if)#no shut
R2(config-if)#exit
```

4．在三层交换机上配置OSPF路由协议

```
SW3(config)#ip                                             ! 启用IP路由协议
SW3(config)#router ospf 1                                  ! 启用进程处理号为1的OSPF协议
```

SW3(config-router)#network 192.168.0.0 0.0.0.255 area 0
                                              ！在区域0上发布直连网段
SW3(config-router)#network 172.18.0.0 0.0.0.255 area 0
SW3(config-router)#end

注意：发布直连网段时，必须标明所属的区域号，本实验区域号为area 0，并且在单一区域的OSPF网络中，区域号必须是相同的。

5. 在R1上配置OSPF路由协议

R1(config)#ip
R1(config)#router ospf 1
R1(config-router)#network 192.168.0.0 0.0.0.255 area 0
R1(config-router)#network 192.168.1.0 0.0.0.255 area 0
R1(config-router)#end

6. 在R2上配置OSPF路由协议

R2(config)#ip
R2(config)#router ospf 1
R2(config-router)#network 192.168.1.0 0.0.0.255 area 0
R2(config-router)#network 10.0.0.0 0.255.255.255 area 0
R2(config-router)#end

结果总结

验证某设备的端口配置情况，可以在其中一台设备上运行"show ip int brief"命令来查看所配置的端口运行情况。图6-12是R1的显示结果。

```
R1#show ip int brief
Interface              IP-Address      OK? Method Status                Protocol
Ethernet0/0            192.168.1.1     YES manual up                    up
Ethernet0/1            192.168.0.2     YES manual up                    up
Ethernet0/2            unassigned      YES unset  administratively down down
Ethernet0/3            unassigned      YES unset  administratively down down
```

图6-12　查看R1的OSPF动态路由

使用"sh ip route"命令查看三层交换机SW3的路由配置情况，如图6-13所示。

```
SW3#sh ip route
Codes: C - connected, S - static, R - RIP, M - mobile, B - BGP
       D - EIGRP, EX - EIGRP external, O - OSPF, IA - OSPF inter area
       N1 - OSPF NSSA external type 1, N2 - OSPF NSSA external type 2
       E1 - OSPF external type 1, E2 - OSPF external type 2
       i - IS-IS, su - IS-IS summary, L1 - IS-IS level-1, L2 - IS-IS level-2
       ia - IS-IS inter area, * - candidate default, U - per-user static route
       o - ODR, P - periodic downloaded static route

Gateway of last resort is not set

     172.18.0.0/24 is subnetted, 1 subnets
C       172.18.0.0 is directly connected, Vlan20
O    10.0.0.0/8 [110/21] via 192.168.0.2, 00:17:48, Vlan10
C    192.168.0.0/24 is directly connected, Vlan10
O    192.168.1.0/24 [110/11] via 192.168.0.2, 00:17:48, Vlan10
```

图6-13　查看交换机的OSPF动态路由

图6-13中的C表示直连路由，有两个网段：172.18.0.0和192.168.0.0。“O”表示OSPF路由，有两个网段：10.0.0.0和192.168.1.0。

在虚拟PC上做最终检验，PC1和PC2之间是可以ping通的，如图6-14所示。

```
VPCS 1 >show

NAME   IP/CIDR              GATEWAY
PC1    172.18.0.2/24        172.18.0.1
PC2    10.0.0.2/8           10.0.0.1
PC3    0.0.0.0/0            0.0.0.0
PC4    0.0.0.0/0            0.0.0.0
PC5    0.0.0.0/0            0.0.0.0
PC6    0.0.0.0/0            0.0.0.0
PC7    0.0.0.0/0            0.0.0.0
PC8    0.0.0.0/0            0.0.0.0
PC9    0.0.0.0/0            0.0.0.0

VPCS 1 >ping 10.0.0.2
10.0.0.2 icmp_seq=1 time=42.000 ms
10.0.0.2 icmp_seq=2 time=47.000 ms
10.0.0.2 icmp_seq=3 time=50.000 ms
10.0.0.2 icmp_seq=4 time=71.000 ms
10.0.0.2 icmp_seq=5 time=33.000 ms
```

图6-14　验证连通性

6.3 实验3——静态NAT

NAT（Network Address Translation）网络地址翻译指的是将一个内网私有IP地址转换成外网（公网）IP地址。NAT可以将多个内部网络地址翻译（映射）成几个外网（公网）IP地址，让内部网络中的私有IP“伪造”成公网IP访问互联网，为网络带来了相对的安全。

在NAT技术中有一种特殊的方法，可以将一段私有IP转换成一个或少数几个公网IP地址，从而节省了公网IP地址资源，这种技术称为PAT（Port Address Translation，端口地址翻译）。有的地方也把这种技术称为NAPT（Network Address Port Translation，网络地址端口转换），意思是一样的。

实验概述

静态NAT的工作原理很简单。NAT将网络分为内部网络（inside）和外部网络（outside），内部网络是指单位内部局域网，外部网络是指公共网络，一般是指Internet。如图6-15所示，假设PC4是公共网络，是内部网络需要访问的外网，假设它的IP地址是100.0.0.4/24。PC1有一个私有IP：192.168.0.2/24，当它需要访问Internet时，它先向路由器发出请求，路由器会根据静态NAT的设置，把私有IP（192.168.0.2）转换为公网IP（100.0.0.2），然后把数据包发送出去。Internet需要返回数据时，返回的数据是发送给100.0.0.2，然后由路由器根据对应关系，把这个数据包发送到192.168.0.2。

可以看出，静态NAT实现的是一对一的转换，将内部私有IP固定地转换为外网合法IP，这是不可能节省IP地址资源的。它的好处是，内网中建立了服务器，比如，Web、FTP、E-mail等服务器，这些服务器往往同时为内网和外网提供服务。对于这样的服务，就必须建立静态NAT进行转换。

配置命令如下：

端口模式下：

ip nat inside　　　　　　　　　　！将某端口指定为内部端口
ip nat outside　　　　　　　　　 ！将某端口指定为外部端口

全局模式下：

ip nat inside source static inside_ip outside_ip

inside_ip，指的是内部IP地址。

outside_ip，指的是翻译成的外部IP地址。

实验规划

假设某单位在单位内部创建了Web服务器和FTP服务器，它们的内部IP地址分别为192.168.0.2/24和192.168.0.3/24，允许内部网络访问。要想让外部网络也可以访问这两台服务器，该单位准备采用静态NAT，这时该单位又申请了两个公网IP地址：100.0.0.2/24和100.0.0.3/24与这两个内网IP相对应来实现静态NAT。那么，内网用户访问服务器时用内网IP，外网用户访问服务器时用外网IP，其访问效果是一样的，如图6-15所示。

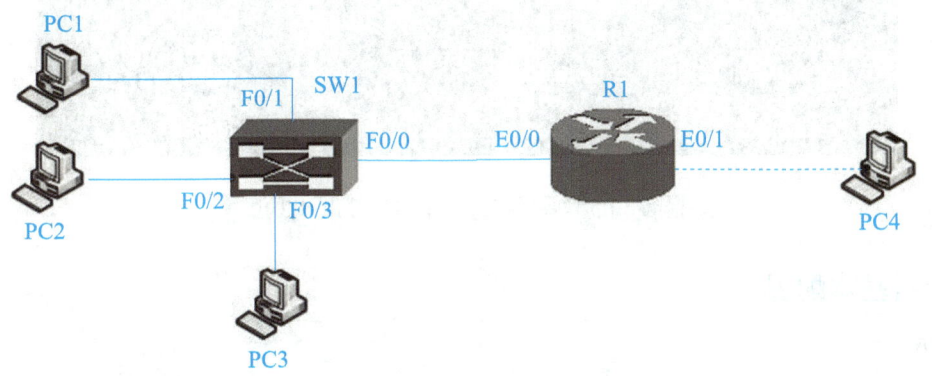

图6-15　静态NAT实验拓扑图

拓扑编址：SW1：没有VLAN，没有IP地址，不用设置

　　　　　PC1——IP：192.168.0.2/24，网关为R1上E0/0的IP

　　　　　PC2——IP：192.168.0.3/24，网关为R1上E0/0的IP

　　　　　PC3——IP：192.168.0.4/24，网关为R1上E0/0的IP

　　　　　PC4——IP：100.0.0.4/24，网关为R1上E0/1的IP

　　　　　R1：E0/1——IP：100.0.0.1/24

　　　　　　　E0/0——IP：192.168.0.1/24

外网对应IP：192.168.0.2——100.0.0.2
192.168.0.3——100.0.0.3

实验的想法是PC1和PC2分别对应有NAT转换的外网IP，PC3没有，PC4假设为外网Internet，设定好路由器端口IP后，因为是连在一个路由器上，属于直连路由，所以全网互通。

在R1上设置静态NAT后，外网100.0.0.4可以访问100.0.0.2和100.0.0.3。但不能访问内网IP，如192.168.0.2等。

实验步骤

1. 创建连接

Router1 E0/1 <-----> VPCS V0/4
Router1 E0/0 <-----> Switch1 F0/0
Switch1 F0/1 <-----> VPCS V0/1
Switch1 F0/2 <-----> VPCS V0/2
Switch1 F0/3 <-----> VPCS V0/3

2. 虚拟计算机IP设置（见图6-16）

```
UPCS 1 >show
NAME    IP/CIDR           GATEWAY       LPORT    RPORT
PC1     192.168.0.2/24    192.168.0.1   10001    21001
PC2     192.168.0.3/24    192.168.0.1   10002    21002
PC3     192.168.0.4/24    192.168.0.1   10003    21003
PC4     100.0.0.4/24      100.0.0.1     10004    11101
PC5     0.0.0.0/0         0.0.0.0       10005    30004
PC6     0.0.0.0/0         0.0.0.0       10006    30005
PC7     0.0.0.0/0         0.0.0.0       10007    30006
PC8     0.0.0.0/0         0.0.0.0       10008    30007
PC9     0.0.0.0/0         0.0.0.0       10009    30008
```

图6-16 查看虚拟计算机的IP地址

3. 路由器基本配置

Router>en
Router#conf t
Router(config)#ho R1
R1(config)#int e0/0
R1(config-if)#ip add 192.168.0.1 255.255.255.0
R1(config-if)#no shut
R1(config)#int e0/1
R1(config-if)#ip add 100.0.0.1 255.255.255.0
R1(config-if)#no shut

经过以上基本配置，全网互通，PC1可以ping通PC4，PC4也可以ping通PC1，也可以ping通PC3，如图6-17所示。

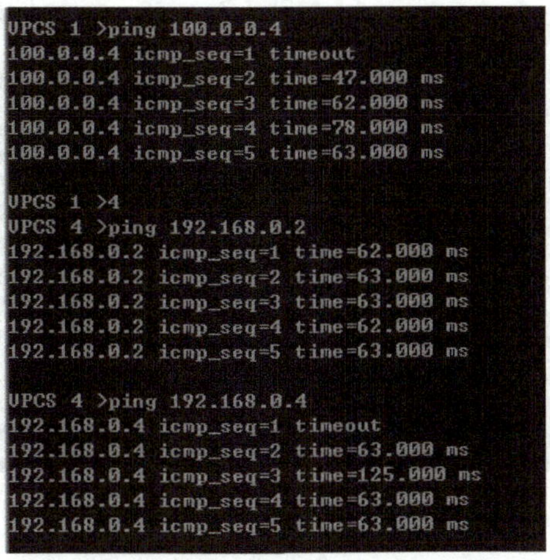

图6-17 实验前连通验证

4. 静态NAT

R1(config)#int e0/0
R1(config-if)#ip nat inside   ！设置E0/0为内部端口
R1(config-if)#int e0/1
R1(config-if)#ip nat outside   ！设置E0/1为外部端口
R1(config-if)#exit
R1(config)#ip nat inside source static 192.168.0.2 100.0.0.2
                                 ！将内网的IP地址192.168.0.2静态映射为外网的IP地址100.0.0.2
R1(config)#ip nat inside source static 192.168.0.3 100.0.0.3
R1(config)#end

结果总结

配置完成后，PC4可以ping通100.0.0.2和100.0.0.3，说明可以访问到外网IP地址，但是不能ping通192.168.0.2和192.168.0.3，说明这两个地址已经进行了静态NAT，地址被转换，如图6-18所示。

但是PC4还可以ping通192.168.0.4，这说明路由器直连路由还在起作用，同时说明如果不进行全网的NAT，那么网络安全就得不到保障，如图6-19所示。

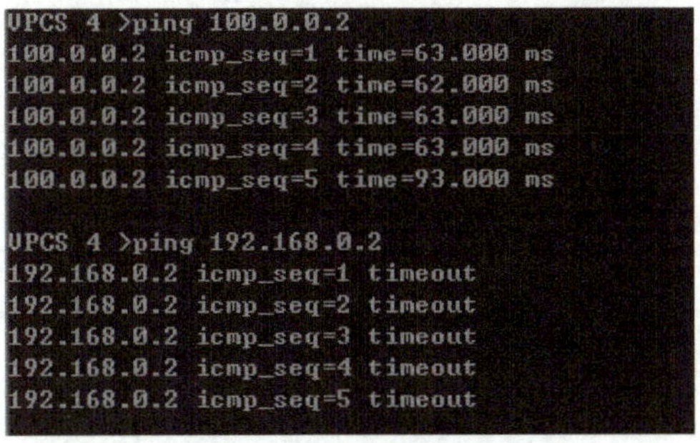

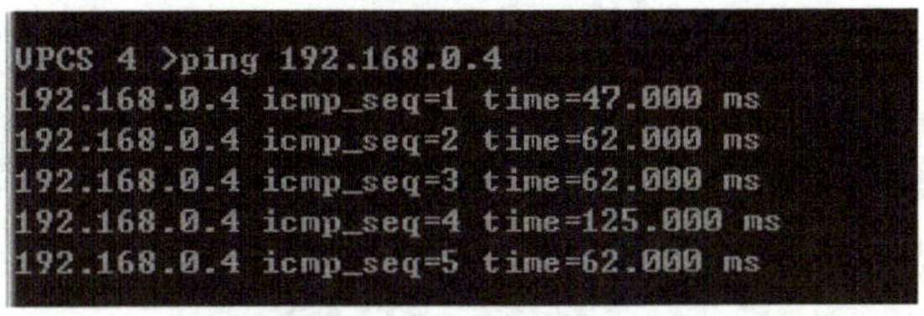

图6-18 结果验证1　　　　　图6-19 结果验证2

同时，PC1可以访问PC3，说明内网是互通的。PC1也可以访问PC4，说明内网访问外网也是可以的，如图6-20所示。

```
VPCS 1 >ping 192.168.0.4
192.168.0.4 icmp_seq=1 time=32.000 ms
192.168.0.4 icmp_seq=2 time=31.000 ms
192.168.0.4 icmp_seq=3 time=31.000 ms
192.168.0.4 icmp_seq=4 time=32.000 ms
192.168.0.4 icmp_seq=5 time=31.000 ms

VPCS 1 >ping 100.0.0.4
100.0.0.4 icmp_seq=1 time=63.000 ms
100.0.0.4 icmp_seq=2 time=47.000 ms
100.0.0.4 icmp_seq=3 time=46.000 ms
100.0.0.4 icmp_seq=4 time=63.000 ms
100.0.0.4 icmp_seq=5 time=63.000 ms
```

图6-20　结果验证3

经过以上实验对静态NAT的概念已有了基本的了解。静态NAT是一对一的地址转换，是不能节省公网IP地址的，不过它可以很好地隔离外网，增强了网络的安全性。

还可以用"sh ip nat tran"命令来查看NAT的转换情况，如图6-21所示。

```
R1#sh ip nat tran
Pro Inside global       Inside local         Outside local         Outside global
--- 100.0.0.2           192.168.0.2          ----                  ----
--- 100.0.0.3           192.168.0.3          ----                  ----
R1#
```

图6-21　查看静态NAT配置

还可以用"debug ip nat"命令来显示NAT的工作过程，观察完毕后应用"undebug all"命令关闭debug过程，否则会耗费大量系统资源，此处不再展示。

注意：这个实验中，假设PC4是Internet，又因为在一台路由器上，是直连路由，所以实现了连通。但是Internet上的IP地址是千差万别、各不相同的。因此，必须在R1上配置一条默认路由，即凡是从E0/1出去的访问，访问任何IP都允许。

这就是默认路由的最大用处，当存在末梢网络时，这种网络只有一个唯一的路径可以到达其他网络，而Internet的IP又不可能预知，所以只有唯一的选择，配置一条默认路由。表示内网无论访问Internet的哪个网段都允许，都从这个端口默认转发。

R1（config）#IP route 0.0.0.0　0.0.0.0 E0/1

扩展实验：增加一台路由器R2，同时重新设置IP地址，如图6-22所示。

再做这个实验时，在R1上设置默认路由，可以更好地理解静态NAT。

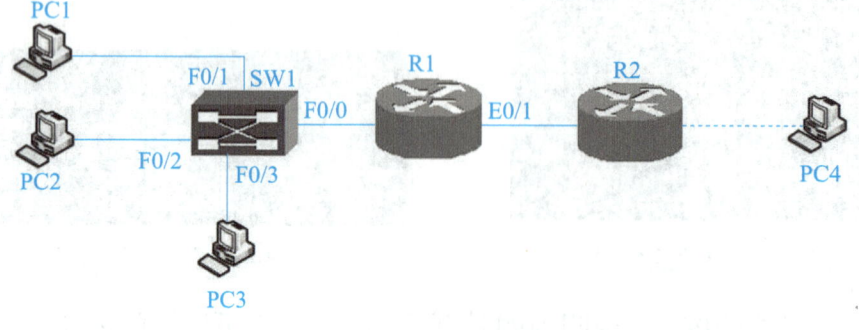

图6-22　静态NAT扩展实验拓扑图

6.4 实验4——动态NAT

静态NAT是实现私有IP地址和公网IP地址之间一一对应的转换，如果内网有服务器，需要同时为内网和外网提供服务，这是最好的一种方法，因为私有IP和公网IP是固定的对应关系，不会改变，而动态NAT不是这样。

动态NAT也是实现私有IP和公网IP之间一一对应的转换，但是它们的关系是不固定的，就是说私有IP访问外网时也要进行转换，转换成公网IP，但是转换时不是固定转换成某一IP，而是随机的。

实验概述

动态NAT的原理是这样的：

首先还是要进行地址转换，内网转换成外网。

动态NAT定义了一个地址池（pool），其中地址池中的地址是一组连续的外网IP地址，所有内网中允许的IP都可以使用地址池中的任意一个进行转换。所谓允许的IP是指可以在路由器上使用访问控制列表来定义，允许哪一部分内网IP使用这个地址池进行转换（访问控制列表在单元7）。根据访问控制列表的命令要求，允许的IP一般是某一个网段，如192.168.0.0/24等。

动态NAT的外网转换IP是动态的、不固定的，当需要时从地址池随机选择。用完后（通信结束）就需要把这个地址放回地址池，供其他主机使用。这样就可以部分缓解外网IP地址的压力。比如，需要访问外网的内部主机有100台，私有IP地址当然也是100个，访问控制列表允许这100台访问外网。但是只能申请到50个公网IP，也就是说只能最多同时有50台内部计算机可以转换成公网IP访问外网。可是单位里并不是每台计算机都需要同时访问外网的。这样就保证了能访问外网，又不像静态NAT那样完全一对一的固定关系，节约了部分公网IP。

注意：静态NAT和动态NAT可以共存。如果有需要内外网都访问的服务器，则可以采用静态NAT，其他可以采用动态NAT。

还有一个好处，因为内网主机访问出去的IP经常随机变化，增加了网络安全性。

命令格式：

端口模式下：

ip nat inside   ! 将某端口指定为内部端口
ip nat outside   ! 将某端口指定为外部端口

全局模式下：

1. ip nat pool name start_ip end_ip netmask netmask

或ip nat pool name start_ip end_ip prefix_length子网掩码位数

其中，name指的是地址池的名称。

start_ip和end_ip指的是地址池的开始IP和结束IP。

netmask指的是地址池的IP地址的子网掩码。

子网掩码位数指的是如果不用子网掩码表示，还可以用位数表示，如24表示255.255.255.0。

2. access_list number permit source wildcard

其中：number指的是访问控制列表的号码，1~99。

source wildcard指的是允许地址转换的地址段和对应的通配符，和OSPF路由的意思一样。

3. ip nat inside source list number pool name

其中：number是2号命令中的访问控制列表号。

name是1号命令中地址池的名字。

单看命令格式介绍容易看不懂，结合下面的实验很容易就可以理解了。

实验规划

某学校内部局域网使用的IP网段是192.168.0.0/24，现在他们申请了一段公网IP：100.0.0.3~100.0.0.100/24，使用动态NAT访问互联网。

注意：这个实验中100.0.0.1和100.0.0.2用在路由器上了，如图6-23所示。

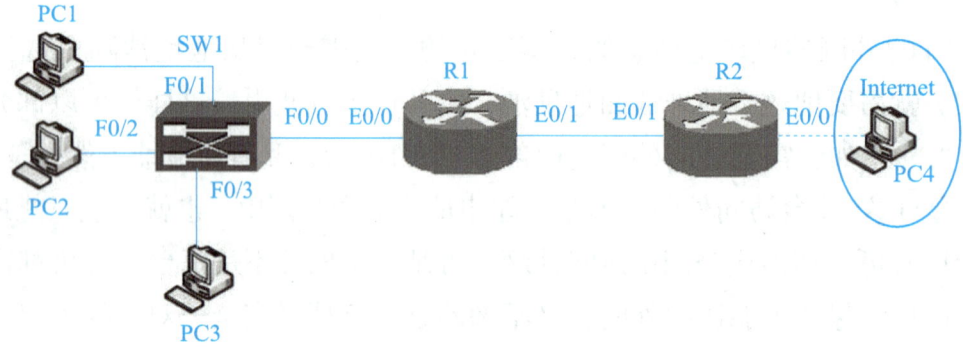

图6-23 动态NAT实验拓扑图

拓扑编址：SW1：没有VLAN，没有IP地址，不用设置

PC1——IP：192.168.0.2/24，网关为R1上E0/0的IP

PC2——IP：192.168.0.3/24，网关为R1上E0/0的IP

PC3——IP：192.168.0.4/24，网关为R1上E0/0的IP

PC4——IP：200.0.0.2/24，网关为R2上E0/0的IP

R1：E0/1——IP：100.0.0.1/24

E0/0——IP：192.168.0.1/24

R2：E0/1——IP：100.0.0.2/24

E0/0——IP：200.0.0.1/24

进行地址转换时，192.168.0.0/24网段的主机可以动态转换成100.0.0.3~100.0.0.100的

IP访问外网，外网则不能访问内网。用了两个路由器，在R1上用默认路由指向外网。PC4模拟为Internet。

实验步骤

创建连接如下：

Router1 E0/0 <----> Switch1 F0/0
Router1 E0/1 <----> Router2 E0/1
Switch1 F0/1 <----> VPCS V0/1
Switch1 F0/2 <----> VPCS V0/2
Switch1 F0/3 <----> VPCS V0/3
Router2 E0/0 <----> VPCS V0/4

1. 路由器R1基本配置

Router(config)#ho R1
R1(config)#int e0/0
R1(config-if)#ip add 192.168.0.1 255.255.255.0
R1(config-if)#no shut
R1(config-if)#int e0/1
R1(config-if)#ip add 100.0.0.1 255.255.255.0
R1(config-if)#no shut

2. 路由器R2基本配置

Router(config)#ho R2
R2(config)#int e0/1
R2(config-if)#ip add 100.0.0.2 255.255.255.0
R2(config-if)#no shut
R2(config-if)#int e0/0
R2(config-if)#ip add 200.0.0.1 255.255.255.0
R2(config-if)#no shut

3. 在路由器R1上设置动态NAT

R1(config)#int e0/0
R1(config-if)#ip nat inside　　　　　！设置E0/0为内部端口
R1(config-if)#int e0/1
R1(config-if)#ip nat outside　　　　！设置E0/1为外部端口
R1(config-if)#exit

R1(config)#ip nat pool dong 100.0.0.3 100.0.0.100 netmask 255.255.255.0
　　　　　　！地址池名称为：dong，开始IP为100.0.0.3，结束IP为100.0.0.100，子网掩码为255.255.255.0。最后的netmask 255.255.255.0，也可以改写为prefix-length 24，效果一样

R1(config)#access-list 10 permit 192.168.0.0 0.0.0.255
　　　　　　！定义访问控制列表，10为访问控制列表号，192.168.0.0表示允许的IP地址段，0.0.0.255表示这个地址段的每一个IP地址都被允许

R1(config)#ip nat inside source list 10 pool dong
　　　　　　　　！实现内部IP地址与外部IP的动态转换，其中10就是访问控制
　　　　　　　　列表号，dong就是动态地址池的名字

经过以上设置，在PC1上用ping命令可以ping通100.0.0.2，说明进行了动态NAT，把192.168.0.0/24网段转换成了100.0.0.0/24网段的部分IP地址，同一网段可以ping通。但不能ping通200.0.0.1，因为没有设定默认路由。

在R1上设定默认路由：

R1(config)#ip route 0.0.0.0 0.0.0.0 e0/1

则PC1、PC2、PC3等都可以ping通PC4的200.0.0.2。PC4也可以ping通100.0.0.1，但不能ping通192.168.0.0/24。

结果总结

用"sh ip nat tr"命令查看NAT表，注意：刚设定好动态NAT，但没有在PC1等计算机上用ping命令时，NAT表内容为空，因为还没建立连接，没有开始动态NAT。结果如图6-24所示。

```
R1#sh ip nat tr
Pro Inside global      Inside local       Outside local      Outside global
--- 100.0.0.3          192.168.0.2        ---                ---
icmp 100.0.0.4:43316   192.168.0.3:43316  100.0.0.2:43316    100.0.0.2:43316
icmp 100.0.0.4:43572   192.168.0.3:43572  100.0.0.2:43572    100.0.0.2:43572
icmp 100.0.0.4:43828   192.168.0.3:43828  100.0.0.2:43828    100.0.0.2:43828
icmp 100.0.0.4:44084   192.168.0.3:44084  100.0.0.2:44084    100.0.0.2:44084
icmp 100.0.0.4:44340   192.168.0.3:44340  100.0.0.2:44340    100.0.0.2:44340
icmp 100.0.0.4:44596   192.168.0.3:44596  100.0.0.2:44596    100.0.0.2:44596
--- 100.0.0.4          192.168.0.3        ---                ---
icmp 100.0.0.5:52532   192.168.0.4:52532  100.0.0.2:52532    100.0.0.2:52532
icmp 100.0.0.5:52788   192.168.0.4:52788  100.0.0.2:52788    100.0.0.2:52788
icmp 100.0.0.5:53044   192.168.0.4:53044  100.0.0.2:53044    100.0.0.2:53044
icmp 100.0.0.5:53300   192.168.0.4:53300  100.0.0.2:53300    100.0.0.2:53300
icmp 100.0.0.5:53556   192.168.0.4:53556  100.0.0.2:53556    100.0.0.2:53556
icmp 100.0.0.5:53812   192.168.0.4:53812  100.0.0.2:53812    100.0.0.2:53812
--- 100.0.0.5          192.168.0.4        ---                ---
R1#
```

图6-24　查看动态NAT信息

图中192.168.0.2转换成了100.0.0.3，以此类推。

还可以用"sho ip nat translations ver"命令查看NAT条目的详细信息，此处不再演示。

6.5　实验5——PAT

静态NAT主要用于企业网的内部网络，有各种服务器并且服务器需要同时为内网和外网服务的情况。动态NAT可以实现企业内部私有地址对外网的访问，但是不能完全解决公网IP地址不足的问题。

但是这两种NAT都是可以实现私有IP地址和公网IP地址之间的转换，静态NAT转换成

一对一的静态公网IP。动态NAT在某一确定的时间，也是一对一地转换成公网IP。只不过在下一次连接时，可能会换成另外一个公网IP，但它总是会占用一个公网IP的。

由于Internet技术的飞速发展，上互联网的人越来越多，因此不可能为每个人、每台主机都分配IP地址。IP地址短缺的问题已经变得越来越严重，而静态NAT根本不能解决这个问题，动态NAT也只是部分解决，所以仍需要大量的公网IP。很多单位根本申请不到那么多公网IP，往往只能申请一个。使用PAT（Port Address Translations，端口地址翻译），可允许将多个内网私有IP地址映射到同一个公网IP上。

实验概述

实际上PAT和动态NAT几乎是一样的，只不过在地址转换的时候没有地址池，或者说地址池内只有一个地址，所有的私有地址都转换成同一个公网IP地址，转换时对网关路由器的外网接口IP地址进行复用（overload）。复用技术是通过利用对话的端口号来实现的，如图6-25所示（和图6-23一样）。

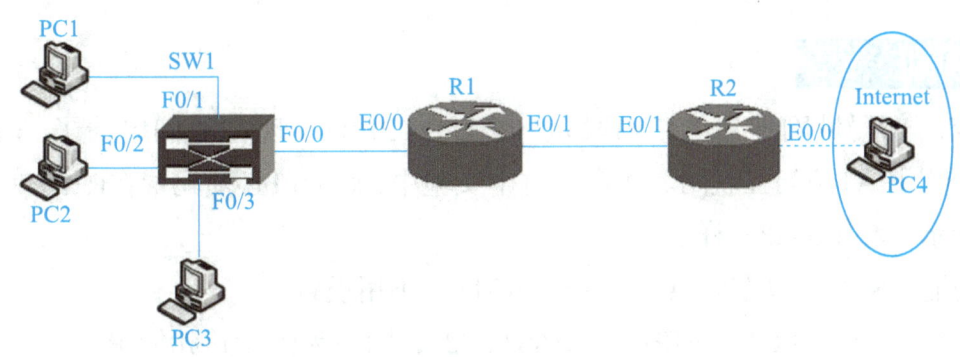

图6-25　PAT实验拓扑图

PC1、PC2等需要访问Internet，它们的私有地址段位192.168.0.0/24只申请到了一个公网IP：100.0.0.1，配置在R1的E0/1接口上。在进行地址转换时，转换的映射中包括两项（IP地址和端口号）。如PC1地址为192.168.0.2|1001，那么转换成公网IP就是100.0.0.1|1001。回应包会根据端口号1001判断出应该发给哪个主机，不至于混乱。

配置命令和动态NAT几乎一样：

端口模式下：

| ip nat inside | ！将某端口指定为内部端口 |
| ip nat outside | ！将某端口指定为外部端口 |

全局模式下：

1. ip nat pool name start_ip end_ip netmask netmask

或：ip nat pool name start_ip end_ip prefix_length子网掩码位数

其中：name指的是地址池的名称。

　　　start_ip和end_ip指的是地址池的开始IP和结束IP，在PAT时，这两个IP地址是一样的，但要写两个，不能省略，如100.0.0.1、100.0.0.1。

netmask指的是地址池的IP地址的子网掩码。

子网掩码位数指的是如果不用子网掩码表示，则可以用位数表示，如24表示255.255.255.0。

2. access_list number permit source wildcard

其中，number指的是访问控制列表的号码，1～99。

source wildcard指的是允许地址转换的地址段和对应的通配符，和OSPF路由的意思一样。

3. ip nat inside source list number pool name overload

其中，number是2号命令中的那个访问控制列表号。

name是1号命令中地址池的名字。

overload是实现PAT的关键字，不能省略。

和动态NAT对照比较可以看出，有两处不同：在IP地址池的地方换成一个IP地址和最后增加overload。

实验规划

某学校内部局域网使用的IP网段是192.168.0.0/24，现在他们申请了一个公网IP：100.0.0.1，使用PAT访问互联网。注意，这个实验中100.0.0.1必须配置在R1的E0/1接口上，如图6-25所示（和图6-23一样）。

拓扑编址：SW1：没有VLAN，没有IP地址，不用设置

PC1——IP：192.168.0.2/24，网关为R1上E0/0的IP

PC2——IP：192.168.0.3/24，网关为R1上E0/0的IP

PC3——IP：192.168.0.4/24，网关为R1上E0/0的IP

PC4——IP：200.0.0.2/24，网关为R2上E0/0的IP

R1：E0/1——IP：100.0.0.1/24

E0/0——IP：192.168.0.1/24

R2：E0/1——IP：100.0.0.2/24

E0/0——IP：200.0.0.1/24

进行地址转换时，192.168.0.0/24网段的主机都转换成100.0.0.1来访问外网，外网则不能访问内网。用了两个路由器，在R1上用默认路由指向外网。PC4模拟为Internet。

实验步骤

1. 创建连接

```
Router1 E0/0 <-----> Switch1 F0/0
Router1 E0/1 <-----> Router2 E0/1
Switch1 F0/1 <-----> VPCS V0/1
Switch1 F0/2 <-----> VPCS V0/2
```

Switch1 F0/3 <-----> VPCS V0/3
Router2 E0/0 <-----> VPCS V0/4

2. 路由器R1的基本配置

Router(config)#ho R1
R1(config)#int e0/0
R1(config-if)#ip add 192.168.0.1 255.255.255.0
R1(config-if)#no shut
R1(config-if)#int e0/1
R1(config-if)#ip add 100.0.0.1 255.255.255.0
R1(config-if)#no shut

3. 路由器R2的基本配置

Router(config)#ho R2
R2(config)#int e0/1
R2(config-if)#ip add 100.0.0.2 255.255.255.0
R2(config-if)#no shut
R2(config-if)#int e0/0
R2(config-if)#ip add 200.0.0.1 255.255.255.0
R2(config-if)#no shut

4. 在路由器R1上设置PAT

R1(config)#int e0/0
R1(config-if)#ip nat inside   ！设置e0/0为内部端口
R1(config-if)#int e0/1
R1(config-if)#ip nat outside   ！设置e0/1为外部端口
R1(config-if)#exit

R1(config)#ip nat pool dong 100.0.0.1 100.0.0.1 netmask 255.255.255.0
　　　　　　　　　　　　！地址池名称为dong，开始IP为100.0.0.1，结束IP为100.0.0.1，
　　　　　　　　　　　　 子网掩码为255.255.255.0。最后的netmask 255.255.255.0，也
　　　　　　　　　　　　 可以改写为prefix-length 24，效果一样

R1(config)#access-list 10 permit 192.168.0.0 0.0.0.255
　　　　　　　　　　　　！定义访问控制列表，10为访问控制列表号，192.168.0.0表示
　　　　　　　　　　　　 允许的IP地址段，0.0.0.255表示这个地址段的每一个IP地址
　　　　　　　　　　　　 都被允许

R1(config)#ip nat inside source list 10 pool dong overload
　　　　　　　　　　　　！实现内部IP地址与外部IP地址的动态转换，其中10就是访问
　　　　　　　　　　　　 控制列表号，dong就是动态地址池的名字，overload 为配置
　　　　　　　　　　　　 参数，表示使用端口复用

　　经过以上设置后，在PC1上用ping命令可以ping通100.0.0.2，说明进行了PAT，把192.168.0.0/24网段转换成了100.0.0.1/24，同一网段，可以ping通。但不能ping通200.0.0.1，因为没有设定默认路由。

在R1上设定默认路由：

R1(config)#ip route 0.0.0.0 0.0.0.0 e0/1

则PC1、PC2、PC3等都可以ping通PC4的200.0.0.2。PC4也可以ping通到100.0.0.1，但不能ping通192.168.0.0/24网段。

PAT还有一种不设置地址池的命令格式：

1）不定义地址池，第一条命令就可以省略。

2）此条命令不变：

R1(config)#access-list 10 permit 192.168.0.0 0.0.0.255

！定义访问控制列表，10为访问控制列表号，192.168.0.0表示允许的IP地址段，0.0.0.255表示这个地址段的每一个IP地址都被允许

3）此条命令发生改变，因为没有定义地址池，pool关键字省略，改为：

R1(config)#ip nat inside source list 10 inter E0/1 overload

！实现内部IP地址与外部IP的动态转换，其中10就是那个访问控制列表号，地址池变为inter E0/1，仅在端口号上加以说明，overload为配置参数，表示使用端口复用

结果总结

用"sh ip nat translations"命令查看NAT表，注意，刚设定好动态NAT，但没有在PC1等计算机上用ping命令时，NAT表内容为空，因为还没建立连接，没有开始动态NAT。结果如图6-26所示。

```
R1#sh ip nat translations
Pro  Inside global      Inside local       Outside local      Outside global
icmp 100.0.0.1:33385    192.168.0.2:33385  200.0.0.2:33385    200.0.0.2:33385
icmp 100.0.0.1:33641    192.168.0.2:33641  200.0.0.2:33641    200.0.0.2:33641
icmp 100.0.0.1:33897    192.168.0.2:33897  200.0.0.2:33897    200.0.0.2:33897
icmp 100.0.0.1:34153    192.168.0.2:34153  200.0.0.2:34153    200.0.0.2:34153
icmp 100.0.0.1:34409    192.168.0.2:34409  200.0.0.2:34409    200.0.0.2:34409
icmp 100.0.0.1:35945    192.168.0.3:35945  200.0.0.2:35945    200.0.0.2:35945
icmp 100.0.0.1:36201    192.168.0.3:36201  200.0.0.2:36201    200.0.0.2:36201
icmp 100.0.0.1:36457    192.168.0.3:36457  200.0.0.2:36457    200.0.0.2:36457
icmp 100.0.0.1:36713    192.168.0.3:36713  200.0.0.2:36713    200.0.0.2:36713
icmp 100.0.0.1:36969    192.168.0.3:36969  200.0.0.2:36969    200.0.0.2:36969
icmp 100.0.0.1:37225    192.168.0.3:37225  200.0.0.2:37225    200.0.0.2:37225
icmp 100.0.0.1:38249    192.168.0.4:38249  200.0.0.2:38249    200.0.0.2:38249
icmp 100.0.0.1:38505    192.168.0.4:38505  200.0.0.2:38505    200.0.0.2:38505
icmp 100.0.0.1:38761    192.168.0.4:38761  200.0.0.2:38761    200.0.0.2:38761
icmp 100.0.0.1:39017    192.168.0.4:39017  200.0.0.2:39017    200.0.0.2:39017
icmp 100.0.0.1:39273    192.168.0.4:39273  200.0.0.2:39273    200.0.0.2:39273
icmp 100.0.0.1:39529    192.168.0.4:39529  200.0.0.2:39529    200.0.0.2:39529
```

图6-26　显示PAT配置信息

和图6-24比较一下，就会发现，内部网络的3个私有IP都转换成了同一个公网IP：100.0.0.1。

本单元命令汇总见表6-1。

表6-1 本单元命令汇总

命 令	作 用
router rip	启动RIP路由
network x.x.x.x（直连网段）	通告网络
network 0.0.0.0	设置默认路由
version	设置RIP路由协议版本
show ip route	查看路由表
show ip protocols	查看IP路由协议配置和统计信息
show ip rip database	查看RIP数据库
debug ip rip	动态查看RIP更新过程
router ospf	启动OSPF路由
network 192.168.0.0 0.0.0.255 area 0	通告网络及网络所在区域
show ip ospf database	查看OSPF数据库
show ip ospf interface	查看OSPF接口信息
ip nat inside	配置NAT内部接口
ip nat outside	配置NAT外部接口
ip nat inside source static	配置静态NAT
show ip nat translation	查看NAT表
show ip nat statistics	查看NAT转换的统计信息
debug ip nat	动态查看NAT转换过程
undebug all	关闭debug过程
ip nat pool	定义动态NAT地址池
access_list number permit source wildcard	定义允许访问的控制列表号
ip nat inside source list number pool name	配置动态NAT
show ip nat translations ver	查看NAT条目的详细信息
ip nat inside source list number pool name overload	配置PAT

拓展阅读

2013年，我国在全量子网络研究领域取得关键技术突破，研制出世界上第一个量子路由器并在实验室成功演示。

量子路由器是全量子网络中一个重要的量子器件。该研究基于973计划重大科学问题导向项目中的全量子网络项目，由著名计算机专家、图灵奖得主、清华大学交叉信息研究院教授姚期智领军。姚期智团队首次在实验中演示了全量子路由器，实现了量子控制信号控制量子信号所经的路径。美国《连线》杂志称，科学家利用基于纠缠光子的量子路由器展示量子网络，清华大学的科研人员建造了世界上第一个量子路由器。

课后习题

一、填空题

1）路由器的路由功能一般分为_____态路由和_____态路由。

2）动态路由协议一般可用_____协议和_____协议。

3）RIP的命令是_____命令后面加本路由器直连网段。

4）进入OSPF协议配置模式的命令是_____。

5）NAT指的是将一个内网私有IP地址转为_____IP地址。

二、选择题

1）RIP是以（　　）作为度量值来计算路由的。
   A. 路由器个数　　　　　　　　B. 交换机个数
   C. 跳数　　　　　　　　　　　D. 网卡数

2）使用OSPF协议配置路由器，首先应在（　　）模式下启动OSPF。
   A. 全局配置模式　　　　　　　B. 用户模式
   C. 特权模式　　　　　　　　　D. 接口模式

3）NAT可以分为静态和（　　）。
   A. 非动态　　B. 动态　　C. 非静态　　D. 随机态

4）命令"debug ip nat"可以用来显示NAT的（　　）。
   A. 系统资源　　B. 路由过程　　C. 路由协议　　D. 工作过程

5）（　　）是一种特殊的NAT。
   A. PAB　　B. PAT　　C. PBT　　D. PAB

三、简答题

1）什么是动态路由？

2）什么是NAT？

单元 7
安全配置实验

学习目标

知识目标

> 熟练掌握交换机端口安全设置；理解和掌握访问控制列表的概念；理解和掌握各种类型的访问控制。

能力目标

> 通过实验和学习，提高网络安全的控制能力；基于不同目标，合理安排网络控制能力，既不能让安全权限太低造成安全事故，也不能过分影响正常用户的网络使用体验。

素质目标

> 把网络安全意识提升到一个新高度；进一步树立正确的网络安全观，切实落实网络安全技术措施。

随着网络技术的发展，现在面临的安全问题越来越严峻。网络必须保证其开放性和连接性才能成长并称之为网络。但现在必须高度重视网络的安全性，只有更安全的网络才能保证网络为人们服务，才能推动网络的发展，最终推动社会的发展和人类的进步，针对网络的安全问题，本单元从网络设备的安全配置方面，介绍一些安全技术的实验。

7.1 实验1——交换机端口安全

交换机（包括路由器）的端口安全，就是对交换机的端口（接口）进行配置，主要包括限制端口的状态，允许或拒绝符合条件的访问，从而实现网络安全。

实验概述

大多数交换机都有端口安全配置，也就是对端口进行相应的设置，实现对网络设备的安全控制。

端口的安全配置主要有以下3项：

1. 端口工作方式

所谓端口工作方式，主要是在网络设备发展的渐进过程中形成的，一般分为单工、半双工、全双工、自动等工作模式。早期的端口，工作能力不行，只能发送，不能接收，称为单工。发送数据的时候不能同时接收数据，接收时不能发送数据称为半双工。现在的交换机一般都可以工作在全双工工作模式下，在两台设备之间可以同时接收和发送数据，使得工作能力增强。

交换机端口工作方式的设置命令为"duplex auto/full/half"，其中：

auto，表示端口的工作模式为自动协商模式，即交换机端口根据所连设备的速率来自动确定其工作速率。

full，表示强制进入全双工模式。

half，表示强制进入半双工模式。

端口工作方式这个命令，在Dynamips仿真软件上使用3640的ISO做仿真是可以使用的。

但以下两个功能（端口最大连接数和MAC（或IP）地址绑定）不能在仿真软件上实现，因为3640是Cisco的一款路由器产品，在进行仿真时，一般是增加路由器网络模块：NM-4E——4端口10bT以太网网络模块，实现路由器功能。增加交换机模块NM-16ESW——16端口10/100快速以太网交换机网络模块，实现交换机功能。但这个交换机模块不支持以下两种端口命令。

2. 端口最大连接数

限制交换机端口的最大连接数，就是控制交换机某端口所能连接的计算机数量。因为端口可以级联下一级交换机（或集线器），下一级交换机又可以连接多台计算机。所以端口的最大连接数也可以很多。

不同品牌或型号的交换机，默认允许的端口最大连接数不同，一般为100以上。假如人为设定交换机端口最大连接数为1，那么连接到该端口的设备只能是一个设备，如果一个设备建立了连接，则其余设备将不能建立连接。

命令：

swit port-security maximum value

value是最大连接数量。

3. MAC（或IP）地址绑定

为了增强交换机的端口安全，可以针对交换机进行端口地址的绑定，将接入设备的MAC地址或IP地址绑定到某端口，也可以MAC地址+IP地址双重绑定。绑定以后，不符合要求的设备将不能建立连接。

命令：

swit port–security mac–address macadd
或swit port–security ip–address ipadd

其中，macadd和ipadd，指的是具体的MAC地址和IP地址。

在计算机上进入"命令提示符"窗口，通过"ipconfig/all"命令查看PC的MAC地址，如图7-1所示。

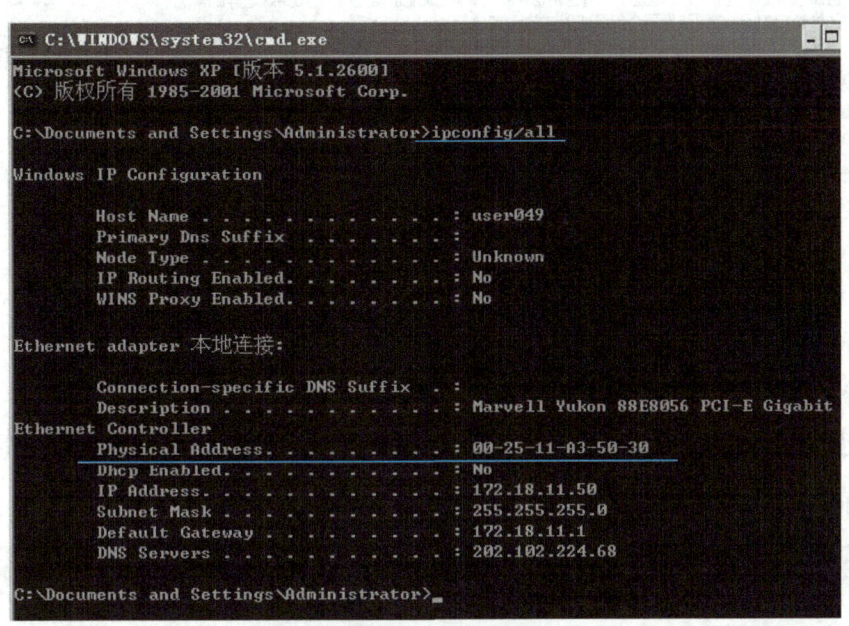

图7-1　查看MAC地址

MAC地址为：00-25-11-A3-50-30，在交换机F0/0端口上的命令应为：

Switch(config)#int f0/0
Switch(config–if)#swit port–security　　　　！开启端口安全功能
Switch(config–if)#swit port–security mac–address 0025.11A3.5030
　　　　　　　　　　　　　　　　　！将MAC地址00-25-11-A3-50-30绑定到f0/0端口

注意：假如同时设置最大连接数为1和MAC地址绑定，将使该设备独占端口。

破解：在很多大学校园网中，学校的交换机都实行了MAC地址绑定，有的还实行了MAC地址+IP地址双重绑定，有的还把最大连接数设定为1，避免学生一个宿舍连接多台计算机的情况，更重要的是防止常见的内部网络攻击，如ARP欺骗、MAC地址欺骗、针对IP地址的攻击等。

一般到学校网络中心申请上网时需要上报自己计算机的MAC地址。然后由网络中心绑定。其实最大连接数也好，MAC地址绑定也好，都是针对MAC地址进行的，学生只需要购买一台小型的宽带路由器（一般带1个接入口，4个输出口），把该路由器的MAC地址报送过去，然后就可以实现多台计算机同时上网了。

如果路由器坏了，或更换了路由器，或需要用计算机直接上网也没关系，路由器一般都有改变MAC地址这项功能，如图7-2所示。

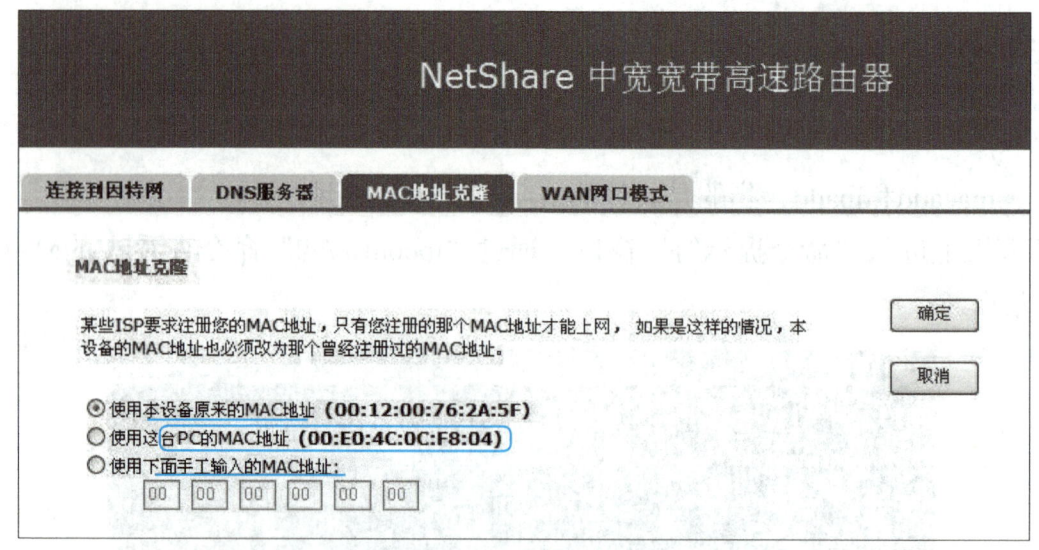

图7-2 小型宽带路由器改变MAC地址

图7-2中,"本设备原来的MAC地址"为宽带路由器MAC地址,还可以使用连接宽带路由器的PC的MAC地址,也可以手工输入MAC地址。

计算机中也有改变MAC地址这个功能,打开"设备管理器"找到网卡,右键单击网卡,在弹出的菜单中选择"属性",如图7-3所示。

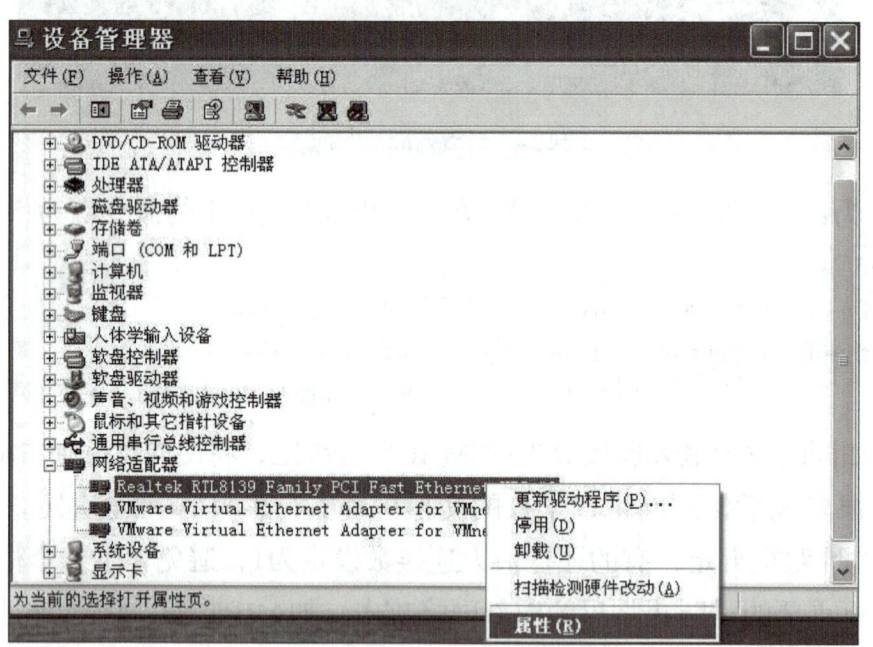

图7-3 网卡的设备属性

然后打开"属性"对话框,如图7-4所示。选择"高级"选项卡中的"Network Address(网络地址)",这个网络地址的"值"其实就是指MAC地址的值。在"值"选项框中填写报送到网络中心的MAC地址。MAC地址中间不用加任何符号,如002511A35030。经过改变,再用"ipconfig/all"命令查看计算机的MAC地址时,就改成了"值"文本框内自己输入的MAC地址。

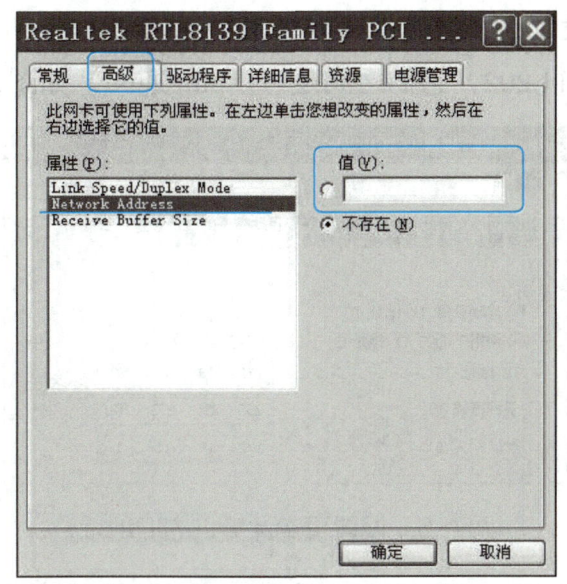

图7-4 改变网卡的MAC地址

实验规划

这里仅对端口工作方式做实验。用一台虚拟交换机和一台真实的计算机连接,同时再连接一台虚拟的计算机,E0/0连通真实计算机XPC,E0/1连接虚拟计算机VPC,如图7-5所示。

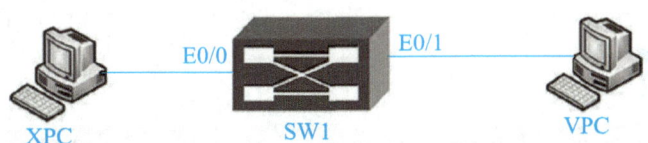

图7-5 交换机连接拓扑图

用Dynamips仿真软件和真实计算机连接也很简单,但要注意,毕竟是仿真软件,有时步骤没问题,但是不能ping通,这时可能是软件的问题,稍等几分钟。如果还不能连通,那么只有从头再做一遍,但一定要把原来生成的文件和文件夹都删除或重新建立一个目录,而且目录不用中文名称,最好在根目录的下一层,否则很容易出现问题。

实验步骤

```
Router>en
Router#conf t
Router(config)#ho SW1
SW1(config)#int f0/0
SW1(config-if)#duplex ?
  auto   Enable AUTO duplex configuration
  full   Force full duplex operation
  half   Force half-duplex operation
```

其实也不需要任何设置，只要在真实计算机中设定IP地址，如图7-6所示。然后设定虚拟计算机的IP是172.18.11.202，它们之间是可以ping通的，如图7-7所示。

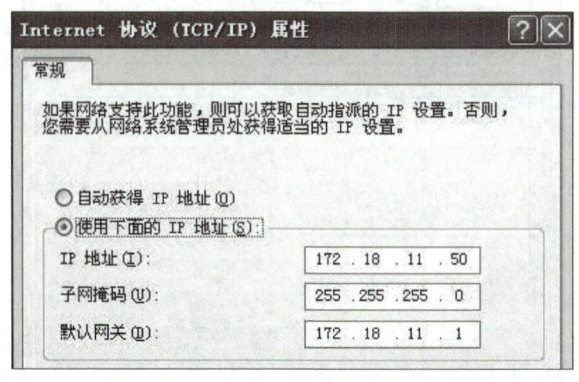

图7-6　设置真实计算机的IP地址

图7-7　虚拟计算机的IP地址和连通

结果总结

真实计算机的网卡模式，一般都默认为Auto（自动）。如果把真实计算机的网卡模式改为10 Mb Half Duplex（见图7-8），那么再用"ping"命令进行测试，系统将显示无法ping通，这说明交换机端口与所连接设备工作模式不匹配了，无法连通。

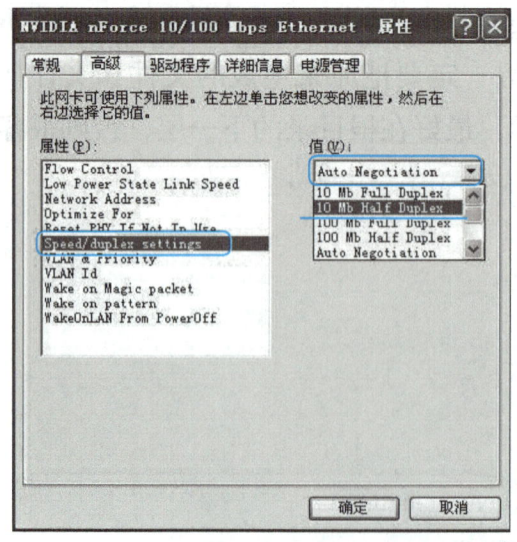

图7-8　改变真实计算机的工作模式

> **警示栏**
>
> **Visa因交换机故障导致数百万交易失败**
>
> 影响评级：★★★★
>
> 时间：2018.6.1
>
> 原因：网络交换机局部故障。
>
> 影响范围：导致欧洲数百万笔交易被拒绝，仅在英国就影响了大约170万名持卡人，在英国发行的卡上进行的交易中约9%未能成功处理，这一事故延续了将近10小时。
>
> 警示：加强网络安全和网络负载均衡的建设。

7.2 实验2——标准IP访问控制列表

访问控制列表（ACL，Access Control List）是一种安全技术，它配置在路由器、三层交换机或防火墙上。简单说就是包过滤。通过设置可以允许（permit）或拒绝（deny）进入（in）或离开（out）路由器的数据包，对网络起到安全保护作用。

ACL包含了一组安全控制和检查的命令，根据设定，指定哪些数据可以通过，哪些数据被拒绝，网管人员通过设置对网络中的数据包过滤，实现访问控制。一般是根据IP地址进行ACL。

实验概述

ACL分为标准IP访问控制列表和扩展访问控制列表。标准访问控制列表比较简单，只对数据包的源地址进行检查，其编号取值范围为1~99或1300~1999。其命令格式，全局配置模式如下：

1. 定义访问控制列表

access-list number {permit|deny} source-add source-wildcard

其中，number是访问控制列表的号，其编号取值范围为1~99或1300~1999。

permit是允许数据包通过，deny是拒绝通过。

source-add是允许或拒绝的源地址，source-wildcard是通配符掩码。

比如，acce-list 10 permit 10.0.0.0 0.0.0.255。

表示允许来自10.0.0.0/24网段的访问。

另外还可以用主机的IP地址来进行精确控制，其通配符为0.0.0.0。

比如，acce-list 10 permit 10.0.0.2 0.0.0.0。

表示允许10.0.0.2这个IP地址访问。

或acce-list 10 permit host 10.0.0.2，也可以表达同一个意思。

允许所有报文通过则用参数any： acce-list 10 permit any。

下面再来看一个例子：

Router（config）#acce-list 10 deny 10.0.0.2 0.0.0.0
Router（config）#acce-list 10 permit any

这两个命令的组合表示除了来自10.0.0.2的访问，其他的都允许。

注意：ACL对每个数据包都以自上向下的顺序进行匹配，如果数据包满足第一个条件，则按规定执行，不满足就检测下一条，以此类推。一旦满足了匹配条件，相应操作就会执行，对数据包的检测也到此为止。因此过滤规则的顺序必须考虑，如上例中，一旦顺序颠倒，则允许所有报文通过，不能拒绝10.0.0.2。

2．定义访问控制列表作用于接口上的方向

接口模式下，某一接口：

ip access-group number {in|out}
! 表示在某一接口上应用标识为number的访问控制列表。in|out表示在入站端口调用还是在出站端口调用

所谓入站端口还是出站端口，是指以路由器为参考点，数据包是进入（in）还是离开（out）这个路由器。

实验规划

本实验拓扑图如图7-9所示。

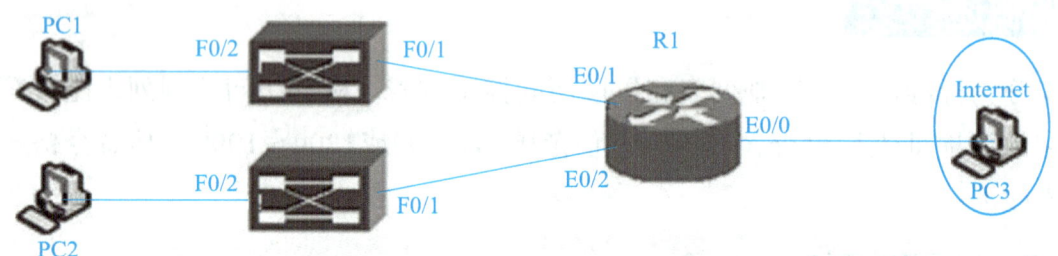

图7-9　标准ACL实验拓扑图

图7-9中假设PC1为教师用机，PC2为学生用机，PC3代表互联网，出于安全考虑，要求教师机可以访问互联网，学生机则无法访问。

拓扑编址：两个SW：没有VLAN，没有IP地址，不用设置

PC1——IP：192.168.0.2/24，网关为R1上E0/1的IP

PC2——IP：192.168.1.2/24，网关为R1上E0/2的IP

PC3——IP：100.0.0.2/24，网关为R1上E0/0的IP

R1：E0/1——IP：192.168.0.1/24

　　　E0/2——IP：192.168.1.1/24

　　　E0/0——IP：100.0.0.1/24

实验步骤

1. 创建连接

Router1 E0/0 <----> VPCS V0/3
Router1 E0/1 <----> Switch1 F0/1
Router1 E0/2 <----> Switch2 F0/1
Switch1 F0/2 <----> VPCS V0/1
Switch2 F0/2 <----> VPCS V0/2

2. 3台虚拟计算机IP配置

VPCS 1 >ip 192.168.0.2 192.168.0.1 24
PC1 : 192.168.0.2 255.255.255.0 gateway 192.168.0.1
VPCS 1 >2
VPCS 2 >ip 192.168.1.2 192.168.1.1 24
PC2 : 192.168.1.2 255.255.255.0 gateway 192.168.1.1
VPCS 2 >3
VPCS 3 >ip 100.0.0.2 100.0.0.1 24
PC3 : 100.0.0.2 255.255.255.0 gateway 100.0.0.1

3. 路由器基本配置

R1(config)#int e0/0
R1(config-if)#ip add 100.0.0.1 255.255.255.0
R1(config-if)#no shut
R1(config-if)#int e0/1
R1(config-if)#ip add 192.168.0.1 255.255.255.0
R1(config-if)#int e0/2
R1(config-if)#ip add 192.168.1.1 255.255.255.0
R1(config-if)#no shut

基本配置完成后PC1和PC2都可以访问到PC3，表示没有设定访问控制列表时，全网互通。

4. 访问控制列表配置

R1(config)#access-list 10 deny 192.168.1.0 0.0.0.255
！在路由器上拒绝192.168.1.0网段访问
R1(config)#access-list 10 permit 192.168.0.0 0.0.0.255
！在路由器上允许192.168.0.0网段访问
R1(config)#int e0/0
R1(config-if)#ip access-group 10 out
！在端口e0/0的出口应用该访问控制列表

结果总结

在设定好标准访问控制列表后，在PC1上还可以ping通PC3，而PC2则不能连通PC3。用“show ace–list 10”命令查看标准访问控制列表的配置情况如下：

```
R1#sh access–list 10
Standard IP access list 10
10 deny   192.168.1.0, wildcard bits 0.0.0.255 (30 matches)
20 permit 192.168.0.0, wildcard bits 0.0.0.255 (10 matches)
```

在路由器上运行“show run”命令，可以查看到端口情况，如图7–10所示。

```
interface Ethernet0/0
 ip address 100.0.0.1 255.255.255.0
 ip access-group 10 out
 half-duplex
!
interface Ethernet0/1
 ip address 192.168.0.1 255.255.255.0
 half-duplex
!
interface Ethernet0/2
 ip address 192.168.1.1 255.255.255.0
 half-duplex
!
interface Ethernet0/3
 no ip address
 shutdown
 half-duplex
!
ip http server
!
!
access-list 10 deny   192.168.1.0 0.0.0.255
access-list 10 permit 192.168.0.0 0.0.0.255
!
```

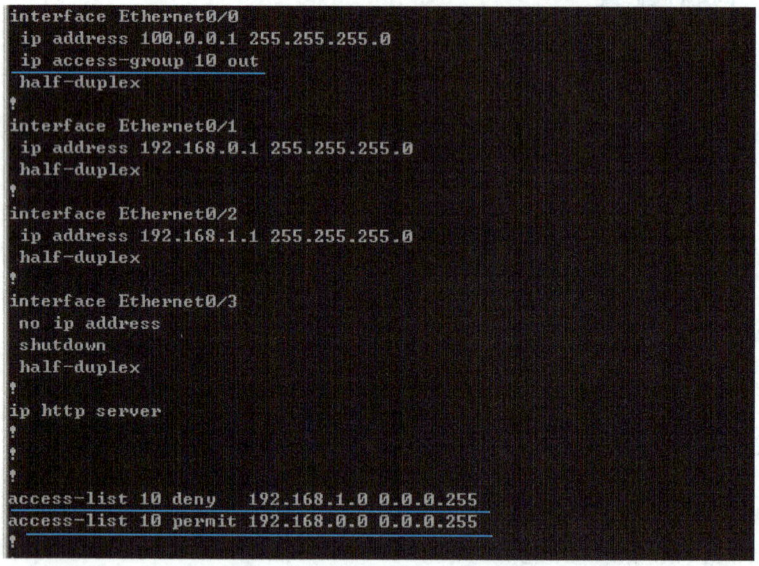

图7–10 查看ACL配置信息

在实际工作中，标准访问控制列表还可以和NAT、PAT等功能配合使用，提供更好的网络服务。

删除访问控制列表的命令是“no access–list number”，number就是那个访问控制列表号。

扩展实验：通过扩展实验，更好地理解入站和出站。

扩展实验1：如图7–11所示，假设PC1为学校办公室的计算机，PC2为学校教师备课用计算机，PC3为学校财务科计算机。出于安全考虑，要求PC1可以访问PC3，而PC2不能访问PC3。自己设计拓扑编址，配置静态路由和标准访问控制列表实现上述要求。

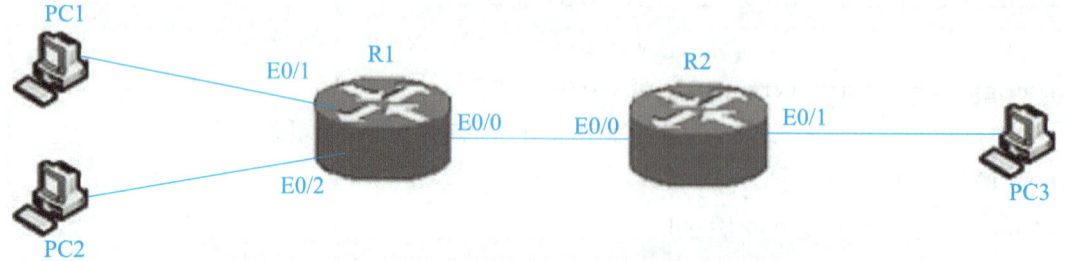

图7–11 标准ACL扩展实验拓扑图

参考步骤：

1）把全网调通。

2）在R2上设置标准控制列表：拒绝PC2或PC2所在网段，允许PC1或PC1所在网段。假设PC2在20.0.0.0/24，PC1在10.0.0.0/24：

> r2(config)#access-list 10 deny 20.0.0.0 0.0.0.255
> r2(config)#access-list 10 permit 10.0.0.0 0.0.0.255

3）在R2的E0/1端口应用出口访问控制列表：

> r2(config-if)#ip access-group 10 out

注意： 这个例子中，也可以在R1的E0/0端口应用入站访问控制列表：

> r2(config-if)#ip access-group 10 in

其效果和在E0/1上应用出站访问控制列表是一样的。

也可以在R1上设置访问控制列表，在R1的E0/0端口应用出站访问。

扩展实验2： 如图7-11所示，假设PC1为学校WWW服务器，PC2为学校FTP服务器，PC3为学生计算机。出于安全考虑，要求PC3可以访问PC1即可以访问WWW服务器，但不能访问PC2，不能访问FTP服务器。自己设计拓扑编址，配置静态路由和标准访问控制列表实现上述要求。

注意： 在R2的E0/1上入站或在E0/0上出站，在R1的E0/0入站，都可以设置访问控制列表。

安全角

停车场收费系统被破坏损失30万元。在某停车场计算机信息系统被破坏案中，广州市某停车场管理员报案称其收费室计算机在夜间会"自动操作"，在无人使用的情况下"自己删除"相关停车收费数据。经取证分析，警方发现该信息系统被恶意装入"远程控制软件"，使得犯罪分子可远程控制收费室计算机，对停车收费资金数据进行删改等操作。经深入侦查，发现此案为该停车场物业管理公司财务经理、收费室管理员以及收费系统运维公司经理互相勾结共同作案。上述3人利用职务之便，在停车场智能收费计算机以及个人手机安装了"远程控制软件"，盗取物业公司资产。据统计，该犯罪团伙共计侵吞停车费约30万元。

警示：企业要建立健全日常工作业务相关信息系统的管理制度，通过登录认证、行为审计等技术措施严格落实对业务系统操作行为的监督管理，依法留存系统相关日志记录，确保相关系统能合法合规使用，真正服务于业务操作。

7.3 实验3——扩展IP访问控制列表

标准访问控制列表只能对源地址进行检查，功能比较单一，远远不能满足网络的需要。扩展访问控制列表功能齐全，大大扩展了访问控制列表的应用范围。扩展访问控制列表除了可以对数据包的源地址进行过滤操作，还可以对数据包的源IP、目的IP、端口、协议等来定义访问控制规则。

实验概述

扩展IP访问控制列表的功能比较强大，可以根据协议或服务进行配置，如果要对网络访问实现精确控制，则必须使用扩展访问控制列表。

标准访问控制列表的编号取值范围为1～99或1300～1999。扩展访问控制列表的编号取值范围是100～199或2000～2699。命令格式如下，全局配置模式如下：

access-list number {deny|permit} protocol [source-add source-wildcard operator port] [des-add des-wildcard operator port]

其中，number是访问控制列表编号，deny表示拒绝，permit表示允许。

protocol表示协议，可以是IP、TCP、UDP、IGMP等。

source-add source-wildcard和des-add des-wildcard表示源地址和目标地址以及它们的通配符掩码。

operator 表示操作符，可以是eq（等于）、neq（不等于）或range（范围）。

port表示应用层端口号，比如WWW为80，FTP为20、21，Telnet为23。

另外还可以用主机的IP地址来进行精确控制，其通配符为0.0.0.0。10.0.0.2 0.0.0.0和host 10.0.0.2的意思一样都是表示IP地址为10.0.0.2的主机。

也可以用any表示所有主机。

例如，acce-list 110 permit tcp any 10.0.0.1 0.0.0.0 eq www

表示允许任何主机的TCP报文到主机10.0.0.1的WWW服务。

如：acce-list 110 deny tcp 100.0.0.0 0.0.0.255 10.0.0.0 0.0.0.255 eq 20

acce-list 110 deny tcp 100.0.0.0 0.0.0.255 10.0.0.0 0.0.0.255 eq 21

两条命令同时使用，表示拒绝100.0.0.0网段的主机访问10.0.0.0网段的任何FTP服务，由于FTP使用两个端口20和21，因此最好同时关闭两个端口。

实验规划

扩展IP访问控制列表一般放在各类应用服务器的前端，对服务器上的各种应用起到安全保护作用，如图7-12所示。

图7-12中表示一个学校的网络状况，一台三层交换机连接各个主机，其中vlan10内都

是教师用机，vlan30内都是学生用机，vlan20内放置学校服务器，现在要求学生机只能访问WWW服务，而不能访问FTP服务。教师机无限制。

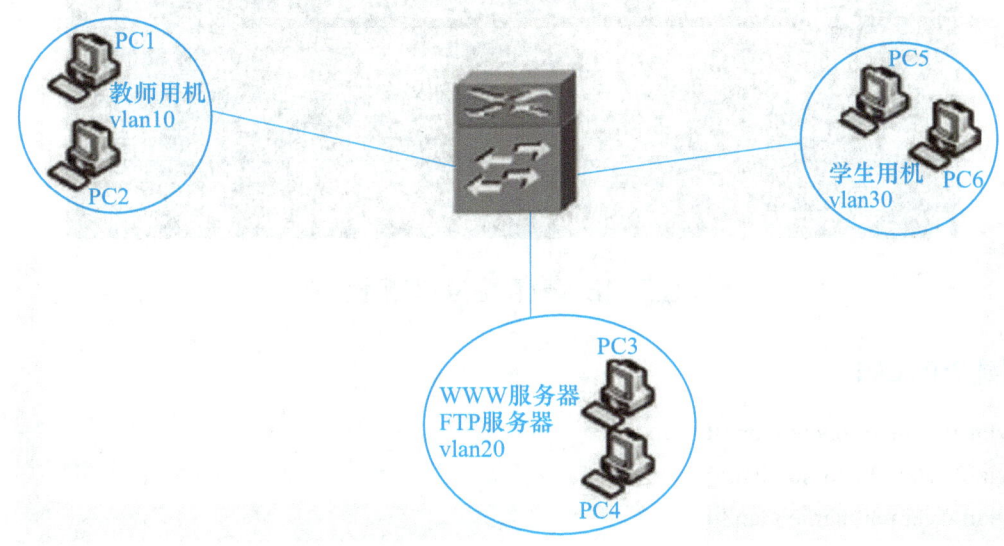

图7-12　扩展ACL实验拓扑图

拓扑编址：SW1：vlan10 IP:10.0.0.1/24

vlan20 IP:20.0.0.1/24

vlan30 IP:30.0.0.1/24

PC1——IP：10.0.0.2/24，网关为vlan10的IP

PC2——IP：10.0.0.3/24，网关为vlan10的IP

PC3——IP：20.0.0.2/24，网关为vlan20的IP

PC4——IP：20.0.0.3/24，网关为vlan20的IP

PC5——IP：30.0.0.2/24，网关为vlan30的IP

PC6——IP：30.0.0.3/24，网关为vlan30的IP

在这个实验中，规定把WWW服务器和FTP服务器放在同一个主机PC3上。如果服务器分别放置在两个主机上，那么用标准访问控制列表也可以做了，就失去了实验的意义。

实验步骤

用Dynamips仿真软件做实验，为了减少交换机数量，把PC直接连到三层交换机上。创建连接如下：

```
Switch1 F0/1 <-----> VPCS V0/1
Switch1 F0/2 <-----> VPCS V0/2
Switch1 F0/3 <-----> VPCS V0/3
Switch1 F0/4 <-----> VPCS V0/4
Switch1 F0/5 <-----> VPCS V0/5
Switch1 F0/6 <-----> VPCS V0/6
```

1. 虚拟PC配置（见图7-13）

```
VPCS 6 >show
NAME   IP/CIDR        GATEWAY     MAC                 LPORT   RPORT
PC1    10.0.0.2/24    10.0.0.1    00:50:79:66:68:00   10001   21001
PC2    10.0.0.3/24    10.0.0.1    00:50:79:66:68:01   10002   21002
PC3    20.0.0.2/24    20.0.0.1    00:50:79:66:68:02   10003   21003
PC4    20.0.0.3/24    20.0.0.1    00:50:79:66:68:03   10004   21004
PC5    30.0.0.2/24    30.0.0.1    00:50:79:66:68:04   10005   21005
PC6    30.0.0.3/24    30.0.0.1    00:50:79:66:68:05   10006   21006
PC7    0.0.0.0/0      0.0.0.0     00:50:79:66:68:06   10007   30006
PC8    0.0.0.0/0      0.0.0.0     00:50:79:66:68:07   10008   30007
PC9    0.0.0.0/0      0.0.0.0     00:50:79:66:68:08   10009   30008
```

图7-13　查看虚拟PC配置

2. 创建3个VLAN

SW1(vlan)#vlan 10 name vlan10
SW1(vlan)#vlan 20 name vlan20
SW1(vlan)#vlan 30 name vlan30
SW1(vlan)#exit

3. 配置VLAN地址

SW1(config)#int vlan 10
SW1(config-if)#ip add 10.0.0.1 255.255.255.0
SW1(config-if)#no shut
SW1(config-if)#int vlan 20
SW1(config-if)#ip add 20.0.0.1 255.255.255.0
SW1(config-if)#no shut
SW1(config-if)#int vlan 30
SW1(config-if)#ip add 30.0.0.1 255.255.255.0
SW1(config-if)#no shut

4. 把端口加入VLAN

SW1(config)#int f0/1
SW1(config-if)#swit acce vlan 10
SW1(config-if)#int f0/2
SW1(config-if)#swit acce vlan 10
SW1(config-if)#int f0/3
SW1(config-if)#swit acce vlan 20
SW1(config-if)#int f0/4
SW1(config-if)#swit acce vlan 20
SW1(config-if)#int f0/5
SW1(config-if)#swit acce vlan 30
SW1(config-if)#int f0/6
SW1(config-if)#swit acce vlan 30
SW1(config-if)#

此时全网互通。

5. 扩展IP访问控制列表

```
SW1(config)#access-list 110 deny tcp 30.0.0.0 0.0.0.255 host 20.0.0.2 eq 20
SW1(config)#access-list 110 deny tcp 30.0.0.0 0.0.0.255 host 20.0.0.2 eq 21
SW1(config)#access-list 110 permit ip any any
```

此处两条命令表示创建110号扩展访问控制列表，拒绝30.0.0.0网段的主机访问20.0.0.2网段的计算机上的FTP服务。

注意最后一条："access-list 110 permit ip any"，any是必须要加的，表示允许其他任何网段访问，如果不加，则系统默认是会在访问控制列表最后加上deny any any，表示拒绝任何访问。

6. 将访问控制列表应用到端口

```
SW1(config)#int vlan 20
SW1(config-if)#ip access-group 110 in
```

因为创建的是vlan20，所以端口应用就是在VLAN上。

注意：此处应将ACL应用在VLAN上，有的交换机只支持in方向的数据流控制。

结果总结

删除扩展访问控制列表命令和删除标准访问控制列表的方式是一样的：

"no access-list number"，number就是那个访问控制列表号。

使用"sho access-list"命令，可以查看扩展访问控制列表的配置情况，如图7-14所示。

```
SW1#sho access-list
Extended IP access list 110
    10 deny tcp 30.0.0.0 0.0.0.255 host 20.0.0.2 eq ftp-data
    20 deny tcp 30.0.0.0 0.0.0.255 host 20.0.0.2 eq ftp
    30 permit ip any any
SW1#
```

图7-14　查看扩展ACL配置

但是需要注意：在虚拟机PC5上用"ping"命令访问PC3仍然是可以ping通的，因为这个访问控制列表并不能拒绝连通，反而因为需要访问WWW服务必须要连通，因此在用Dynamips仿真机做这个实验时配合用虚拟计算机就不能真实地反应扩展访问控制列表的应用了。

那么这个实验中，在一台真实计算机上，利用Dynamips并使用虚拟机应该怎样做更好呢？

首先，利用VMware Workstation创建一台虚拟机，安装Windows Server 2003操作系统，在这台虚拟机上创建WWW服务器和FTP服务器，采用Host-only网络连接方式，虚拟机IP：20.0.0.2/24，网关：20.0.0.1，Host-only虚拟网卡用到的是VMware Network Adapter VMnet1，这个网卡的IP为20.0.0.100/24，网关为20.0.0.1。

用VMware Workstation创建另一台虚拟机，安装Windows XP操作系统，仿真教师用机，采用虚拟机的NAT网络连接方式，虚拟机IP为10.0.0.2/24，网关为10.0.0.1，NAT虚拟网卡用到的是VMware Network Adapter VMnet8，这个网卡的IP为10.0.0.100/24，网关为10.0.0.1。

真实计算机安装Windows XP操作系统，仿真学生用机，IP：30.0.0.2/24，网关：30.0.0.1。

Dynamips创建时选择"桥接到PC"，用"c:\>getmac /V >f:\a.txt"得到桥接参数，分别对应到桥接的计算机。

可用路由器连接这3台计算机进行实验。就可以测试扩展IP访问控制列表能否拒绝访问FTP服务了。

这个实验做起来比较麻烦，需要很细心，需要熟练掌握Dynamips的使用和VMware Workstation的使用，对学生要求比较高。

安全角

未启用杀毒软件和防火墙，服务器被黑客控制。

广州警方接报，广东××教育科技有限公司IP疑似频繁主动发起网络攻击。经查，使用该IP的相关系统未启用杀毒软件和防火墙，导致服务器被黑客控制后发起网络攻击，网络安全系统日志留存时间不足6个月。

警示：企业要树立正确的网络安全观，切实落实网络安全技术措施。一旦发生网络安全事件，将极大破坏正常的经营秩序，导致经营成果损失。因此，切实落实网络安全技术措施能规避安全风险，并非无端增加经营负担。法律法规要求的日志留存等安全保护技术措施是底线红线，不容忽视。

7.4 实验4——命名访问控制列表

实验概述

所谓命名访问控制列表其实是对访问控制列表的命名进行使用。对于标准ACL或扩展ACL都没有本质区别。原本不管是标准访问控制列表还是扩展访问控制列表都是用编号来加以区分。编号就是命令格式中的number。标准访问控制列表的编号取值范围为1～99或1300～1999。扩展访问控制列表的编号取值范围是100～199或2000～2699。

命名ACL不使用编号而使用字符串来对访问控制列表进行命名，命名后路由器进入"访问控制列表"模式，在此模式下可以对访问控制列表进行设置，在网络管理过程中可以随时根据网络变化修改某一条规则，调整用户访问权限。

命名ACL也分标准和扩展两类。

1. 标准命名ACL

语法格式如下：

（1）ip access-list standard name　　　！定义标准命名ACL，standard是标准的意思，name是ACL的名称，不用number号码
（2）deny source-add source-wildcard或者permit source-add source-wildcard
　　　　　　　　　　　　　　　　　　！定义允许或拒绝的源地址和通配符掩码
（3）ip access-group name in|out　　　！接口模式下，定义访问控制列表作用于接口上的方向
（4）show access-list name　　　　　！显示配置的ACL，不加name表示显示全部ACL内容

2. 扩展命名ACL

语法格式如下：

1）ip access-list extended name　　　！extended表示扩展的
2）deny|permit protocol [source-add source-wildcard operator port] [des-add des-wildcard operator port]

deny表示拒绝，permit表示允许。

protocol表示协议，可以是IP、TCP、UDP、IGMP等。

source-add source-wildcard和des-add des-wildcard表示源地址和目标地址以及它们的通配符掩码。

operator 表示操作符可以是eq（等于）、neq（不等于）或range（范围）。

port表示应用层端口号，比如WWW为80，FTP为20、21，Telnet为23。

参数和扩展IP访问控制列表的意义相同。

3）ip access-group name in|out　　　！接口模式下，定义访问控制列表作用于接口上的方向
4）show access-list name　　　　　！显示配置的ACL，不加name表示显示全部的ACL内容
5）no access-list name　　　　　　！删除访问控制列表

实验规划

采用命名ACL会进入一个新的命令行模式，称之为命名ACL模式。

1. 标准命名ACL

SW1(config)#ip access-list standard deny-host　　　！deny-host为名字
SW1(config-std-nacl)#　　　　　　　　　　　　　　！表示进入标准命名ACL

2. 扩展命名ACL

SW2(config)#ip access-list extended permit-host　　　！permit-host为名字
SW2(config-ext-nacl)#　　　　　　　　　　　　　　！表示进入扩展命名ACL

因为命名ACL的命令方式和前面实验2、实验3非常相似，因此仅用标准命名ACL做一个实验，扩展命名ACL请同学们自己设计。另外，也会在后面的实验5中用到扩展命名ACL。标准命名ACL实验拓扑如图7-15所示。

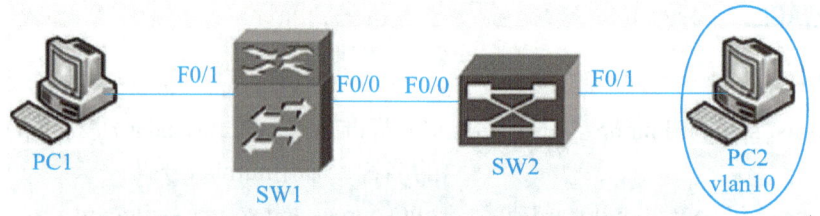

图7-15 标准命名ACL实验拓扑

PC1为学校办公网,连接到一台三层交换机SW1的F0/1端口。PC2为学生用机,放在vlan10内。需要在三层交换机上做标准命名ACL,禁止学生机访问学校办公网。

拓扑编址:SW1:vlan10 IP:192.168.0.1/24

F0/1——IP:172.18.0.1/24

PC1——IP:172.18.0.2/24,网关为SW1上F0/1的IP

PC2——IP:192.168.0.2/24,网关为vlan10的IP

在SW1上需要把F0/1升级为三层接口才能配置IP地址。在SW1和SW2上都要创建VLAN,SW1和SW2之间的链路应为Trunk链路。

实验步骤

1. 创建连接

```
Switch1 F0/0 <----> Switch2 F0/0
Switch1 F0/1 <----> VPCS V0/1
Switch2 F0/1 <----> VPCS V0/2
```

2. PC上的配置

```
VPCS 1 >ip 172.18.0.2 172.18.0.1 24
PC1 : 172.18.0.2 255.255.255.0 gateway 172.18.0.1
VPCS 1 >2
VPCS 2 >ip 192.168.0.2 192.168.0.1 24
PC2 : 192.168.0.2 255.255.255.0 gateway 192.168.0.1
```

3. SW2上的配置

```
SW2#vlan data
SW2(vlan)#vlan 10 name vlan10                    ! 创建vlan10
VLAN 10 added:
    Name: vlan10
SW2(vlan)#exit
APPLY completed.
Exiting....
SW2#conf t
```

```
SW2(config)#int f0/1
SW2(config-if)#swit acce vlan 10                    ！把f0/1加入vlan10
SW2(config-if)#int f0/0
SW2(config-if)#swit mode trunk                      ！设f0/0为Trunk链路
```

4. SW1上的基本配置

```
SW1(config)#int f0/1
SW1(config-if)#no swit                              ！把f0/1升级为三层接口
SW1(config-if)#ip add 172.18.0.1 255.255.255.0      ！为f0/1配置IP地址
SW1(config-if)#no shut
SW1#vlan data
SW1(vlan)#vlan 10 name vlan10                       ！创建vlan10
VLAN 10 added:
    Name: vlan10
SW1(vlan)#exit
APPLY completed.
Exiting....
SW1#conf t
SW1(config)#int vlan 10
SW1(config-if)#ip add 192.168.0.1 255.255.255.0     ！为vlan10配置IP地址
SW1(config-if)#no shut
SW1(config-if)#exit
SW1(config)#int f0/0
SW1(config-if)#swit mode trunk                      ！设f0/0为Trunk链路
```

经过以上配置，PC1和PC2之间可以ping通。

5. 标准命名ACL配置

```
SW1(config)#ip access-list standard deny-host
                                                    ！创建标准命名ACL，命名为deny-host
SW1(config-std-nacl)#deny 192.168.0.0 0.0.0.255
                                                    ！拒绝来自学生机网段的访问
SW1(config-std-nacl)#permit any any                 ！允许其他任意网段访问
SW1(config-std-nacl)#exit
SW1(config)#int vlan 10                             ！进入vlan10
SW1(config-if)#ip access-group deny-host in
                                                    ！在vlan10的入口上应用ACL
```

注意：此处应用ACL时应该应用在VLAN上，有的交换机只支持in方向的数据流控制。

结果总结

在ACL之前，PC2是可以访问PC1的，经过ACL之后就不能访问了，如图7-16所示。

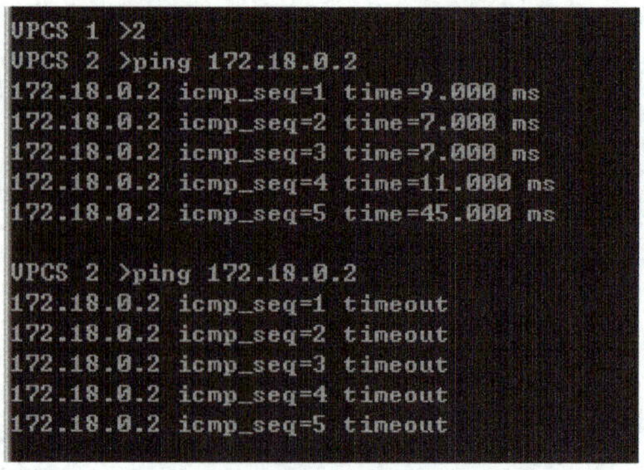

```
UPCS 1 >2
UPCS 2 >ping 172.18.0.2
172.18.0.2 icmp_seq=1 time=9.000 ms
172.18.0.2 icmp_seq=2 time=7.000 ms
172.18.0.2 icmp_seq=3 time=7.000 ms
172.18.0.2 icmp_seq=4 time=11.000 ms
172.18.0.2 icmp_seq=5 time=45.000 ms

UPCS 2 >ping 172.18.0.2
172.18.0.2 icmp_seq=1 timeout
172.18.0.2 icmp_seq=2 timeout
172.18.0.2 icmp_seq=3 timeout
172.18.0.2 icmp_seq=4 timeout
172.18.0.2 icmp_seq=5 timeout
```

图7-16　验证结果

用"show ip access-list"命令查看ACL配置情况：

```
SW1#sh access-list
Standard IP access list deny-host
    10 deny   192.168.0.0, wildcard bits 0.0.0.255 (15 matches)
    20 permit any
```

扩展实验：如图7-15所示，在PC1上搭建了WWW服务器和FTP服务器，要求PC2的学生机只能访问FTP服务，不能访问WWW服务，用扩展命名ACL进行实验。

7.5　实验5——基于时间的IP访问控制列表

实验概述

基于时间的IP访问控制列表是为了实现对网络的访问控制。其实基于时间的控制网络有很多种方法，可以通过软件或操作系统来控制。但是在路由器上进行应该比较方便，而且安全性高。

基于时间的IP访问控制列表是在访问控制中加入时间范围来更合理地控制网络访问。通过基于时间的访问控制列表，可以根据一天中的不同时间，或根据一个星期中的不同日期，或两者的结合，控制数据包的转发，从而实现对网络访问的控制。

1．校正时间

首先必须用"show clock"命令查看当前时钟，再用"clock set"设定。
例如，R1#sh clock

```
*01:59:43.711 UTC Fri Mar 1 2002        ！现在路由器时间是2002年3月1日，其中星期五是自动
                                          生成的，不可随意调整

R1#clock set 12:00:00 1 jul 2010        ！设定时间为2010年，7月1日，12点。设定好后查看
R1#sh clock
12:01:38.435 UTC Thu Jul 1 2010         ！星期四是自动生成的
```

各种月份对应关系：

月份	英文简写	英文全称
一月	Jan.	January
二月	Feb.	February
三月	Mar.	March
四月	Apr.	April
五月	May.	May
六月	Jun.	June
七月	Jul.	July
八月	Aug.	Auguest
九月	Sep.	September
十月	Oct.	October
十一月	Nov.	November
十二月	Dec.	December

2. 定义时间范围

命令格式为：

```
R1(config)#time-range time-range-name                    ！进入时间控制模式
R1(config-time-range)#absolute start begin-time end end-time
R1(config-time-range)#periodic timeweek
```

其中，

time-range-name表示定义时间范围的名称，以便在后面ACL时调用。

absolute可以用来定义时间范围，start后面的begin-time表示开始时间，end后面的end-time表示结束时间。

periodic后面定义一个时间范围：timeweek。它后面的参数有：

monday	星期一
tuesday	星期二
wednesday	星期三
thursday	星期四
friday	星期五
saturday	星期六
sunday	星期日
daily	每天
weekdays	周一至周五

| weekend | 星期六和星期日 |

下面通过几个例子加以说明（重要）：

absolute start 08:00 end 18:00　　　！表示每天从早8点到下午6点
absolute start 08:00 2 jan 2009 end 23:59 31 dec 2010
　　　　　　　　　　　　　　　　　！表示从2009年1月2日上午8点到2010年12月31日23点59分

periodic weekdays 06:00 to 20:00　　！表示工作日的早6点至晚8点
periodic Monday 07:00 to Saturday 19:00
　　　　　　　　　　　　　　　　　！表示从周一至周六的早7点至晚7点

在输入命令时，可以用"?"命令和"<Tab>键补全"命令获得帮助（重要）。例如：

```
R1(config-time-range)#absolute start ?
  hh:mm  Starting time
R1(config-time-range)#absolute start 00:00 ?
  <1-31>  Day of the month
R1(config-time-range)#absolute start 00:00 01 ?
  MONTH  Month of the year [eg: Jan for January, Jun for June]

R1(config-time-range)#absolute start 00:00 01 jan ?
  <1993-2035>  Year
R1(config-time-range)#absolute start 00:00 01 jan 2010
R1(config-time-range)#absolute start 00:00 01 jan 2010 end 23:59 ?
  <1-31>  Day of the month
```

3．定义ACL

ACL的使用方式和前面讲的没有区别，主要是在命令最后要增加按时间要求的命令："time-range time-range-name"，就是前面定义过的时间范围。例如：

```
R1(config)#ip access-list extended deny-host
                              ！定义扩展命名访问控制列表名称为deny-host
R1(config-ext-nacl)#permit tcp 10.1.1.0 0.0.0.255 192.168.0.0 0.0.0.255 time-range host
                              ！前面定义过一个名称为host的时间范围
```

4．将访问控制列表应用到端口

和前面介绍的ACL一样，不再重复。

实验规划

基于时间的ACL一般放在各类服务器的前端，为各类服务器起到安全保护作用，如图7-17所示。

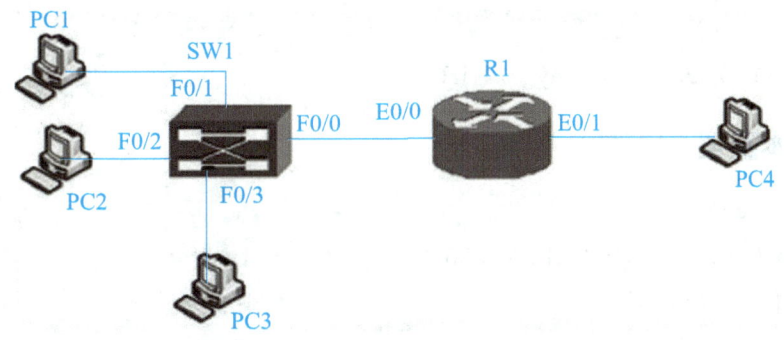

图7-17 基于时间ACL实验拓扑图

在图7-17中PC1代表WWW服务器，PC2代表FTP服务器，PC3为普通PC，和PC1、PC2同网段，PC4代表学生用机。

现要求PC4在2010年1月1日0点～2010年12月31日晚24点这一年中，只能在周一至周五的上午8点至晚8点允许访问WWW服务器PC1，只能在周一～周六上午9点～晚7点访问FTP服务器。

拓扑编址：SW1：没有VLAN，没有IP地址，不用设置

PC1——IP：192.168.0.2/24，网关为R1上E0/0的IP

PC2——IP：192.168.0.3/24，网关为R1上E0/0的IP

PC3——IP：192.168.0.4/24，网关为R1上E0/0的IP

PC4——IP：10.1.1.2/24，网关为R1上E0/1的IP

R1：E0/0——IP：192.168.0.1/24

　　E0/1——IP：10.1.1.1/24

实验步骤

1．创建连接

```
Router1 E0/1 <-----> VPCS V0/4
Router1 E0/0 <-----> Switch1 F0/0
Switch1 F0/1 <-----> VPCS V0/1
Switch1 F0/2 <-----> VPCS V0/2
Switch1 F0/3 <-----> VPCS V0/3
```

2．VPC基本配置

```
VPCS 1 >ip 192.168.0.2 192.168.0.1 24
PC1 : 192.168.0.2 255.255.255.0 gateway 192.168.0.1
VPCS 2 >ip 192.168.0.3 192.168.0.1 24
PC2 : 192.168.0.3 255.255.255.0 gateway 192.168.0.1
VPCS 3 >ip 192.168.0.4 192.168.0.1 24
PC3 : 192.168.0.4 255.255.255.0 gateway 192.168.0.1
```

VPCS 4 >ip 10.1.1.2 10.1.1.1 24

PC4 : 10.1.1.2 255.255.255.0 gateway 10.1.1.1

3. 路由器基本配置

Router(config)#int e0/0
Router(config-if)#ip add 192.168.0.1 255.255.255.0
Router(config-if)#no shut
Router(config-if)#int e0/1
Router(config-if)#ip add 10.1.1.1 255.255.255.0
Router(config-if)#no shut
Router(config-if)#

4. 定义各个时间段

R1(config)#time-range host　　　　　　　！定义时间范围名称为host
R1(config-time-range)#absolute start 00:00 01 jan 2010 end 23:59 31 dec 2010
　　　　　　　　　　　　　！2010年1月1日0点至2010年12月31日23点59
R1(config-time-range)#exit
R1(config)#time-range www　　　　　　　！定义时间范围名称为WWW
R1(config-time-range)#periodic weekdays 08:00 to 20:00
　　　　　　　　　　　　　！时间周期为工作日早8点~晚8点
R1(config-time-range)#exit
R1(config)#time-range ftp　　　　　　　！定义时间范围名称为ftp
R1(config-time-range)#periodic monday 09:00 to saturday 19:00
　　　　　　　　　　　　　！时间周期为每周一~周六，早9点~晚7点
R1(config-time-range)#exit

5. 定义访问控制列表

R1(config)#ip access-list extended deny-host
　　　　　！定义扩展命名访问控制列表名称为deny-host
R1(config-ext-nacl)#permit tcp 10.1.1.0 0.0.0.255　192.168.0.0 0.0.0.255 time-range host
　　　　　！允许在host时间范围10.1.1.0网段访问192.168.0.0网段
R1(config-ext-nacl)#permit tcp 10.1.1.0 0.0.0.255 host 192.168.0.2 eq 80 time-range www
　　　　　！允许在www时间范围，10.1.1.0网段访问主机192.168.0.2的WWW服务
R1(config-ext-nacl)#permit tcp 10.1.1.0 0.0.0.255 host 192.168.0.3 eq 20 time-range ftp
R1(config-ext-nacl)#permit tcp 10.1.1.0 0.0.0.255 host 192.168.0.3 eq 21 time-range ftp
　　　　　！以上两条命令表示允许在ftp时间范围，10.1.1.0网段访问主机192.168.0.3的FTP服务
R1(config-ext-nacl)#deny tcp 10.1.1.0 0.0.0.255 host 192.168.0.2 eq 80
R1(config-ext-nacl)#deny tcp 10.1.1.0 0.0.0.255 host 192.168.0.2 eq 20
R1(config-ext-nacl)#deny tcp 10.1.1.0 0.0.0.255 host 192.168.0.2 eq 21
　　　　　！以上三条命令表示拒绝其他时间的访问
R1(config-ext-nacl)#exit

6. 将访问控制列表应用到端口

R1(config)#int e0/0
R1(config-if)#ip access-group deny-host in

需要强调的是：访问控制列表中的顺序是很重要的。不能写反，否则会失去控制意义。

结果总结

用"sh time-range"命令查看时间范围定义情况，如图7-18所示。

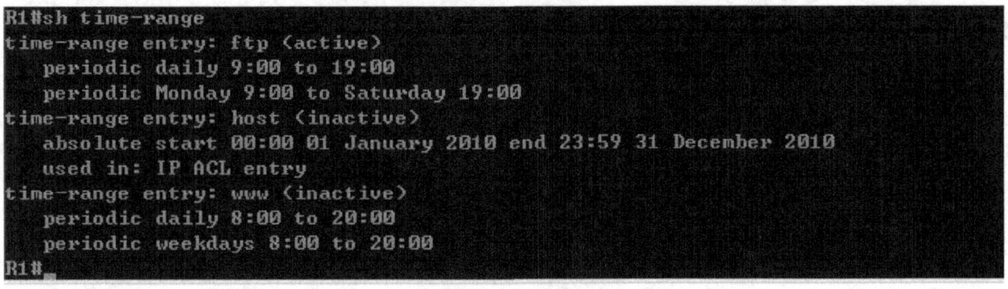

```
R1#sh time-range
time-range entry: ftp (active)
   periodic daily 9:00 to 19:00
   periodic Monday 9:00 to Saturday 19:00
time-range entry: host (inactive)
   absolute start 00:00 01 January 2010 end 23:59 31 December 2010
   used in: IP ACL entry
time-range entry: www (inactive)
   periodic daily 8:00 to 20:00
   periodic weekdays 8:00 to 20:00
R1#
```

图7-18 查看时间范围定义情况

还可以用"show access-list"命名来查看访问控制列表的具体信息。

本单元命令总结见表7-1。

表7-1 本单元命令汇总

命　　令	作　　用
duplex auto/full/half	配置交换机端口工作属性
swit port-security	打开交换机的端口安全功能
swit port-security maximum value	设置交换机接口最大连接数
swit port-security mac-address macadd	端口MAC地址绑定
swit port-security ip-address ipadd	端口IP地址绑定
show mac-address-table	显示MAC地址表
show access-list	查看IP访问控制列表
access-list	定义访问控制列表
ip access-group	在接口上应用ACL
no access-list	删除ACL
ip access-list standard	定义标准命名ACL
deny/permit	定义拒绝或允许的源地址和通配符掩码
ip access-list extended	定义扩展命名ACL
clock set	设置路由器时间
show clock	查看路由器时间
time-range	进入时间控制模式
absolute start begin-time end end-time	定义时间列表
periodic time week	定义时间列表

课后习题

一、填空题

1）限制交换机端口的最大连接数，就是限制交换机某端口所能连接的_____。

2）ACL的全称是_____。

3）ACL主要分为_____、_____、_____、_____四种。

4）查看IP访问控制列表的命令是_____。

5）删除ACL的命令是_____。

二、简答题

什么是ACL？

单元 8
交换机与路由器综合实验

✍ **学习目标**

✍ **知识目标**
➤ 全面掌握交换机与路由器的各种配置命令,完成全部综合实验。

✍ **能力目标**
➤ 全面提升网络实验能力,能在完成本书实验的基础上,通过改变连接方式、设置访问控制等创新各种网络实验和网络配置。

✍ **素质目标**
➤ 全面提升各种综合素质,包括实践能力、创新能力、合作能力、沟通能力、管理能力等,通过认真完成各项综合实验,提高细致、耐心解决问题的能力;养成敢于面对困难的决心和勇气。

本单元将会以综合实验的形式对以前学过的内容进行复习和扩展。本单元的实验都是从真实施工部署的实验出发,来做讲解。

当你拿到一个工程,首先是规划,然后是在虚拟机上做实验,测试拓扑规划的可实施性。具体规划步骤一般如下:

1)连接到设备,更改设备名称。这样方便进行规划和标记。
2)划分VLAN并把端口加入VLAN。
3)配置端口IP和VLAN的IP。
4)配置路由:静态路由或动态路由。
5)配置生成树、链路聚合、协议封装、VRRP、防火墙、端口安全等。
6)全面测试。

配置思路大致上是从二层到三层,从简单到复杂。先从简单入手,每做一步就测试一步,避免后期发现问题不容易排除。

1. 涉及的网络设备

1)路由器(Route),路由器基于三层,主要功能是路由寻址,另外还可以隔离广播域。

2)二层交换机(Switch),二层交换机基于二层,主要功能是连接局域网,还可以隔离冲突域。

3）三层交换机（Switch），三层交换机基于二层和三层，它是实现部分路由器功能的交换机，相当于路由器＋二层交换机。

2．涉及的知识点

1）静态路由。

2）动态路由。

3）VLAN划分。

4）VLAN间路由。

5）链路聚合。

6）NAT动态静态地址转换。

7）访问控制列表。

实验开始前的准备工作很重要，首先绘制出各个设备的拓扑连接图，并标明各个接口和PC，然后在旁边配上各个设备的IP地址，以便实验时对照检查。

如果有时间，还可以把各个设备上的关键步骤写出，以便理清自己的思路。

8.1 综合实验1

实验概述

下面来看一个例子，如图8-1所示。

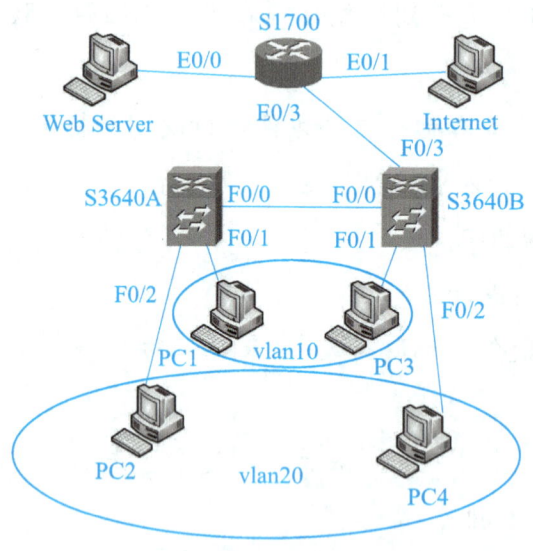

图8-1　综合实验1的拓扑图

实验需求

某公司采用两台三层交换机和一台路由器作为核心，使用VLAN划分公司部门，一台路由器负责PAT。其中PC1和PC3属于vlan10，PC2和PC4属于vlan20。

1）在S3640 A和S3640 B上创建VLAN，将PC1和PC3加入vlan10，将PC2和PC4加入vlan20，并配置两台交换机之间的Trunk链路。

2）在S3640 A和S3640 B上为VLAN配置IP地址。

3）在交换机S3640 B上实现vlan10和vlan20的通信。

4）在S3640 B的F0/3上升级三层接口，并配置IP和静态路由。在S1700上配置静态路由，实现内网互通。

5）在S1700上配置PAT，使内网能够访问Internet。

6）在S1700上配置ACL，使Internet不能访问内网，但可以访问Web Server。

拓扑编址

PC1：172.18.10.1/24，网关是vlan10的IP地址：172.18.10.100/24

PC3：172.18.10.2/24，网关是vlan10的IP地址：172.18.10.100/24

PC2：172.18.20.1/24，网关是vlan20的IP地址：172.18.20.100/24

PC4：172.18.20.2/24，网关是vlan20的IP地址：172.18.20.100/24

vlan10：172.18.10.100/24

vlan20：172.18.20.100/24

Web Server：172.2.2.2/24，网关是S1700上E0/0的IP地址：172.2.2.1/24

Internet：202.1.1.2/24，网关是S1700上E0/1的IP地址：202.1.1.1/24

S1700 E0/0：172.2.2.1/24

S1700 E0/1：202.1.1.1/24，这个IP地址就是PAT时申请到的公网IP

S3640B F0/3：172.1.1.1/24

S1700 E0/3：172.1.1.2/24

实验步骤

在使用Dynamips实验时，Router1作为S1700，Switch1作为S3640A，Switch2作为S3640B，Web Server用VPC6表示，Internet用VPC7表示。

1. 创建连接

```
Router1 E0/0 <----> VPCS V0/6
Router1 E0/1 <----> VPCS V0/7
Router1 E0/3 <----> Switch2 F0/3
Switch1 F0/0 <----> Switch2 F0/0
Switch1 F0/1 <----> VPCS V0/1
Switch1 F0/2 <----> VPCS V0/2
Switch2 F0/1 <----> VPCS V0/3
Switch2 F0/2 <----> VPCS V0/4
```

2. 配置虚拟PC的IP地址

VPCS 1 >ip 172.18.10.1 172.18.10.100 24
PC1：172.18.10.1 255.255.255.0 gateway 172.18.10.100
VPCS 3 >ip 172.18.10.2 172.18.10.100 24
PC3：172.18.10.2 255.255.255.0 gateway 172.18.10.100
VPCS 2 >ip 172.18.20.1 172.18.20.100 24
PC2：172.18.20.1 255.255.255.0 gateway 172.18.20.100
VPCS 4 >ip 172.18.20.2 172.18.20.100 24
PC4：172.18.20.2 255.255.255.0 gateway 172.18.20.100
VPCS 6 >ip 172.2.2.2 172.2.2.1 24
PC6：172.2.2.2 255.255.255.0 gateway 172.2.2.1
VPCS 7 >ip 202.1.1.2 202.1.1.1 24
PC7：202.1.1.2 255.255.255.0 gateway 202.1.1.1

3. 配置S3640A

（1）更改设备名称

Router(config)#hostname S3640A

（2）创建VLAN

S3640A#vlan database
S3640A(vlan)#vlan 10 name 10
S3640A(vlan)#vlan 20 name 20
S3640A(vlan)#exit

（3）把端口加入VLAN

S3640A(config)#interface f0/1
S3640A(config-if)#switchport access vlan 10
S3640A(config-if)#exit
S3640A(config)#interface f0/2
S3640A(config-if)#switchport access vlan 20
S3640A(config-if)#exit

（4）配置Trunk链路

S3640A(config)#interface f0/0
S3640A(config-if)#switchport mode trunk
S3640A(config-if)#exit

配置验证，Show run：

!
interface FastEthernet0/0
 switchport mode trunk
interface FastEthernet0/1
 switchport access vlan 10

```
interface FastEthernet0/2
  switchport access vlan 20
!
```

4. 配置S3640B

（1）更改设备名称

```
Router(config)#hostname S3640B
```

（2）创建VLAN

```
S3640B#vlan database
S3640B(vlan)#vlan 10 name 10
S3640B(vlan)#vlan 20 name 20
S3640B(vlan)#exit
```

（3）把端口加入VLAN

```
S3640B(config)#interface f0/1
S3640B(config-if)#switchport access vlan 10
S3640B(config-if)#exit
S3640B(config)#interface f0/2
S3640B(config-if)#switchport access vlan 20
S3640B(config-if)#end
```

（4）配置Trunk链路

```
S3640B(config)#interface f0/0
S3640B(config-if)#switchport mode trunk
S3640B(config-if)#exit
```

配置验证，Show run：

```
!
interface FastEthernet0/0
  switchport mode trunk
interface FastEthernet0/1
  switchport access vlan 10
interface FastEthernet0/2
  switchport access vlan 20
!
```

（5）配置VLAN的IP，实现VLAN间路由

```
S3640B(config)#interface vlan 10
S3640B(config-if)#ip address 172.18.10.100 255.255.255.0
S3640B(config-if)#no shutdown
S3640B(config-if)#exit
S3640B(config)#interface vlan 20
S3640B(config-if)#ip address 172.18.20.100 255.255.255.0
```

S3640B(config-if)#no shutdown
S3640B(config-if)#exit

配置验证，Show run：

!
interface Vlan10
　ip address 172.18.10.100 255.255.255.0
interface Vlan20
　ip address 172.18.20.100 255.255.255.0
!

此时PC1、PC2、PC3、PC4互相都可以ping通。

（6）配置F0/3为三层接口

S3640B(config)#interface f0/3
S3640B(config-if)#no switchport
S3640B(config-if)#ip address 172.1.1.1 255.255.255.0
S3640B(config-if)#no shutdown
S3640B(config-if)#end

（7）配置静态路由

S3640B(config)#ip route 172.2.2.0 255.255.255.0 f0/3

（8）配置默认路由以便实现PAT（第7条命令可以省略）

S3640B(config)#ip route 0.0.0.0 0.0.0.0 f0/3

5．配置S1700

（1）更改设备名称

Router(config)#hostname S1700

（2）设置端口IP

S1700(config)#interface e0/0
S1700(config-if)#ip address 172.2.2.1 255.255.255.0
S1700(config-if)#no shutdown
S1700(config-if)#exit
S1700(config)#interface e0/1
S1700(config-if)#ip address 202.1.1.1 255.255.255.0
S1700(config-if)#no shutdown
S1700(config-if)#exit
S1700(config)#interface e0/3
S1700(config-if)#ip address 172.1.1.2 255.255.255.0
S1700(config-if)#no shutdown
S1700(config-if)#end

配置验证，Show run：

interface Ethernet0/0
　ip address 172.2.2.1 255.255.255.0

```
    half-duplex
interface Ethernet0/1
 ip address 202.1.1.1 255.255.255.0
    half-duplex
interface Ethernet0/2
 no ip address
 shutdown
    half-duplex
interface Ethernet0/3
 ip address 172.1.1.2 255.255.255.0
    half-duplex
!
```

（3）配置静态路由

S1700(config)#ip route 172.18.10.0 255.255.255.0 e0/3
S1700(config)#ip route 172.18.20.0 255.255.255.0 e0/3

配置验证，Show IP route

Gateway of last resort is not set

```
     172.1.0.0/24 is subnetted, 1 subnets
C      172.1.1.0 is directly connected, Ethernet0/3
     172.2.0.0/24 is subnetted, 1 subnets
C      172.2.2.0 is directly connected, Ethernet0/0
     172.18.0.0/24 is subnetted, 2 subnets
S      172.18.20.0 is directly connected, Ethernet0/3
S      172.18.10.0 is directly connected, Ethernet0/3
C    202.1.1.0/24 is directly connected, Ethernet0/1
```

（4）在S1700上配置PAT

S1700(config)#interface e0/1
S1700(config-if)#ip nat outside
S1700(config-if)#exit
S1700(config)#interface e0/3
S1700(config-if)#ip nat inside
S1700(config-if)#exit
S1700(config)#interface e0/0
S1700(config-if)#ip nat inside
S1700(config-if)#exit

S1700(config)#access-list 1 permit 172.18.10.0 0.0.0.255
S1700(config)#ip nat inside source list 1 interface e0/1 overload

```
S1700(config)#access-list 2 permit 172.18.20.0 0.0.0.255
S1700(config)#ip nat inside source list 2 interface e0/1 overload
S1700(config)#access-list 3 permit 172.2.2.0 0.0.0.255
S1700(config)#ip nat inside source list 3 interface e0/1 overload
S1700(config)#ip route 0.0.0.0 0.0.0.0 e0/1
```

（5）在S1700上配置ACL，使Internet不能访问内网，但可以访问Web Server

```
S1700(config)# acce-list 110 deny tcp any 172.2.2.2 0.0.0.255 eq www
S1700(config)#access-list 110 permit tcp 172.18.10.0 0.0.0.255 any
S1700(config)#access-list 110 permit tcp 172.18.20.0 0.0.0.255 any
```

（6）将访问控制列表应用到端口

```
S1700(config)#interface e0/0
S1700(config-if)# ip access-group 110 in
```

8.2 综合实验2

拓扑图如图8-2所示。

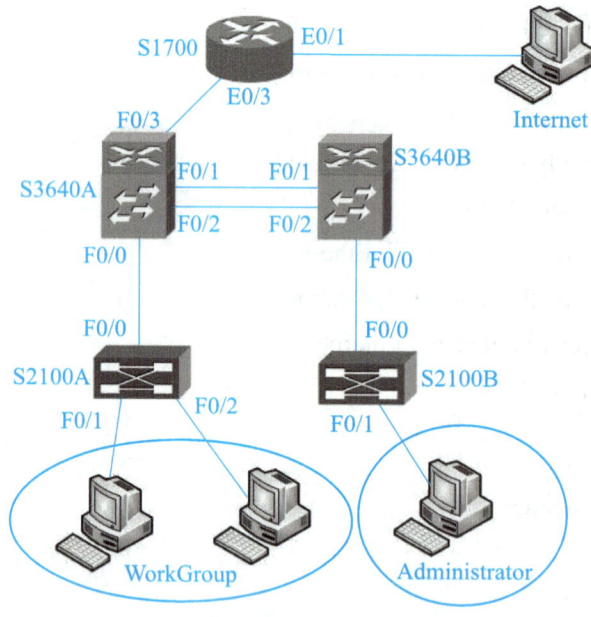

图8-2　综合实验2的拓扑图

实验概述

该实验是很典型的中小型企业网络搭建实例。两台S3640核心交换机相连，每台交换机分别对应一台二层交换机，向下划分成若干个组。路由器S1700连接S3640A，配置PAT。

实验需求

1）在S2100A与S2100B上划分VLAN，并把PC加入到相应的VLAN中。

2）在S3640A与S3640B上划分VLAN，并设置VLAN的IP，实现VLAN间路由。

3）在S3640A与S3640B上使用链路聚合以提高网络传输效率和冗余性。

4）使用RIP动态路由使得全网互通。

5）在S1700上使用PAT技术，使Administrator可以通过转换访问Internet。

拓扑编址

Internet：202.102.224.1/24，网关是S1700的E0/1：202.102.224.2/24

WorkGroup PC1：172.18.1.1/24，网关是vlan10的IP：172.18.1.100/24

WorkGroup PC2：172.18.1.2/24，网关是vlan10的IP：172.18.1.100/24

Administrator PC：172.18.2.1/24，网关是vlan20的IP：172.18.2.100/24

S1700 E0/1：202.102.224.2/24

S1700 E0/3：172.18.3.1/24

S3640A F0/3：172.18.3.2/24

vlan10（WorkGroup）：172.18.1.100/24

vlan20（Administrator）：172.18.2.100/24

实验步骤

在使用Dynamips实验时，Router1当作S1700，Switch1当作S3640A，Switch2当作S3640B，Switch3当作S2100A，Switch4当作S2100B。

Internet用VPC1表示，WorkGroup的PC1用VPC3表示，WorkGroup的PC2用VPC4表示，Administrator用VPC5表示。

1. 创建连接

```
Router1 E0/1 <----> VPCS V0/1
Router1 E0/3 <----> Switch1 F0/3
Switch1 F0/1 <----> Switch2 F0/1
Switch1 F0/2 <----> Switch2 F0/2
Switch1 F0/0 <----> Switch3 F0/0
Switch2 F0/0 <----> Switch4 F0/0
Switch3 F0/1 <----> VPCS V0/3
Switch3 F0/2 <----> VPCS V0/4
Switch4 F0/1 <----> VPCS V0/5
```

2. 配置虚拟PC的IP地址

VPCS 1 >ip 202.102.224.1 202.102.224.2 24

PC1：202.102.224.1 255.255.255.0 gateway 202.102.224.2
VPCS 3 >ip 172.18.1.1 172.18.1.100 24
PC3：172.18.1.1 255.255.255.0 gateway 172.18.1.100
VPCS 4 >ip 172.18.1.2 172.18.1.100 24
PC4：172.18.1.2 255.255.255.0 gateway 172.18.1.100
VPCS 5 >ip 172.18.2.1 172.18.2.100 24
PC5：172.18.2.1 255.255.255.0 gateway 172.18.2.100

3. 配置S2100A

（1）更改设备名称

Router(config)#hostname S2100A

（2）创建VLAN

S2100A#vlan database
S2100A(vlan)#vlan 10 name WorkGroup
S2100A(vlan)#exit

（3）把端口加入VLAN

S2100A(config)#interface f0/1
S2100A(config-if)#switchport access vlan 10
S2100A(config-if)#int f0/2
S2100A(config-if)#swit acce vlan 10
S2100A(config-if)#exit

（4）配置Trunk链路

S2100A#configure terminal
S2100A(config)#interface f0/0
S2100A(config-if)#swit mode trunk
S2100A(config-if)#exit

配置验证，Show run：

!
interface FastEthernet0/0
  switchport mode trunk
interface FastEthernet0/1
  switchport access vlan 10
interface FastEthernet0/2
  switchport access vlan 10
!

4. 配置S2100B

（1）更改设备名称

Router(config)#hostname S2100B

（2）创建VLAN

S2100B#vlan database

S2100B(vlan)#vlan 20 name Administrator
S2100B(vlan)#exit

（3）把端口加入VLAN

S2100B(config)#interface f0/1
S2100B(config-if)#switchport access vlan 20
S2100B(config-if)#exit

（4）配置Trunk链路

S2100B(config)#interface f0/0
S2100B(config-if)#swit mode trunk
S2100B(config-if)#exit

配置验证，Show run：

!
interface FastEthernet0/0
　switchport mode trunk
interface FastEthernet0/1
　switchport access vlan 20
!

5．配置S3640A

（1）更改设备名称

Router(config)#hostname S3640A

（2）创建VLAN

S3640A#vlan database
S3640A(vlan)#vlan 10 name WorkGroup
S3640A(vlan)#vlan 20 name Administrator
S3640A(vlan)#exit

（3）配置Trunk链路

S3640A(config)#int f0/0
S3640A(config-if)#swit mode trunk
S3640A(config)#int f0/1
S3640A(config-if)#swit mode trunk
S3640A(config)#int f0/2
S3640A(config-if)#swit mode trunk
S3640A(config-if)#exit

（4）配置VLAN的IP地址

S3640A(config)#interface vlan 10
S3640A(config-if)#ip address 172.18.1.100 255.255.255.0
S3640A(config-if)#no shutdown
S3640A(config-if)#exit
S3640A(config)#interface vlan 20
S3640A(config-if)#ip address 172.18.2.100 255.255.255.0

S3640A(config-if)#no shutdown
S3640A(config-if)#end

（5）配置F0/3为三层接口

S3640A(config)#interface f0/3
S3640A(config-if)#no switchport
S3640A(config-if)#ip address 172.18.3.2 255.255.255.0
S3640A(config-if)#no shutdown
S3640A(config-if)#end

配置验证，Show run：

```
!
interface FastEthernet0/0
  switchport mode trunk
interface FastEthernet0/1
  switchport mode trunk
interface FastEthernet0/2
  switchport mode trunk
interface FastEthernet0/3
  no switchport
  ip address 172.18.3.2 255.255.255.0
interface vlan10
  ip address 172.18.1.100 255.255.255.0
interface vlan20
  ip address 172.18.2.100 255.255.255.0
!
```

6. 配置S3640B

（1）更改设备名称

Router(config)#hostname S3640B

（2）配置Trunk链路

S3640B(config)#int f0/0
S3640B(config-if)#swit mode trunk
S3640B(config-if)#int f0/1
S3640B(config-if)#swit mode trunk
S3640B(config-if)#int f0/2
S3640B(config-if)#swit mode trunk
S3640B(config-if)#exit

配置验证，Show run：

```
!
interface FastEthernet0/0
  switchport mode trunk
interface FastEthernet0/1
```

```
  switchport mode trunk
interface FastEthernet0/2
  switchport mode trunk
!
```

7. 配置S1700

（1）更改设备名称

```
Router(config)#hostname S1700
```

（2）设置接口IP

```
S1700(config)#interface e0/1
S1700(config-if)#ip address 202.102.224.2 255.255.255.0
S1700(config-if)#no shutdown
S1700(config-if)#exit
S1700(config)#interface e0/3
S1700(config-if)#ip address 172.18.3.1 255.255.255.0
S1700(config-if)#no shutdown
S1700(config-if)#end
```

配置验证，Show run：

```
!
interface Ethernet0/1
  ip address 202.102.224.2 255.255.255.0
  half-duplex
interface Ethernet0/2
  no ip address
  shutdown
  half-duplex
interface Ethernet0/3
  ip address 172.18.3.1 255.255.255.0
  half-duplex
S1700#sh ip route
        172.18.0.0/24 is subnetted, 1 subnets
C         172.18.3.0 is directly connected, Ethernet0/3
C       202.102.224.0/24 is directly connected, Ethernet0/1
```

此时，PC3、PC4、PC5之间是可以ping通的：

```
VPCS 3 >ping 172.18.2.1
172.18.2.1 icmp_seq=1 time=13.000 ms
172.18.2.1 icmp_seq=2 time=13.000 ms
172.18.2.1 icmp_seq=3 time=10.000 ms
172.18.2.1 icmp_seq=4 time=10.000 ms
172.18.2.1 icmp_seq=5 time=9.000 ms
```

但和PC1不能ping通，因为交换机上和路由器上的路由现在都是直连路由。

```
S3640A#sho ip route
        172.18.0.0/24 is subnetted, 3 subnets
C       172.18.2.0 is directly connected, vlan20
C       172.18.3.0 is directly connected, FastEthernet0/3
C       172.18.1.0 is directly connected, vlan10
```

8. 配置链路聚合

```
S3640A(config)#int range f0/1 - 2
S3640A(config-if-range)#channel-group 1 mode on
S3640A(config-if-range)#exit
S3640B(config)#interface range f0/1 - /2
S3640B(config-if-range)#channel-group 1 mode on
S3640B(config-if-range)#exit
```

9. 配置动态路由

```
S3640A(config)#ip routing
S3640A(config)#router rip
S3640A(config-router)#network 0.0.0.0
S3640A(config-router)#version 2
S3640A(config-router)#end

S1700(config)#ip routing
S1700(config)#router rip
S1700(config-router)#network 0.0.0.0
S1700(config-router)#version 2
S1700(config-router)#end

S3640A#sh ip route
        172.18.0.0/24 is subnetted, 3 subnets
C       172.18.2.0 is directly connected, vlan20
C       172.18.3.0 is directly connected, FastEthernet0/3
C       172.18.1.0 is directly connected, vlan10
R       202.102.224.0/24 [120/1] via 172.18.3.1, 00:00:04, FastEthernet0/3

S1700#sh ip route
        172.18.0.0/24 is subnetted, 3 subnets
R       172.18.2.0 [120/1] via 172.18.3.2, 00:00:10, Ethernet0/3
C       172.18.3.0 is directly connected, Ethernet0/3
R       172.18.1.0 [120/1] via 172.18.3.2, 00:00:10, Ethernet0/3
C       202.102.224.0/24 is directly connected, Ethernet0/1
```

全网互通，PC之间都可以ping通。

10. 配置PAT

```
S1700(config)#int e0/3
S1700(config-if)#ip nat inside
```

```
S1700(config-if)#int e0/1
S1700(config-if)#ip nat outside
S1700(config)#access-list 10 permit 172.18.2.0 0.0.0.255
S1700(config)#ip nat inside source list 10 interface e0/1 overload

S1700<config>#ip route 0.0.0.0 0.0.0.0 e0/1
```

实验2对物理硬件要求比较高。它用的虚拟设备比较多，用了5个虚拟设备，这对计算机的计算能力提出了很高的要求。一般计算机的CPU占用率可能会超过100%，使计算机暂时有假死现象。因此在做实验2时应该把其他各种软件都关闭，减少CPU和内存的占用。

8.3 综合实验3

实验概述

图8-3是模拟某学校网络拓扑结构。在该学校网络接入层采用二层交换机SW2，接入层交换机划分了办公网vlan20和学生网vlan30。vlan20和vlan30通过汇聚层交换机（三层交换机）SW1与路由器R1相连，另SW1上有一个vlan40，存放一台网管机PC2。

路由器R1与R2通过路由协议获取路由信息后，办公网（vlan20）可以访问R2路由器后的WebServer（PC1）。为了防止学生网（vlan30）内的主机访问重要的Web服务，R2路由器采用了访问控制列表的技术作为控制手段。

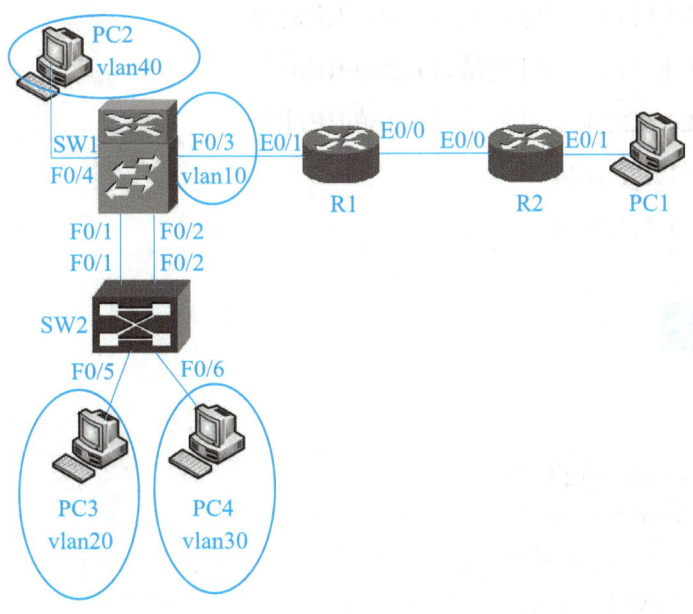

图8-3 综合实验3的拓扑图

实验需求

1）配置全网4台设备，使4台设备均能远程管理（交换机要配置vlan1），为了安全起见，特权密码不能明文显示（4台设备都要密文密码）。

2）SW1与SW2两台设备创建相应的VLAN，SW2的vlan20包含3～5及10端口，vlan30包含6～9及15端口。SW1的vlan40的接口为F0/4，vlan10的接口为F0/3。

3）SW1与SW2两台设备F0/1与F0/2接口作为Trunk端口，建立Trunk链路。

4）SW1与SW2两台设备运行802.3ad（聚合端口）。

5）在SW1上做相应配置，使得VLAN间可以互相访问，所有地址配置正确。

6）运用OSPF路由协议配置全网路由。

7）在路由器R2做配置，禁止学生网对Web服务进行访问。

拓扑编址

R1：E0/0——192.168.1.1/30
　　E0/1——10.1.1.1/24
R2：E0/0——192.168.1.2/30
　　E0/1——172.16.1.1/24
SW1：vlan10——10.1.1.2/24
　　　vlan20——192.168.20.1/24
　　　vlan30——192.168.30.1/24
　　　vlan40——192.168.40.1/24
WebServer（PC1）——172.16.1.18/24，网关是R2上的E0/1
PC2——192.168.40.2/24，网关是vlan40的IP地址
PC3——192.168.20.2/24，网关是vlan20的IP地址
PC4——192.168.30.2/24，网关是vlan30的IP地址
SW1的vlan1——1.1.1.1/24
SW2的vlan1——1.1.1.2/24

实验步骤

1. 创建连接

Router1 E0/0 <-----> Router2 E0/0
Router2 E0/1 <-----> VPCS V0/1
Router1 E0/1 <-----> Switch1 F0/3
Switch1 F0/4 <-----> VPCS V0/2
Switch1 F0/1 <-----> Switch2 F0/1

Switch1 F0/2 <-----> Switch2 F0/2
Switch2 F0/5 <-----> VPCS V0/3
Switch2 F0/6 <-----> VPCS V0/4

2. 配置虚拟PC的IP地址

VPCS 1 >ip 172.16.1.18 172.16.1.1 24
PC1：172.16.1.18 255.255.255.0 gateway 172.16.1.1
VPCS 2 >ip 192.168.40.2 192.168.40.1 24
PC2：192.168.40.2 255.255.255.0 gateway 192.168.40.1
VPCS 3 >ip 192.168.20.2 192.168.20.1 24
PC3：192.168.20.2 255.255.255.0 gateway 192.168.20.1
VPCS 4 >ip 192.168.30.2 192.168.30.1 24
PC4：192.168.30.2 255.255.255.0 gateway 192.168.30.1

3. 配置SW2

（1）更改设备名称

Router(config)#ho sw2

（2）配置密文密码和VTY密码

sw2(config)#enable secret switch2

实现远程登录管理交换机，必须配置VTY密码和特权模式密码！

sw2(config)#line vty 0 4
sw2(config-line)#password switch
sw2(config-line)#login
sw2(config-line)#exit

配置验证，Show run：

!
enable secret 5 $1$3CJ2$wMcjuWA.fRRmbvzkZLeHE1（密文）
!
line vty 0 4
 password switch（明文）
 login
!

（3）创建VLAN

sw2#vlan data
sw2(vlan)#vlan 20 name teacher
VLAN 20 added:
    Name: teacher
sw2(vlan)#vlan 30 name student
VLAN 30 added:
    Name: student
sw2(vlan)#exit

（4）把端口加入VLAN

sw2(config)#int range f0/3－5，f0/10
sw2(config-if-range)#swit acce vlan 20
sw2(config-if-range)#exit
sw2(config)#int range f0/6－9，f0/15
sw2(config-if-range)#swit acce vlan 30
sw2(config-if-range)#exit

（5）配置Trunk链路，并配置端口聚合

sw2(config)#int range f0/1－2
sw2(config-if-range)#swit mode trunk
sw2(config-if-range)#channel-group 1 mode on
sw2(config-if-range)#exit

配置验证，Show run：

interface Port-channel1
　switchport mode trunk
interface FastEthernet0/0
interface FastEthernet0/1
　switchport mode trunk
　channel-group 1 mode on
interface FastEthernet0/2
　switchport mode trunk
　channel-group 1 mode on
!

（6）配置vlan1，以便实现远程登录

sw2(config)#int vlan 1
sw2(config-if)#ip add 1.1.1.2 255.255.255.0
sw2(config-if)#no shut

配置验证，Show run：

interface vlan1
　ip address 1.1.1.2 255.255.255.0
!

4．配置SW1

（1）更改设备名称

Router(config)#ho SW1

（2）配置密文密码和VTY密码

SW1(config)#enable secret switch1
SW1(config)#line vty 0 4
SW1(config-line)#password switch
SW1(config-line)#login
SW1(config-line)#exit

（3）创建VLAN

SW1#vlan data
SW1(vlan)#vlan 10 name jiekou
VLAN 10 added:
　　Name: jiekou
SW1(vlan)#vlan 20 name teacher
VLAN 20 added:
　　Name: teacher
SW1(vlan)#vlan 30 name student
VLAN 30 added:
　　Name: student
SW1(vlan)#vlan 40 name admin
VLAN 40 added:
　　Name: admin
SW1(vlan)#exit

（4）把端口加入VLAN

SW1(config)#int f0/3
SW1(config-if)#swit acce vlan 10
SW1(config-if)#exit
SW1(config)#int f0/4
SW1(config-if)#swit acce vlan 40
SW1(config-if)#exit

（5）配置Trunk链路，并配置端口聚合

sw2(config)#int range f0/1-2
sw2(config-if-range)#swit mode trunk
sw2(config-if-range)#channel-group 1 mode on
sw2(config-if-range)#exit

（6）配置vlan1，以便实现远程登录

SW1(config)#int vlan 1
SW1(config-if)#ip add 1.1.1.1 255.255.255.0
SW1(config-if)#no shut
SW1(config-if)#exit

（7）配置vlan10、20、30、40的IP地址

SW1(config)#int vlan 10
SW1(config-if)#ip add 10.1.1.2 255.255.255.0
SW1(config-if)#no shut

SW1(config-if)#int vlan 20
SW1(config-if)#ip add 192.168.20.1 255.255.255.0
SW1(config-if)#no shut

SW1(config-if)#int vlan 30

SW1(config-if)#ip add 192.168.30.1 255.255.255.0
SW1(config-if)#no shut

SW1(config-if)#int vlan 40
SW1(config-if)#ip add 192.168.40.1 255.255.255.0
SW1(config-if)#no shut

（8）配置动态路由

SW1(config)#ip routing
SW1(config)#router ospf 1
SW1(config-router)#network 1.1.1.0 0.0.0.255 area 0
SW1(config-router)#network 10.1.1.0 0.0.0.255 area 0
SW1(config-router)#network 192.168.20.0 0.0.0.255 area 0
SW1(config-router)#network 192.168.30.0 0.0.0.255 area 0
SW1(config-router)#network 192.168.40.0 0.0.0.255 area 0
SW1(config-router)#exit

配置验证，Show run：

!
router ospf 1
 log-adjacency-changes
 network 1.1.1.0 0.0.0.255 area 0
 network 10.1.1.0 0.0.0.255 area 0
 network 192.168.20.0 0.0.0.255 area 0
 network 192.168.30.0 0.0.0.255 area 0
 network 192.168.40.0 0.0.0.255 area 0
!

5. 配置R1

（1）更改设备名称

Router(config)#ho R1

（2）配置密文密码和VTY密码

R1(config)#enable secret r1
R1(config)#line vty 0 4
R1(config-line)#password router
R1(config-line)#login

（3）配置接口IP

R1(config)#int e0/0
R1(config-if)#ip add 192.168.1.1 255.255.255.252
R1(config-if)#no shut
R1(config-if)#int e0/1
R1(config-if)#ip add 10.1.1.1 255.255.255.0
R1(config-if)#no shut

（4）配置动态路由

R1(config)#ip routing
R1(config)#router ospf 1
R1(config-router)#network 10.1.1.0 0.0.0.255 area 0
R1(config-router)#network 192.168.1.0 0.0.0.3 area 0

6. 配置R2

（1）更改设备名称

Router(config)#ho R2

（2）配置密文密码和VTY密码

R2(config)#enable secret r2
R2(config)#line vty 0 4
R2(config-line)#password router
R2(config-line)#login
R2(config-line)#exit

（3）配置接口IP

R2(config)#int e0/0
R2(config-if)#ip add 192.168.1.2 255.255.255.252
R2(config-if)#no shut
R2(config-if)#int e0/1
R2(config-if)#ip add 172.16.1.1 255.255.255.0
R2(config-if)#no shut
R2(config-if)#exit

（4）配置动态路由

R2(config)#ip routing
R2(config)#router ospf 1
R2(config-router)#network 172.16.1.0 0.0.0.255 area 0
R2(config-router)#network 192.168.1.0 0.0.0.3 area 0
R2(config-router)#exit

此时，全网互通，各个PC之间都可以ping通。

配置验证，Show run：

R2#sh ip route

结果如图8-4所示。

```
Gateway of last resort is not set

     1.0.0.0/24 is subnetted, 1 subnets
O       1.1.1.0 [110/21] via 192.168.1.1, 00:02:08, Ethernet0/0
O    192.168.30.0/24 [110/21] via 192.168.1.1, 00:02:08, Ethernet0/0
O    192.168.40.0/24 [110/21] via 192.168.1.1, 00:02:08, Ethernet0/0
     172.16.0.0/24 is subnetted, 1 subnets
C       172.16.1.0 is directly connected, Ethernet0/1
O    192.168.20.0/24 [110/21] via 192.168.1.1, 00:02:08, Ethernet0/0
     10.0.0.0/24 is subnetted, 1 subnets
O       10.1.1.0 [110/20] via 192.168.1.1, 00:02:08, Ethernet0/0
     192.168.1.0/30 is subnetted, 1 subnets
C       192.168.1.0 is directly connected, Ethernet0/0
R2#
```

图8-4　查看路由信息

（5）配置ACL

R2(config)# access-list 110 deny tcp 192.168.30.0 0.0.0.255 172.16.1.18 0.0.0.255 eq www
R2(config)#access-list 110 permit ip any any
R2(config)#int e0/0
R2(config-if)#ip access-group 110 in

此时，虽然还是可以ping通PC1但却不能访问它的WWW服务了。

8.4 综合实验4

实验概述

1）图8-5为某企业网络的拓扑图，汇聚和核心层使用了一台三层交换机SW3。SW3使用具有三层特性的物理端口与R1相连。

2）网络边缘采用一台路由器R1，用于连接到外部网络，R1与Internet（PC4）相连，SW3同时和一台内部服务器PC3相连。

3）采用VLAN划分各个部门，以实现方便管理。

4）提高网络的吞吐量及冗余性，SW1与SW3之间使用两条链路相连。

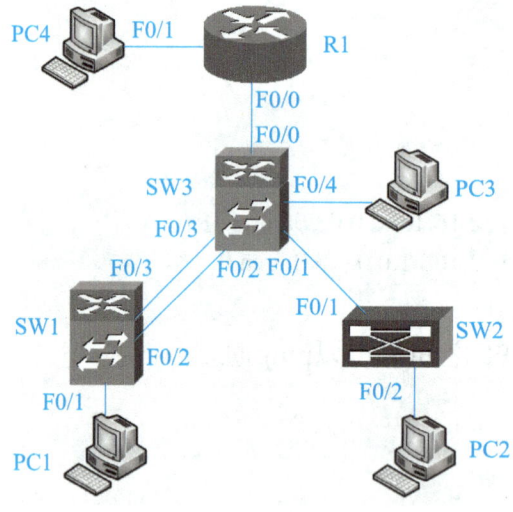

图8-5　综合实验4的拓扑图

实验需求

1）在SW1和SW2上划分vlan10和vlan20。

2）把PC1加入vlan10，PC2加入vlan20。

3）在SW1与SW3上使用链路聚合。

4）在SW3上开启三层路由功能，对VLAN、端口配置IP地址，使全网互通。

5）在R1上配置PAT，使vlan10能够通过转换访问PC4。

拓扑编址

```
PC1         IP：172.1.1.1/24      GATEWAY：172.1.1.10
PC2         IP：172.2.2.2/24      GATEWAY：172.2.2.20
PC3         IP：172.3.3.3/24      GATEWAY：172.3.3.30
PC4         IP：202.1.1.1/24      GATEWAY：202.1.1.10

vlan10      IP：172.1.1.10/24
vlan20      IP：172.2.2.20/24

SW3  F0/4   IP：172.3.3.30/24
     F0/0   IP：172.4.4.1/24
R1   F0/0   IP：172.4.4.2/24
     F0/1   IP：202.1.1.10/24
```

实验步骤

1. 创建连接

```
Router1 E0/1 <----> VPCS V0/4
Router1 E0/0 <----> Switch3 F0/0
Switch3 F0/4 <----> VPCS V0/3
Switch3 F0/3 <----> Switch1 F0/3
Switch3 F0/2 <----> Switch1 F0/2
Switch1 F0/1 <----> VPCS V0/1
Switch2 F0/2 <----> VPCS V0/2
Switch3 F0/1 <----> Switch2 F0/1
```

2. 配置虚拟PC的IP地址

VPCS 1 >ip 172.1.1.1 172.1.1.10 24
PC1：172.1.1.1 255.255.255.0 gateway 172.1.1.10
VPCS 2 >ip 172.2.2.2 172.2.2.20 24
PC2：172.2.2.2 255.255.255.0 gateway 172.2.2.20
VPCS 3 >ip 172.3.3.3 172.3.3.30 24
PC3：172.3.3.3 255.255.255.0 gateway 172.3.3.30
VPCS 4 >ip 202.1.1.1 202.1.1.10 24
PC4：202.1.1.1 255.255.255.0 gateway 202.1.1.10

3. 配置过程

（1）实验开始时，首先用"hostname"命令给各个交换机、路由器改名

（2）在SW1和SW2、SW3上划分VLAN，在SW2、SW3上设置对应的Trunk链路

SW1:
SW1#vlan data
SW1(vlan)#vlan 10
VLAN 10 added:
    Name: VLAN0010
SW2:
SW2#vlan data
SW2(vlan)#vlan 20
VLAN 20 added:
Name: VLAN0020

SW2(config)#int f0/1
SW2(config-if)#swit mode trunk
SW3:
SW3#vlan data
SW3(vlan)#vlan 10
VLAN 10 added:
    Name: VLAN0010
SW3(vlan)#vlan 20
VLAN 20 added:
    Name: VLAN0020

SW3(config)#int f0/1
SW3(config-if)#swit mode trunk

（3）把PC1端口加入vlan10，PC2端口加入vlan20

SW1:
SW1(config)#int f0/1
SW1(config-if)#swit acce vlan 10
SW2:
SW2(config)#int f0/2
SW2(config-if)#swit acce vlan 20

（4）在SW1与SW3上使用链路聚合

SW1:
SW1(config)#int range f0/2 , f0/3
SW1(config-if-range)#channel-group 1 mode on
Creating a port-channel interface Port-channel1
SW1(config)#int port-channel 1
SW1(config-if)#swit mode trunk
SW3:
SW3(config)#int range f0/2 , f0/3
SW3(config-if-range)#channel-group 1 mode on
Creating a port-channel interface Port-channel1
SW3(config)#int port-channel 1
SW3(config-if)#swit mode trunk

（5）在SW3上开启三层路由功能，对VLAN、端口配置IP地址

SW3：
SW3(config)#int vlan 10
SW3(config-if)#ip add 172.1.1.10 255.255.255.0
SW3(config-if)#no shut

SW3(config)#int vlan 20
SW3(config-if)#ip add 172.2.2.20 255.255.255.0
SW3(config-if)#no shut

SW3(config)#int f0/4
SW3(config-if)#no sw
SW3(config-if)#ip add 172.3.3.30 255.255.255.0
SW3(config-if)#no shut

SW3(config)#int f0/0
SW3(config-if)#no sw
SW3(config-if)#ip add 172.4.4.1 255.255.255.0
SW3(config-if)#no shut
SW3#show ip route

Gateway of last resort is not set

   172.1.0.0/24 is subnetted, 1 subnets
C   172.1.1.0 is directly connected, vlan10
   172.2.0.0/24 is subnetted, 1 subnets
C   172.2.2.0 is directly connected, vlan20
   172.3.0.0/24 is subnetted, 1 subnets
C   172.3.3.0 is directly connected, FastEthernet0/4
   172.4.0.0/24 is subnetted, 1 subnets
C   172.4.4.0 is directly connected, FastEthernet0/0

（6）在R1上配置基本IP

R1：
R1(config)#int e0/0
R1(config-if)#ip add 172.4.4.2 255.255.255.0
R1(config-if)#no shut

R1(config)#int e0/1
R1(config-if)#ip add 202.1.1.10 255.255.255.0
R1(config-if)#no shut

（7）配置动态路由，使得全网互通

简化配置，使用RIP动态路由：

SW3：
SW3(config)#ip routing
SW3(config)#router rip
SW3(config-router)#network 0.0.0.0
SW3(config-router)#version 2
SW3(config-router)#end
R1：
R1(config)#ip routing
R1(config)#router rip
R1(config-router)#network 0.0.0.0
R1(config-router)#version 2
R1(config-router)#end

自此，全网互通，PC之间可以ping通。

Show结果：

SW3#show ip route

结果如图8-6所示。

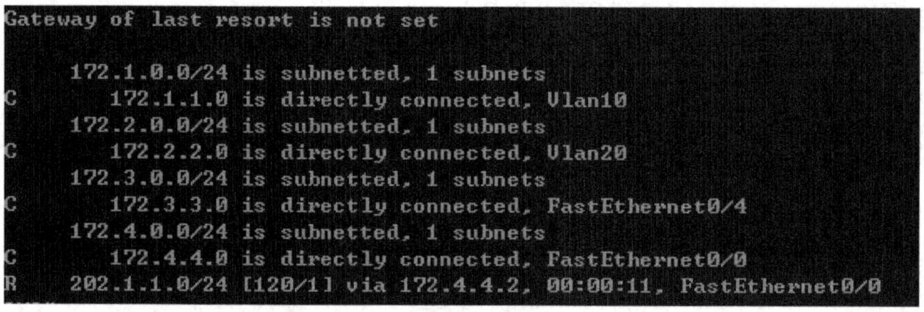

```
Gateway of last resort is not set

     172.1.0.0/24 is subnetted, 1 subnets
C       172.1.1.0 is directly connected, Vlan10
     172.2.0.0/24 is subnetted, 1 subnets
C       172.2.2.0 is directly connected, Vlan20
     172.3.0.0/24 is subnetted, 1 subnets
C       172.3.3.0 is directly connected, FastEthernet0/4
     172.4.0.0/24 is subnetted, 1 subnets
C       172.4.4.0 is directly connected, FastEthernet0/0
R    202.1.1.0/24 [120/1] via 172.4.4.2, 00:00:11, FastEthernet0/0
```

图8-6　查看路由信息

（8）在R1上配置PAT，使vlan10能够通过转换访问PC4

R1(config)#int e0/0
R1(config-if)#ip nat inside
R1(config-if)#int e0/1
R1(config-if)#ip nat outside

R1(config)#access-list 10 permit 172.1.1.0 0.0.0.255
R1(config)#ip nat inside source list 10 int E0/0 overload
R1(config)#ip route 0.0.0.0 0.0.0.0 e0/1

安全角

　　近年来，为进一步治理网络乱象、净化网络环境，国家互联网信息办公室开展"清朗"系列专项行动，公安部等部门开展"净网"专项行动，国家版权局开展"剑网"专项行动，最高人民法院、最高人民检察院、工业和信息化部、文化部、国家市场监督管理总局等多部门共同参与。一系列专项行动持续开展，全面覆盖网络传播渠道和平台，集中清理网上各类违法和不良信息，集中力量、重拳惩治各类网络诈骗、流量造假、黑公关、算法滥用、未成年人不良网络环境、网络盗版侵权、"暗网"新型犯罪等人民群众反映强烈的突出问题。与此同时，各地各部门坚持多维度、多层面、常态化治理，将专项行动成果转化为管网、治网长效机制，建立健全网络综合治理体系，推动工作规范化、制度化、程序化，护航网络健康有序发展，打好网络治理"持久战"。

2020年12月，中共中央印发的《法治社会建设实施纲要（2020—2025年）》将"依法治理网络空间"作为法治社会建设的重要内容，从"完善网络法律制度、培育良好的网络法治意识、保障公民依法安全用网"三个方面，全面推进网络空间法治化。

单元9
交换机与路由器配置命令总结

学习目标

- **知识目标**
  - 总结和回顾各种配置命令。

- **能力目标**
  - 养成善于分析和总结的习惯。

- **素质目标**
  - 提升网络配置综合素质。

9.1 各种模式

各种模式关系图如图9-1所示；各种模式见表9-1。

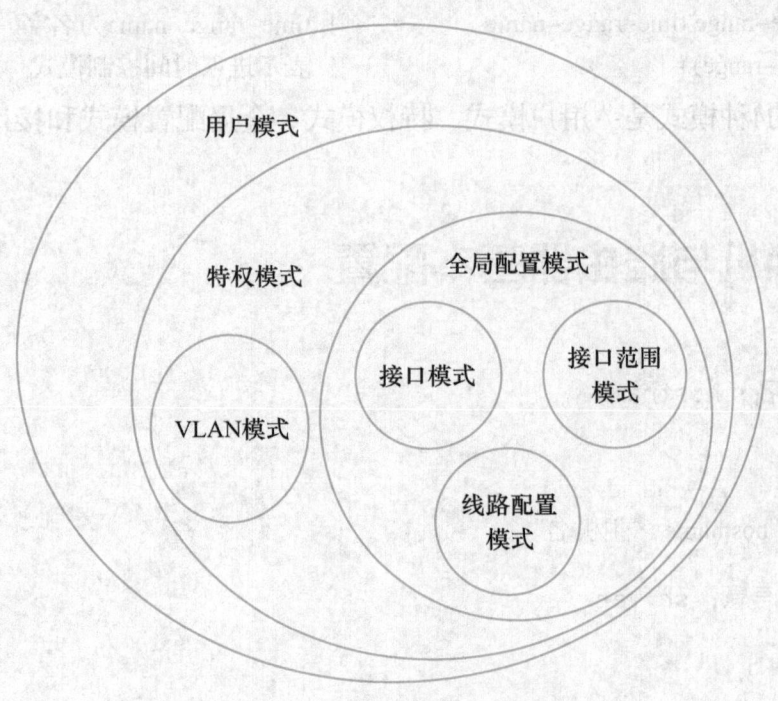

图9-1 各种模式关系图

表9-1 各种模式

模　式	命令提示符	进入前的模式	进入时命令
用户模式	Switch>	开机初始化	不需要
特权模式	Switch#	用户模式	en
全局配置模式	Switch(config)#	特权模式	conf t
接口模式	Switch(config-if)#	全局配置模式	int F0/0或 int vlan 100
VLAN模式	Switch(vlan)#	特权模式	vlan data
接口范围模式	Switch(config-if-range)#	全局配置模式	int F0/5～15
线路配置模式	Switch(config-line)#	全局配置模式	line console 0
路由配置模式	SW3(config-router)#	全局配置模式	router rip或 router ospf 1

另外还有一些模式：

1. 标准命名ACL

SW1(config)#ip access-list standard deny-host　　! deny-host为名字
SW1(config-std-nacl)#　　　　　　　　　　　　　　! 表示进入标准命名ACL

2. 扩展命名ACL

SW2(config)#ip access-list extended permit-host　　! permit-host为名字
SW2(config-ext-nacl)#　　　　　　　　　　　　　　! 表示进入扩展命名ACL

3. 时间控制模式

R1(config)#time-range time-range-name　　! time-range-name为名字
R1(config-time-range)#　　　　　　　　　　! 表示进入时间控制模式

其中最基本的4种模式是：用户模式、特权模式、全局配置模式和接口模式。

9.2 交换机与路由器基本配置

1. 配置主机名：hostname

Switch> en
Switch# conf t
Switch(config)# hostname "主机名"

2. 显示版本信息：sh ver

Switch# sh ver

3. 显示配置信息：sh run

Switch# sh run

4. 保存配置：write 或 copy run star

Swtich# wr
Swtich# copy run star

5. 显示已保存的信息：sh star

Switch# sh star

6. 删除已保存的配置信息：erase nvram或delete nvram:startup-config

Switch# erase nvram
Switch# delete nvram:startup-config

7. 配置密码

（1）配置Console口密码（开机密码）

Switch(config)#line console 0
Switch(config-line)#password switch　　　　　！表示密码为：swtich
Switch(config-line)#login
删除密码：no login

（2）配置特权模式密码（Enable密码）

Switch(config)#enable password switch1　　　　！表示设置明文密码为switch1
删除密码：No enable password

Switch(config)#enable secret switch2　　　　　！表示设置密文密码为switch2
删除密码：no enable secret

（3）配置远程登录密码（Telnet密码或称VTY密码）

远程访问时必须配置VTY密码和特权模式密码

Switch（config）#line vty 0 4
Switch(config-line)#password switch　　　　　！表示密码为：swtich
Switch(config-line)#login
删除密码：no login

8. 加密明文密码：Ser pass

Switch(config-line)# ser pass

9.3 交换机及VLAN的配置

1. VLAN基本命令

（1）创建VLAN

Switch#vlan database
Switch（vlan）#VLAN 编号name 名称
　　　　　　　　！编号用数字，但不能是1，名称可以用字符和数字

（2）删除VLAN

Switch（vlan）# no vlan 编号

（3）把接口加入VLAN

Switch（config）#int 接口
Switch（config-if）#switchport accesss vlan 编号

（4）把多个接口加入VLAN

Switch（config）#int range 接口范围
Router(config-if-range)# switchport accesss vlan 编号

（5）把某个接口恢复原状（从VLAN中删除）

Switch（config）#default interface 某个具体接口

（6）显示VLAN配置情况

Switch# show vlan-sw

（7）多交换机之间VLAN（设定接口为Trunk链路）

Switch（config）#interface 接口
Switch(config-if)#switchport mode trunk   ！设定Trunk链路

（8）显示Trunk配置情况

Switch# show inter trunk

2. 三层交换机接口之间的转换

interface 接口   ！进入某接口
no switchport   ！把三层交换机的某接口升级为三层接口
switchport   ！把三层接口降级为二层接口

3. 配置VLAN IP地址

Int vlan 1（进入某个具体VLAN）
Ip address x.x.x.x（IP地址）x.x.x.x（子网掩码）
No shut

Int vlan 1
No ip address x.x.x.x（IP地址）x.x.x.x（子网掩码）   ！删除IP

4. VLAN间路由

ip routing   ！启用交换机的路由功能（交换机不同，要求不同）

Int vlan 编号1（如vlan10）
Ip address x.x.x.x（IP地址）x.x.x.x（子网掩码）
Int vlan 编号2（如vlan20）
Ip address x.x.x.x（IP地址）x.x.x.x（子网掩码）

5. 链路聚合

（1）思科的某些产品（两台交换机配置相同）

SW1(config)#int range f0/1 - 2
                                  ！进入接口范围模式，捆绑F0/1，F0/2
SW1(config-if-range)#channel-group 1 mode on
                                  ！设置聚合通道组号为1，并开启

在接口模式下用"no channel-group"命令删除某一个聚合端口成员。

```
SW1(config)#int f0/1
SW1(config-if)#no channel-group        ！表示把F0/1端口从聚合中删除
```

（2）锐捷公司产品（两台交换机配置相同）

```
SW1#（config）#int aggregateport 1     ！创建聚合端口1（非必须步骤）
SW1#（config）#swit mode trunk         ！将该端口配置为Trunk链路（非必须步骤）
SW1#（config）#int range F0/1 – 2
SW1#（config-if-range）#port-group 1
SW1#（config-if-range）#no shut
```

锐捷公司产品可以用show aggregateport 1 summary来查看。

在接口模式下用"no port-group"命令删除某一个聚合端口成员。

6．交换机端口安全

（1）端口工作方式

```
Duplex auto/full/half
```

auto，表示端口的工作模式为自动协商模式，即交换机端口根据所连设备的速率来自动确定其工作速率。

full，表示强制进入全双工模式。

half，表示强制进入半双工模式。

（2）端口最大连接数

```
Swit port-security maximum Value        ！Value是最大连接数量
```

（3）MAC（或IP）地址绑定

```
Swit port-security mac-address macadd
或swit port-security ip-address ipadd
```

其中macadd和ipadd，指的是具体的MAC地址和IP地址。

例如，Switch（config）#int f0/0

```
Switch（config-if）#swit port-security        ！开启端口安全功能
Switch（config-if）#swit port-security mac-address 0025.11A3.5030
                                              ！将mac地址00-25-11-A3-50-30绑定到f0/0端口
```

9.4　路由器的配置

1．配置接口IP地址

```
Int E0/0                                      ！进入某具体接口
Ip address x.x.x.x（接口地址）x.x.x.x（子网掩码）
No shut                                       ！开启端口
No ip address                                 ！删除该接口IP地址
show ip inter                                 ！查看路由器各个端口的情况
```

2. 配置VLAN IP地址

```
Int vlan 1                                    ！进入某个具体VLAN
Ip address x.x.x.x（IP地址）x.x.x.x（子网掩码）
No shut


Int vlan 1
No ip address x.x.x.x x.x.x.x                 ！删除IP地址
```

3. 路由表的配置（静态路由）

```
Ip route 目的网络号  子网掩码  本地接口/下一跳IP地址
No ip route 目的网络号  子网掩码  本地接口/下一跳IP地址
                                              ！删除某静态路由
Show ip route                                 ！显示路由表，查看路由信息
Show IP inter brief                           ！显示各个接口情况
sh int 某一具体接口（E0/0等）                 ！显示某一具体接口
```

配置默认路由。

```
IP route 目标网段（包括子网掩码）本地端口/下一跳IP地址
                       ！其中目标网段固定为：0.0.0.0，子网掩码固定为：0.0.0.0
这个命令可以写成：IP route 0.0.0.0 0.0.0.0 本地端口/下一跳IP地址
```

4. 动态路由配置（RIP）

```
Router（config）#router rip                   ！启用RIP
Router（config-router）#network x.x.x.x 直连网段
```

默认路由。

```
Router（config-router）#network 0.0.0.0
```

5. 动态路由配置（OSPF）

（1）在全局配置模式下启动OSPF，进入OSPF路由协议配置模式

```
Router（config）#Router ospf process-id
```

其中process-id是用来在这个路由器接口上启动的OSPF的唯一标识。Process-id可以作为识别一台路由器上是否运行着多个OSPF进程的依据。Process-id的取值范围为1～65 535。一个路由器的每个接口都可以选择不同的id，但一般来说不推荐在路由器上运行多个OSPF，因为多个id会有多个拓扑数据库，给路由器造成额外负担。

（2）发布OSPF的网络号和指定端口所在区域号

```
Router（config-router）#network address wildcard area area-id
```

Address wildcard：表示运行OSPF端口所在网络网段地址以及相应的子网掩码的反码。例如，192.168.1.0/24，网段是192.168.1.0，子网掩码是255.255.255.0，子网掩码的反码是0.0.0.255。反码就是按位变反，1变0，0变1，如255.0.0.0的反码是0.255.255.255。

那么192.168.1.0 0.0.0.255表示192.168.1.0～192.168.1.255的地址范围，这个0.0.0.255

表示通配符。通配符为0的位，IP地址不能更改，通配符为1的位，IP地址可以变化。255表示8位的变化范围是00000000～11111111（0～255），所以192.168.1.0 0.0.0.255表示192.168.1.0～192.168.1.255的地址范围。

area-id：表示OSPF路由器接口的区域号。骨干区域为0。

6．静态NAT

配置命令如下：

端口模式下：

| Ip nat inside | ！将某端口指定为内部端口 |
| Ip nat outside | ！将某端口指定为外部端口 |

全局模式下：

Ip nat inside source static inside_ip outside_ip

Inside_ip，指的是内部IP地址。

Outside_ip，指的是翻译成的外部IP地址。

一般还要配置默认路由：IP route 0.0.0.0 0.0.0.0 E0/1

| sho ip nat translations | ！显示NAT表 |
| debug ip nat | ！显示NAT的工作过程 |

观察完毕后应用"undebug all"命令关闭debug过程，否则会耗费大量系统资源。

7．动态NAT

端口模式下：

| Ip nat inside | ！将某端口指定为内部端口 |
| Ip nat outside | ！将某端口指定为外部端口 |

全局模式下：

（1）Ip nat pool name start_ip end_ip netmask netmask

或Ip nat pool name start_ip end_ip prefix_length 子网掩码位数

其中：name指的是地址池的名称。

start_ip和end_ip指的是地址池的开始IP和结束IP。

netmask指的是地址池的IP地址的子网掩码。

子网掩码位数指的是如果不用子网掩码表示，可以用位数表示，如24表示255.255.255.0。

（2）access_list number permit source wildcard

其中：number指的是访问控制列表的号码，1～99。

source wildcard指的是允许地址转换的地址段和对应的通配符，和OSPF路由的意思一样。

（3）ip nat inside source list number pool name

其中：number是2号命令中的那个访问控制列表号。

name是1号命令中地址池的名字。

```
sho ip nat translations              ！显示NAT表
sho ip nat translations ver          ！显示NAT细节
```

8. PAT

配置命令和动态NAT几乎一样：

端口模式下：

```
Ip nat inside                        ！将某端口指定为内部端口
Ip nat outside                       ！将某端口指定为外部端口
```

全局模式下：

（1）Ip nat pool name start_ip end_ip netmask netmask

或Ip nat pool name start_ip end_ip prefix_length 子网掩码位数

其中：name指的是地址池的名称。

　　　start_ip和end_ip指的是地址池的开始IP和结束IP。在PAT时，这两个IP地址是一样的，但要写两个，不能省略。如100.0.0.1 100.0.0.1。

　　　netmask指的是地址池的IP地址的子网掩码。

　　　子网掩码位数指的是如果不用子网掩码表示，可以用位数表示，如24表示255.255.255.0。

（2）access_list number permit source wildcard

其中：number指的是访问控制列表的号码，1～99。

　　　source wildcard指的是允许地址转换的地址段和对应的通配符，和OSPF路由的意思一样。

（3）ip nat inside source list number pool name overload

其中：number是2号命令中的那个访问控制列表号。

　　　name是1号命令中地址池的名字。

　　　overload是实现PAT的关键字，不能省略。

PAT还有一种不设置地址池的命令格式：

①不定义地址池，第一条命令就省略了。

②此条命令不变：

```
R1(config)#access-list 10 permit 192.168.0.0 0.0.0.255
```

！定义访问控制列表，10为访问控制列表号，192.168.0.0表示允许的IP地址段，0.0.0.255表示这个地址段的每一个IP地址都被允许。

③此条命令发生改变，因为没有定义地址池，pool关键字省略，改为：

```
R1(config)#ip nat inside source list 10 inter E0/1 overload
```

！实现内部IP地址与外部IP的动态转换，其中10就是那个访问控制列表号，地址池变为：inter E0/1仅仅在端口号上加以说明，overload为配置参数，表示使用端口复用。

9．标准访问控制列表

（1）Access-list number {permit|deny} source-add source-wildcard

其中：number是访问控制列表的号，其编号取值范围为1～99或1300～1999。

　　　　permit是允许数据包通过，deny是拒绝通过。

　　　　source-add是允许或拒绝的源地址，source-wildcard是通配符掩码。

（2）定义访问控制列表作用于接口上的方向

　接口模式下，某一接口：Ip access-group number {in|out}
　! 在某一接口上应用标识为number的访问控制列表，in|out表示在入站端口调用还是在出站端口调用。

（3）显示配置：show access-list number

　　　　　　　　　　　! 显示配置的ACL，不加number表示显示全部ACL内容。

（4）no access-list number　　　　　　　! 删除访问控制列表

10．扩展访问控制列表

access-list number {deny|permit} protocol [source-add source-wildcard operator port] [des-add des-wildcard operator port]

其中：number是访问控制列表编号，deny表示拒绝，permit表示允许。

　　　protocol表示协议，可以是IP、TCP、UDP、IGMP等协议。

　　　source-add source-wildcard和des-add des-wildcard表示源地址和目标地址以及它们的通配符掩码。

　　　operator表示操作符可以是eq（等于）、neq（不等于）或range（范围）。

　　　port表示应用层端口号，如www为80，ftp为20、21，telnet为23。

11．配置命名访问控制列表

命名ACL分标准和扩展两类。

（1）标准命名ACL

语法格式如下：

1）Ip access-list standard name　　　　! 定义标准命名ACL，standard是标准的意思，name是ACL的名称，不用number号码了

2）Deny source-add source-wildcard
或者Permit source-add source-wildcard　　! 定义允许或拒绝的源地址和通配符掩码

3）Ip access-group name　in|out　　　　! 接口模式下，定义访问控制列表作用于接口上的方向

4）show access-list name　　　　　　　　! 显示配置的ACL，不加name表示显示全部ACL内容

（2）扩展命名ACL

语法格式如下：

1）Ip access-list extended name　　　　! extended表示扩展的

2）deny|permit protocol [source-add source-wildcard operator port] [des-add des-wildcard operator port]

deny表示拒绝，permit表示允许。

protocol表示协议，可以是IP、TCP、UDP、IGMP等协议。

source-add source-wildcard和des-add des-wildcard，表示源地址和目标地址以及它们的通配符掩码。

operator表示操作符可以是eq（等于）、neq（不等于）或range（范围）。

port表示应用层端口号，如www为80，ftp为20、21，telnet为23。

参数和扩展IP访问控制列表的意义相同。

3）Ip access-group name in|out　　　　　！接口模式下，定义访问控制列表作用于接口上的方向
4）show access-list name　　　　　　　　！显示配置的ACL，不加name表示显示全部ACL内容
5）no access-list name　　　　　　　　　！删除访问控制列表

12．基于时间的IP访问控制列表

（1）首先必须校正时间，先用show clock命令查看当前时钟，再用clock set设定各种月份对应关系：

月份	英文简写	英文全称
一月	Jan.	January
二月	Feb.	February
三月	Mar.	March
四月	Apr.	April
五月	May.	May
六月	Jun.	June
七月	Jul.	July
八月	Aug.	Auguest
九月	Sep.	September
十月	Oct.	October
十一月	Nov.	November
十二月	Dec.	December

（2）定义时间范围

命令格式为：

R1(config)#time-range time-range-name　　　　！进入时间控制模式
R1(config-time-range)#absolute start begin-time end end-time
R1(config-time-range)#periodic timeweek

其中：

time-range-name表示定义时间范围的名称，以便在后面ACL时调用。

absolute可以用来定义时间范围，start后面的begin-time表示开始时间，end后面的end-time表示结束时间。

periodic后面定义一个时间范围：timeweek。它后面的参数有：

monday	星期一
tuesday	星期二
wednesday	星期三
thursday	星期四
friday	星期五
saturday	星期六
sunday	星期日
daily	每天
weekdays	周一至周五
weekend	星期六和星期日

（3）定义ACL

ACL的使用方式和前面所讲的没有区别，主要是在命令最后要增加按时间要求的命令：time-range time-range-name，就是前面定义过的时间范围。例如：

```
R1(config)#ip access-list extended deny-host
                            ！定义扩展命名访问控制列表名称为deny-host
R1(config-ext-nacl)#permit tcp 10.1.1.0 0.0.0.255 192.168.0.0 0.0.0.255 time-range host
                            ！前面定义过一个名称为host的时间范围
```

（4）将访问控制列表应用到端口

和前面介绍的ACL一样，不再重复。

（5）用"sh time-range"命令可以查看访问控制列表的具体信息

安全角

2016年5月11日，四川省某职业技术学院教务处教师成静（化名）向公安局报警称，有人入侵了学校的教务系统。自2016年2月起，陆续有学生找到她，声称自己因粗心看错成绩误报了重修，要求取消重修。刚开始人数不多，并没有引起成静的重视。到了5月，以同样理由要求取消重修的学生陡然增多，这引起了成静的怀疑。后经警察侦查发现，四川某高校计算机专业大四学生闫某进入该校教务系统并篡改了部分学生的成绩。不仅如此，闫某还对四川某职业技术学院、西安某学院等十余所高校的教务系统进行了同样的操作，而这十余所高校使用的都是同样的教务管理系统。

国内多家媒体纷纷报道了"黑客搭建无线网络，窃取账户信息偷偷转账"的无线安全事件。该事件发生在山东聊城，受害人是聊城的几位大学生。聊城某高校大三学生小李及同学的网银陆续发生被盗事件，账户内的钱通过网银转账被转走，转账金额都在几百元之间。几位受害人有一个共同的经历，都在公共服务娱乐场所用WiFi上网数小时后，就发生了网银内资金丢失的情况。

这个事件非常值得我们重视，这说明，就在我们享受无线网络所提供的便利的同时，黑客已经开始采取行动，利用无线网络窃取我们的信息，无线网络安全威胁就在我们的身边！

附录

附录A　Dynamips GUI使用说明

A.1　Dynamips概述

1. Dynamips是什么

Dynamips是由名为Chris（Christophe Fillot）的法国程序员写的一个Cisco路由器模拟软件。目前的版本是0.2.8 RC2。Dynamips可运行于Linux x86平台、Linux x86 64位平台、FreeBSD平台、Windows XP/Windows Server2003和Windows Server 2000平台。Chris从2005年8月开始，在一台普通的计算机上实现了Cisco 7200的仿真到现在可以支持Cisco 3600系列（3620，3640和3660），3700系列（3725，3745）和2600系列（2610到2650XM，2691）路由器的模拟。其主要目的为：

扫描二维码观看视频

1）可以用作训练的平台，帮助力图熟悉Cisco网络设备的人员，实现用很低的成本来练习以前只能通过真实设备才能达到的目标。

2）可以用于实验或测试Cisco IOS众多和功能强大的特性。

3）可以在真实的网络配置实施前进行预先的验证和测试。

Dynamips能够实现路由器的功能，虽然在性能上和真实路由器相比尚有差距，但不会影响到人们将其作为一个研究和学习网络技术的强大工具。很多人正在利用它来准备CCNA/CCNP/CCIE的考试，但对于最高端的CCIE（Cisco Certified Internet Expert思科认证Internet专家）考试，通常所需设备动辄以十万元计。

2. Dynamips能够带来的好处

Dynamips的普及使用能够带来如下好处：

1）能够大幅减少各学校对网络硬件设备数量的要求，大幅减少在设备上的投资。

2）学生可以在一台计算机上完成复杂的网络实验，可以改变网络课程体系中实验课授课方式，同时增加了上机时间、增强了动手能力。

3）由于Dynamips支持的设备类型多、IOS特性多，因此可以作为教师研究和学习新技术、新特性之用。

4）可以利用Dynamips的特性，在多台有多网卡的计算机上利用分布式方式来搭建和模拟大规模和超大规模的网络系统，提升学生和教师的项目实战水平。

5）可以在考试或测试中使用，不再因为设备所限影响教学质量。

A.2 Dynamips的安装和使用

1．软件的组成和安装

以Windows XP操作系统下Dynamips的组成和安装来说明。

Dynamips手动安装比较麻烦，推荐大家下载以下3个软件（本书配套资源中有提供），就能够更快地掌握Dynamips的使用。

1）Cisco 路由器的IOS软件。Dynamips操作的就是Cisco的IOS，所以，IOS是必需的。要注意的是，不是所有的IOS版本都能在Dynamips下正常工作，一般用Cisco 3640的比较多。

2）Dynamips-memory.exe。这是一个很小的内存管理工具，能够将系统中可用的内存资源释放出来给Dynamips使用，由于Dynamips是一个消耗系统资源比较多的软件，借助Dynamips-memory可以有效增加在一台计算机上可配置的路由器最大数量。这个软件不是必须的，但可以帮助Dynamips工作得更好。其他的内存管理释放工具也可以。

3）Dynamips GUI。它可通过网上搜索下载，是国内一名叫"小凡"的CCIE完成的，实现了Dynamips下的网络拓扑图形化配置，版本为2.7的比较好用（2.8版的增加了广告功能，有时会连接互联网，打开速度慢）。值得一提的是，在这个版本中，作者将WinPcap 4.0、Dynamips0.2.7final的安装集成化了，用户不再需要单独安装上述两个软件。图A-1所示文件就是使用Dynamips GUI_2.7安装后生成的文件。从图A-1中可注意到，只需IOS就可正常工作了。

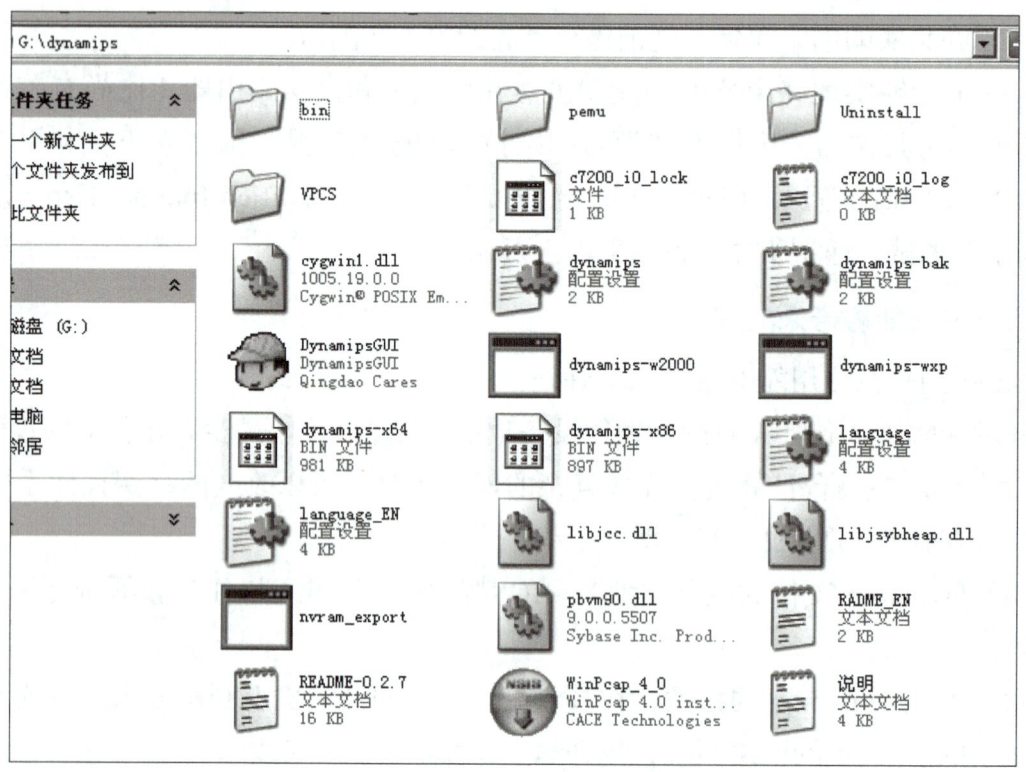

图A-1　Dynamips GUI软件

2. Dynamips初步

在完成安装后,开始Dynamips的使用。在接下来的任务中,将完成一个最简单的通过一台Cisco 3640交换机类型,连接两台虚拟机的例子。拓扑如图A-2所示。

例1:

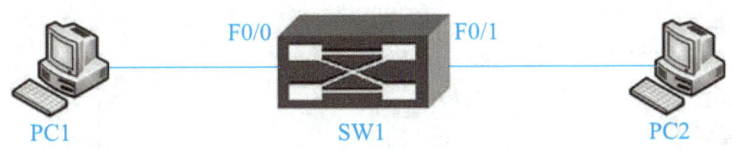

图A-2 交换机连接拓扑图

步骤一:

运行Dynamips_memory.exe来释放内存,给Dynamips的使用提供尽量多的可用系统资源。图A-3和图A-4是使用Dynamips_memory一段时间后的对比。

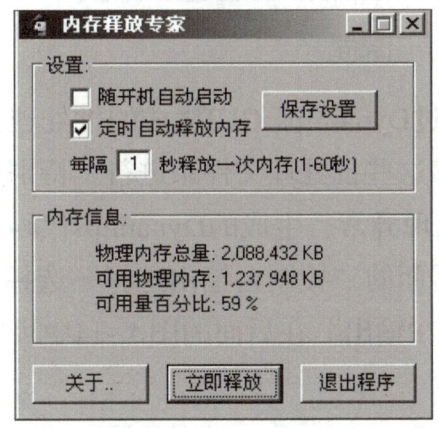

图A-3 开始使用dynamips_memory

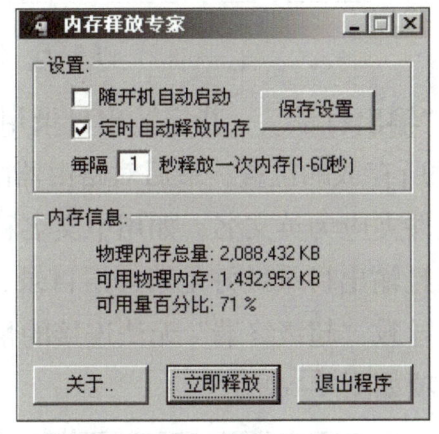

图A-4 使用1min后的效果

步骤二:

运行Dynamips GUI,弹出如图A-5所示的界面。

完成以下步骤的设置:

1)"交换机个数",选择一台交换机。

2)选择"虚拟PC"复选框。

3)在"设备类型",勾选"3640",因为这里用的设备为3640,如果用别的则要选择相应的设备。

4)在"设备类型"下拉列表中还是选择3640。

5)"IOS文件",通过"浏览"按钮,选择并指定好Cisco 3640 IOS文件所在目录,3640的IOS文件为BIN文件,大小为57MB左右。

6)"idle-pc值","计算idle"的选择后面将具体讲解。

7)"虚拟RAM",指定虚拟RAM大小为128MB。

8)"寄存器",寄存器值0x2102是对应Cisco路由器上的configreg,不用更改。

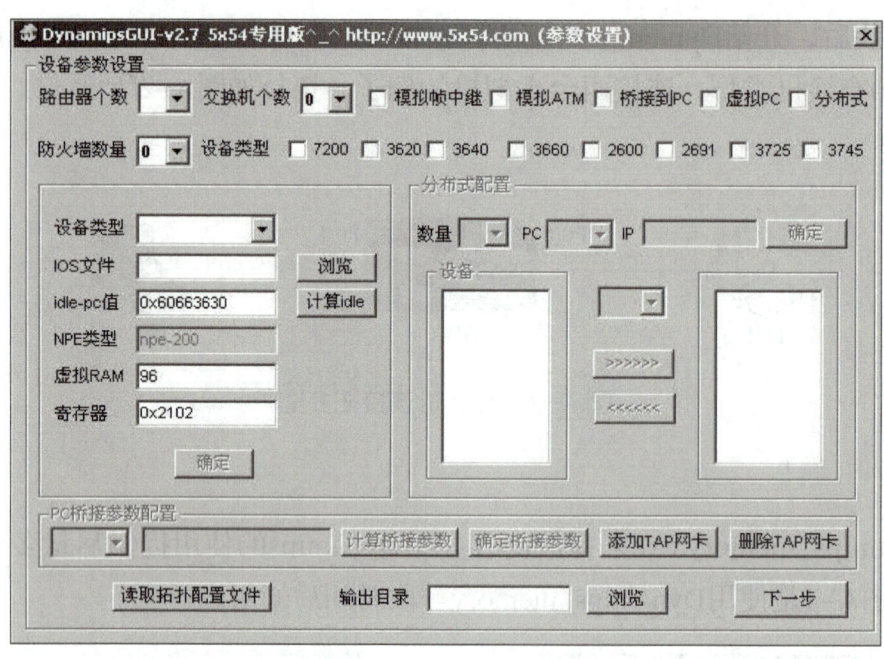

图A-5　Dynamips GUI界面

9)"输出目录",指定输出目录用于指定通过Dynamips GUI生成的批处理文件和虚拟PC文件所存放的位置,最后对路由器的操作依靠这些批处理文件来进行。特别注意:输出目录文件夹应为英文名,如用中文名称则可能出现异常,生成的Dynamips代码会实验不成功。而且输出目录最好是第一层目录,否则在后面的"控制台输出选择"选择"TCP输出"时会导致"超级终端"无法连接的情况。"TCP输出"在后面的图A-14中可以见到。各项选择项如图A-6所示。

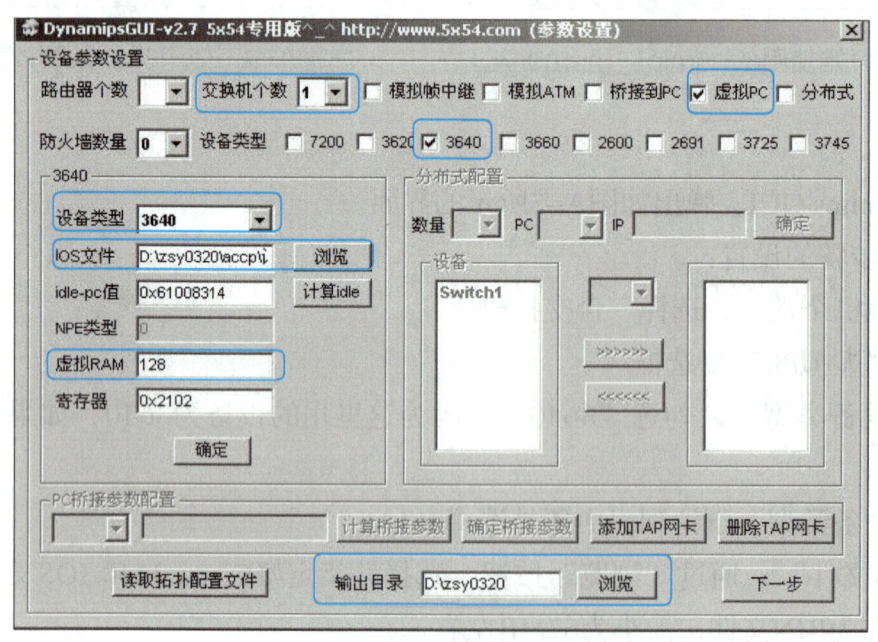

图A-6　Dynamips GUI各项选择项

小提示:用过一次路由器设置后,路由器的个数没有"0"选项,最少为1。在做只需要交换机的实验时，也有1个路由器，这时不必在意它，在图A-14中不加选择即可。

步骤三：

（1）计算idle-pc值

idle-pc值是一个和系统资源紧密联系的参数，这个参数如果配置不好，就会在使用的过程中出现过高的CPU或内存的占用，造成Dynamips的不可用，所以在使用Dynamips时，需找到使系统资源消耗最少的idle-pc值，这个值称为最优idle-pc值。关于idle-pc值的选择，需注意以下几点：

1）idle-pc值总是取其count的最大值，最优idle-pc值的count值最大。如果取这个值，那么在使用时会出现系统资源占用大的情况，可以重新计算idle-pc，并取其count最大的idle-pc值，直至Dynamips使用时系统资源占用少为止。

2）对于同一型号路由器上的相同版本IOS，不需每次都计算idle-pc值，只需第一次使用时计算出最优值即可，以后使用时，可以重复使用该值。

3）对于同一型号路由器的不同版本IOS，通常对应不同的最优idle-pc值。

通过Dynamips GUI来计算idle-pc值非常简单，在本例中取Cisco 3640，IOS单击"计算idle"按钮即可开始计算，如图A-7所示。

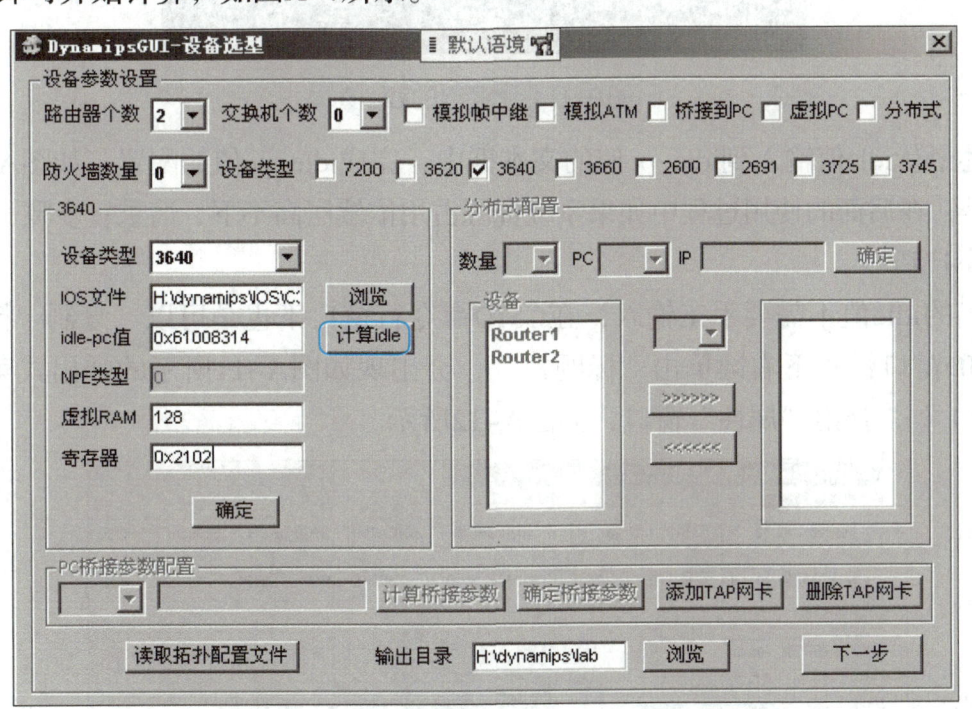

图A-7 计算idle

在单击"计算idle"按钮后，出现如图A-8所示的画面，单击"确定"按钮，会出现命令行窗口（输入CMD后的画面），类似路由器启动的界面，按任意键继续。等窗口内的图像稳定下来之后，按下<Ctrl+]+I>组合键即可获取idle-pc参数。

特别注意： 这3个组合键的按法为：①按住

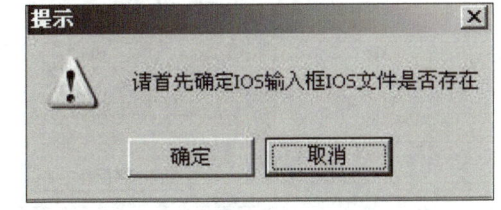

图A-8 确认IOS文件

<Ctrl>键，按<]>键；②松开双手，然后按<I>键。不是3个键一起按下。然后，取其count值最大的idle值。在本例中，通过多次计算，得到最大的count值为75，对应的idle值为是0x604ec500，如图A-9所示。

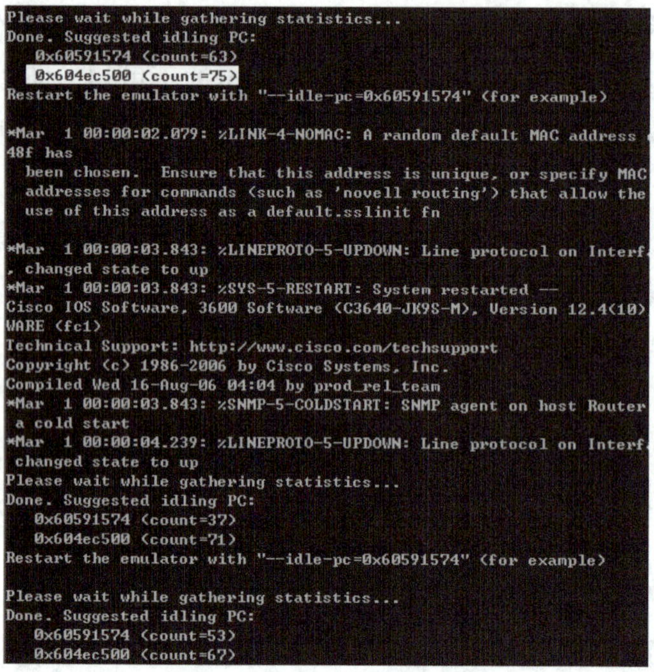

图A-9 计算出的idle值

将上述最优idle值输入到idle-pc值的文本框中，完成idle-pc值的配置，如图A-10所示。需注意的是，在后面的使用过程中如果系统资源占用依然居高不下，请重复步骤一～三。

（2）小技巧

计算出的idle值不需要手工输入，在CMD命令行窗口下也是可以"复制-粘贴"的。首先在CMD窗口模式下右键单击"标题栏"，会出现如图A-11所示的弹出式菜单。选择"属性（P）"，弹出"属性"窗口，如图A-12所示。

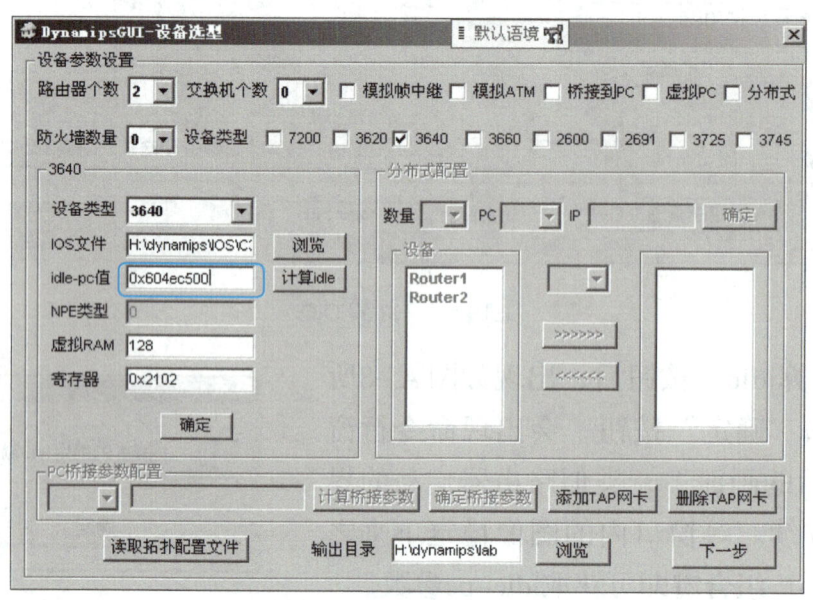

图A-10 把idle值复制到输入框

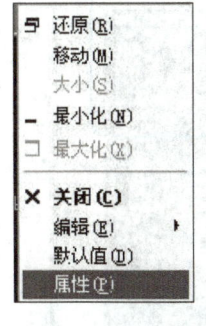

图A-11 窗口菜单

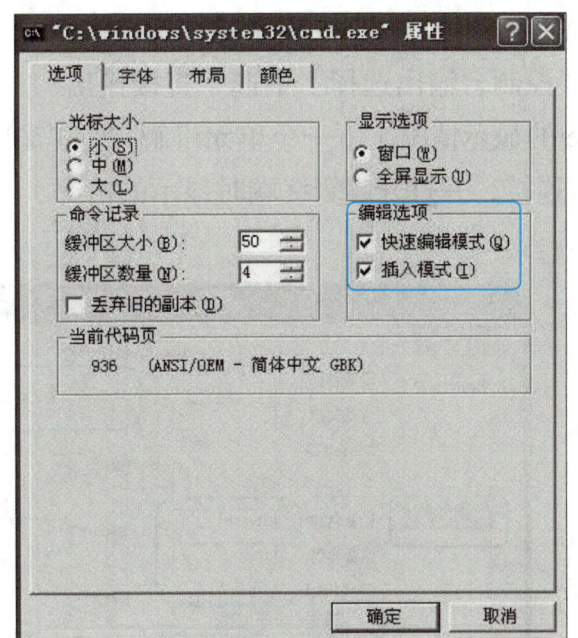

图A-12 属性窗口

选择"编辑选项"中的"快速编辑模式"复选框后，弹出如图A-13所示的"应用属性"对话框。

根据自己的需要选择一个。那么，在CMD窗口就可以复制文字了。用鼠标左键拖取想复制的文字，选中部分会反白显示。然后单击鼠标右键，文字被复制，在想粘贴的部分用鼠标操作，或按快捷键<Ctrl+V>即可。

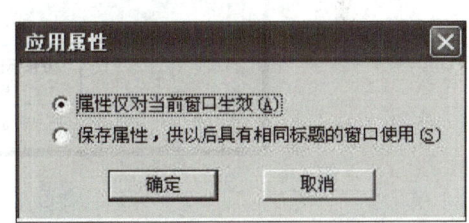

图A-13 "应用属性"对话框

步骤四：直接输出（第一种方法）

交换机配置如下：

1）在"参数设置"中，选择Switch1（如果实验中有路由器需要配置，则选择上面的Router1），如果有多个交换机则要分别设置。

2）在"设备名称"中选择Switch1，"设备类型"选3640，"Console口"为3001（这个端口号在"直接输出"模式下可以不记住，但在TCP输出时必须记住）。如果有多台交换机，则Console端口号依次为：3002、3003……。

3）在"模块设置"的"Slot0"下拉列表中选择NM-16ESW，表示是16口的交换机。注意：这里的Slot0、Slot1、Slot2、Slot3都是可以选择的，它们分别表示交换机的Slot模块号，并且可以多选，多开几个Slot模块。只是在配置时需要注意，不同的Slot模块上对应的接口号也不一样。例如，接口F0/0，表示Slot0模块上的0号接口，F1/0表示Slot1模块上的0号接口等。

4）单击"确定Switch配置"按钮，在右上角的"设备信息"栏中就会出现绿色的设备信息。

5）在"操作系统选择"中选取相应的操作系统，一般为Windows XP。

6）在"控制台输出选择"中选"直接输出"，直接输出的界面就是配置交换机或路由器时Telnet的显示情况（下一个单元讲解"TCP输出"，TCP输出是配交换机或路由器时用Console口连接，并打开超级终端时显示的情况）。全部选好后单击"下一步"按钮，如图A-14所示。

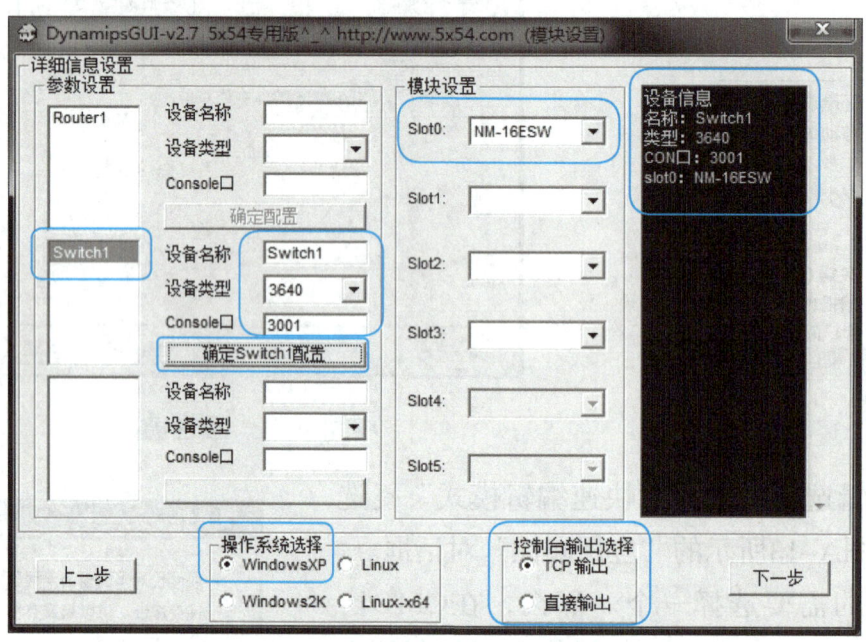

图A-14　Dynamips GUI模块设置

单击"下一步"按钮后会出现"生成文件"窗口，耐心等待，"请按任意键继续…"出现后，即可关闭该窗口，表示相应的文件已经生成，如图A-15所示。

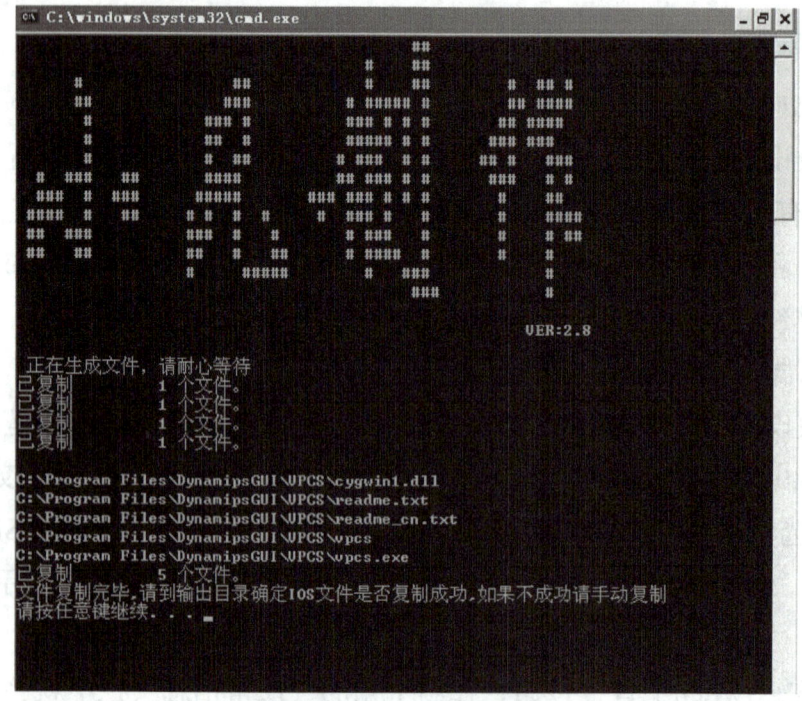

图A-15　生成文件

然后进行"Dynamips-连接设置":

7)左边"设备列表"选Switch1,"接口列表"选F0/0。

8)右边"设备列表"选Vpcs,"接口列表"选V0/1。单击"连接"按钮,会出现提示框"连接成功"的提示。这表示按照拓扑图,交换机的F0/0接口连接了虚拟PC1。此时"已连接设备列表"框里也会列举出所有连接,如图A-16所示。

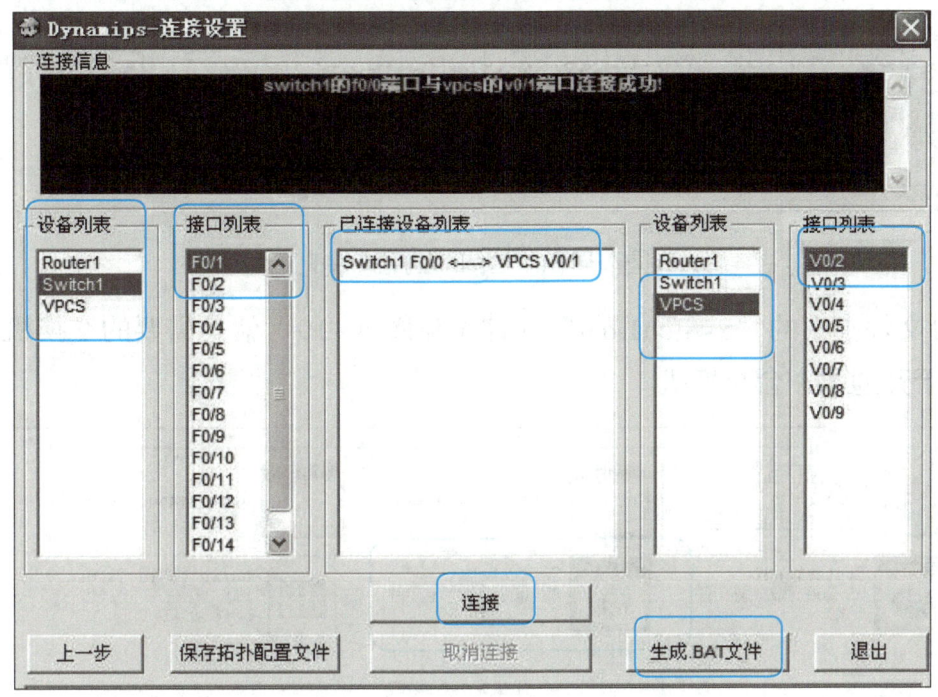

图A-16 Dynamips GUI连接设置

整个连接完成后的"已连接设备列表"框里的连接如图A-17所示。

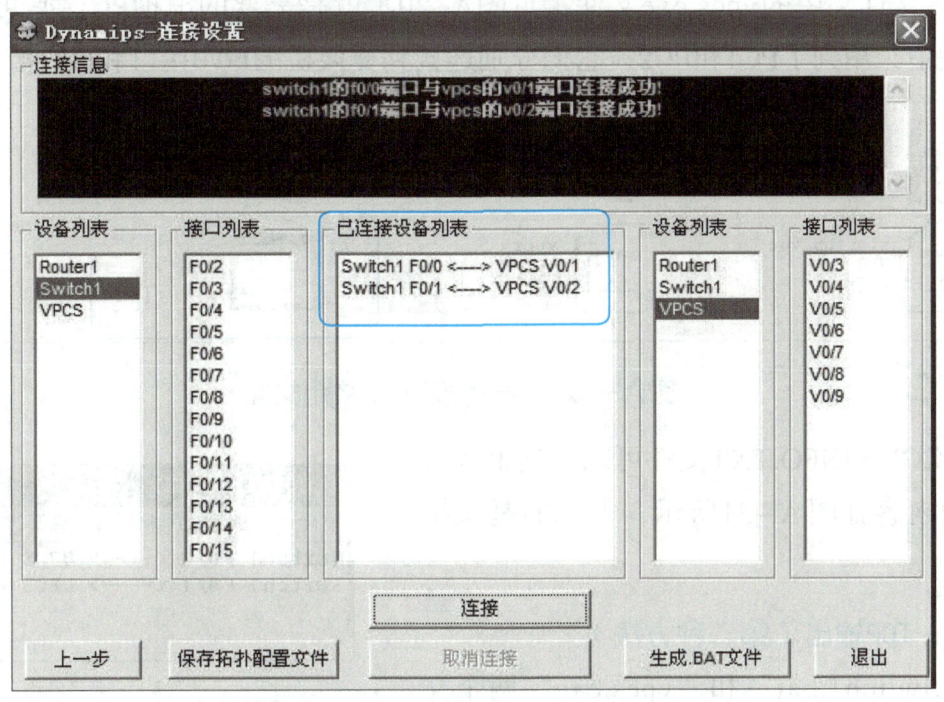

图A-17 Dynamips GUI建立连接

单击图a-17中的"生成.BAT文件"按钮，生成文件。

单击"退出"按钮，立即转到生成好的文件夹，如图A-18所示。

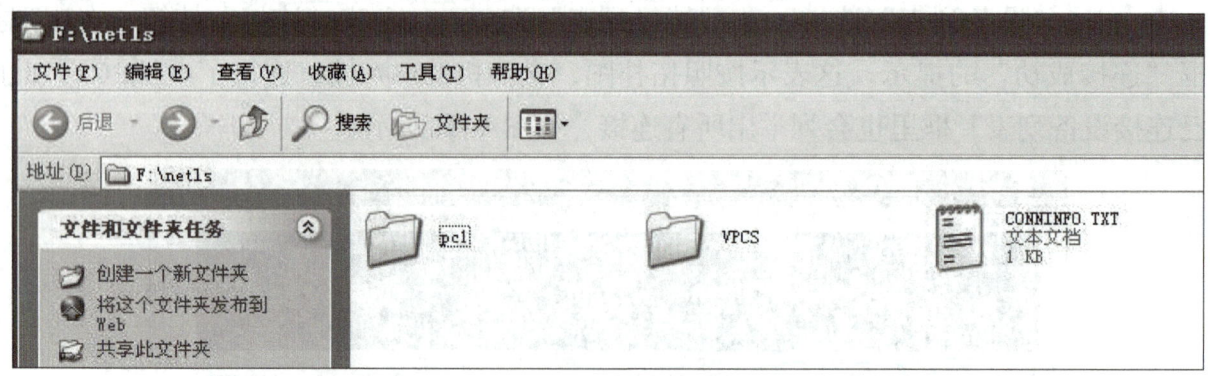

图A-18　生成的应用文件夹

其中pc1文件夹中的"Switch1.bat"文件（见图A-19）就是需要的交换机文件。运行它后就相当于开通了一台交换机。

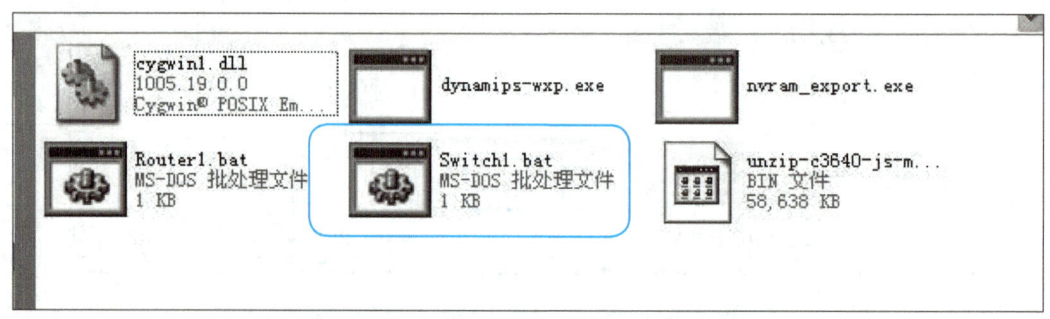

图A-19　生成交换机的应用文件

在VPCS文件夹中的vpcs.exe文件（见图A-20）就是需要的虚拟PC，它可以虚拟8台PC。本实验中，用到了PC1和PC2，它们分别连接到交换机的F0/0接口和F0/1接口。

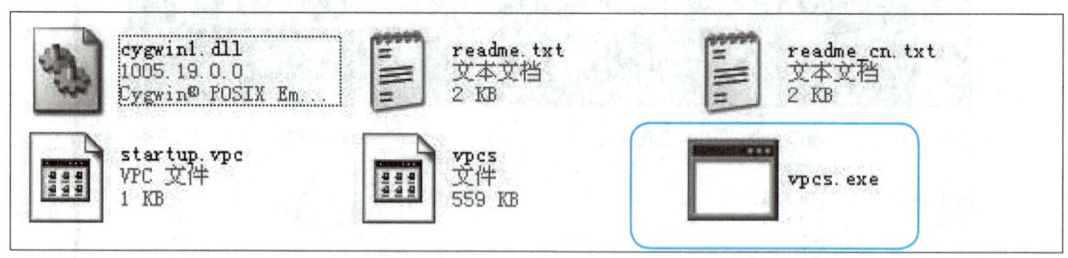

图A-20　生成的虚拟PC应用文件

其中，CONNINFO.TXT文件可以用记事本打开，里面的内容如图A-21所示，表示的是该拓扑图的连接。

步骤五：TCP输出（第二种方法）

打开"Switch1.bat"和"vpcs.exe"两个文件，如图A-22和图A-23所示。

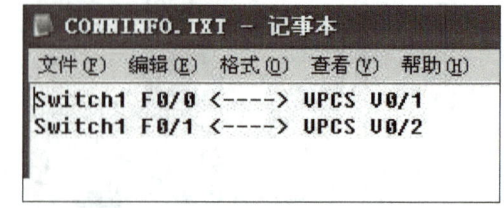

图A-21　生成的连接文件

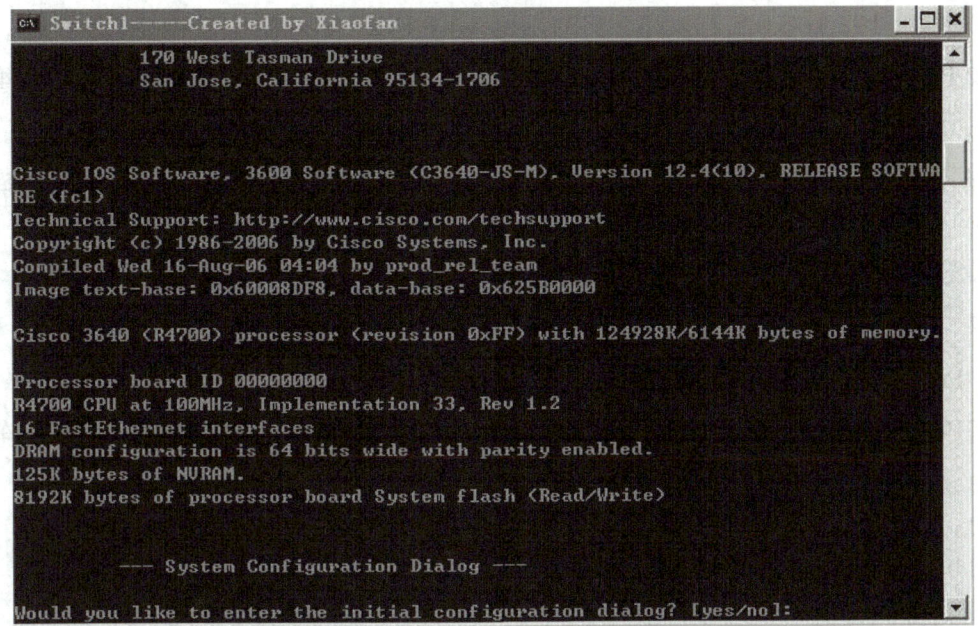

图A-22　使用交换机生成文件

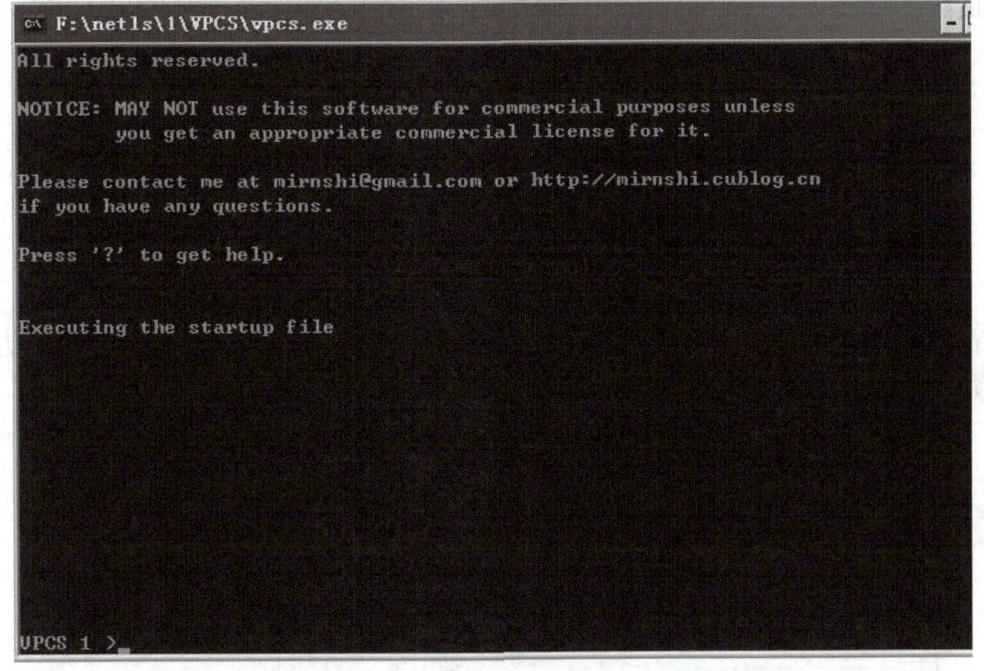

图A-23　生成的虚拟PC文件

在图A-22中输入"N"然后按<Enter>键，即可进入交换机的"用户模式"，对于本例，交换机不用设置，配置即可完成。如果输入"Y"，表示进入初始化配置过程，会出现诸如配置IP等提示的一系列问题，具体参考本书相关单元。

在图A-23中，给PC1和PC2设置同一网段IP地址，两个虚拟计算机即可相互ping通，表示连接正常。该实验即告成功。

在PC1中输入：

VPCS 1 >ip 192.168.0.2 192.168.0.1 24

提示：PC1：192.168.0.2 255.255.255.0 gateway 192.168.0.1

表示该PC的IP地址是192.168.0.2，网关是192.168.0.1，子网掩码是/24，也就是255.255.255.0。

然后输入2，转到PC2，设定2号PC的IP地址是192.168.0.3，网关与子网掩码与PC1相同。

```
VPCS 1 >2
VPCS 2 >ip 192.168.0.3 192.168.0.1 24
```

提示：PC2：192.168.0.3 255.255.255.0 gateway 192.168.0.1

然后在PC2上ping PC1的IP地址，可以ping通，表示这两台虚拟PC和交换机连接正常。

```
VPCS 2 >ping 192.168.0.2
192.168.0.2 icmp_seq=1 time=2.000 ms
192.168.0.2 icmp_seq=2 time=3.000 ms
192.168.0.2 icmp_seq=3 time=3.000 ms
192.168.0.2 icmp_seq=4 time=3.000 ms
192.168.0.2 icmp_seq=5 time=3.000 ms
```

下面再看一个例子，这个例子中采用TCP输出，例子的拓扑图如图A-24所示。

例2：

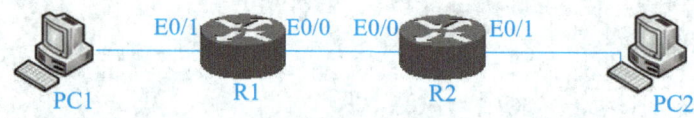

图A-24　使用TCP输出的实验拓扑图

根据拓扑图，知道整个实验需要两台路由器，两台虚拟PC，参考以上设置方法设置如图A-25所示的各项选择项。

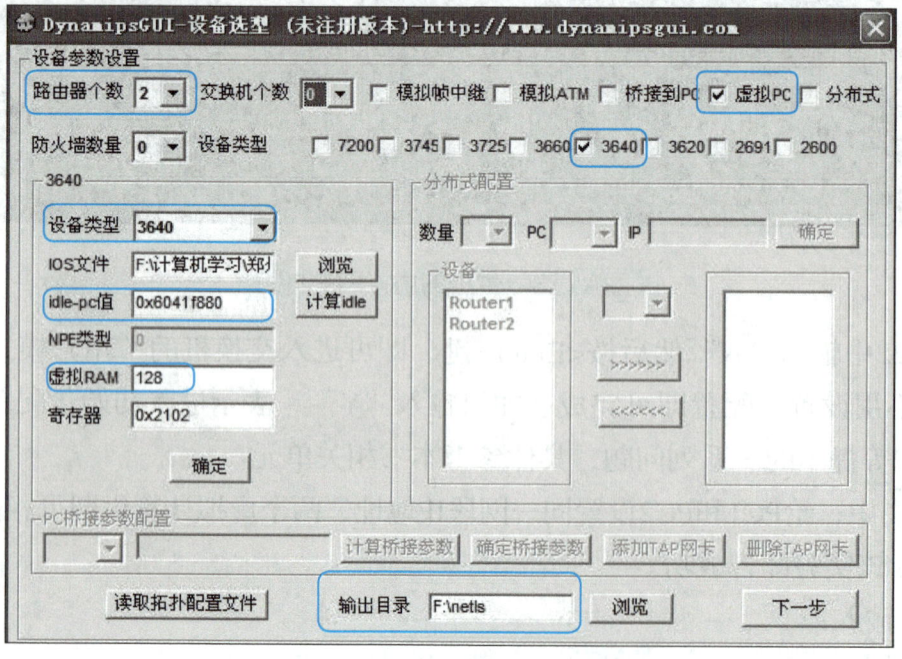

图A-25　Dynamips GUI各项选择

路由器的配置如下：

1）先选择Router1，Slot0模块选择NM-4E，记住Console口端口号为2001（Router2的端口号为2002），然后选择"确定Router1配置"，这时在右面"设备信息"窗口就会显示相应的设备信息。

2）然后选择Router2，进行配置。

3）在"控制台输出选择"中，选择"TCP输出"，如图A-26所示。

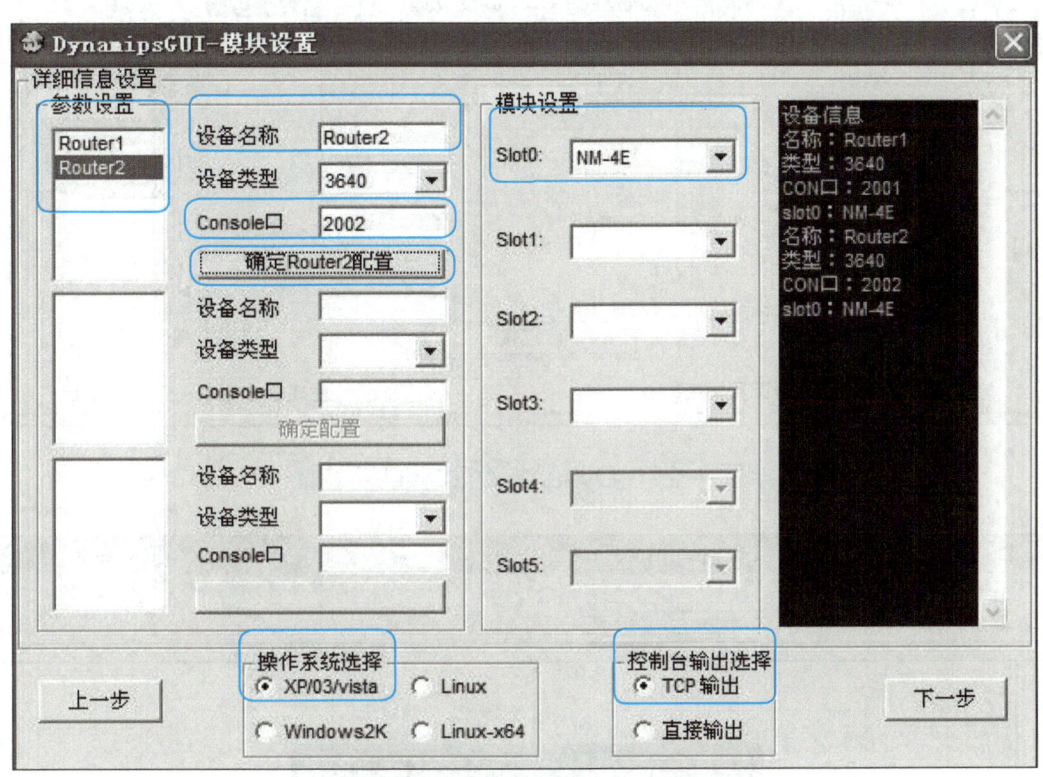

图A-26 Dynamips GUI模块设置

Dynamips的连接设置如图A-27所示。

其中：

① Router1的E0/0和Router2的E0/0相连。

② Router1的E0/1和虚拟PC1相连。

③ Router2的E0/1和虚拟PC2相连。

如果使用"TCP输出"则需要使用超级终端来连接路由器，在运行超级终端前，必须先运行新生成目录（pc1）下的两个批处理文件Router1.bat和Router2.bat。

4）运行新生成目录（pc1）下的两个批处理文件Router1.bat和Router2.bat。最小化这两个窗口，不要关闭（这一步是必需的，而且这两个窗口不像"直接输出"那样可以进入"用户模式"）。

5）然后执行"开始"→"程序"→"附件"→"通讯"→"超级终端"命令，在"新建连接"处新建连接Router1，如图A-28所示。

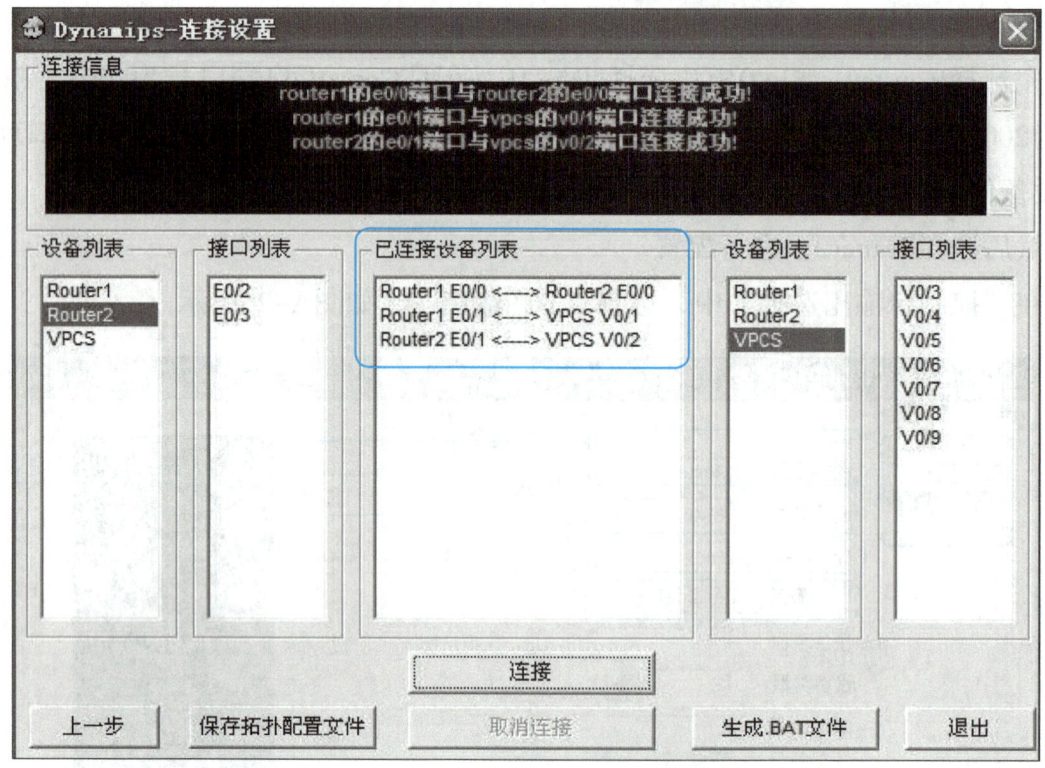

图A-27　Dynamips GUI连接设置

图A-28　使用超级终端新建连接

在下面的"连接到"窗口中的"连接时使用（N）"中，选取"TCP/IP（Winsock）"选项。

端口号是对应的console口参数，在本例中，如果是2001，则对应Router1，2002则对应Router2。

主机地址为127.0.0.1，如图A-29所示。

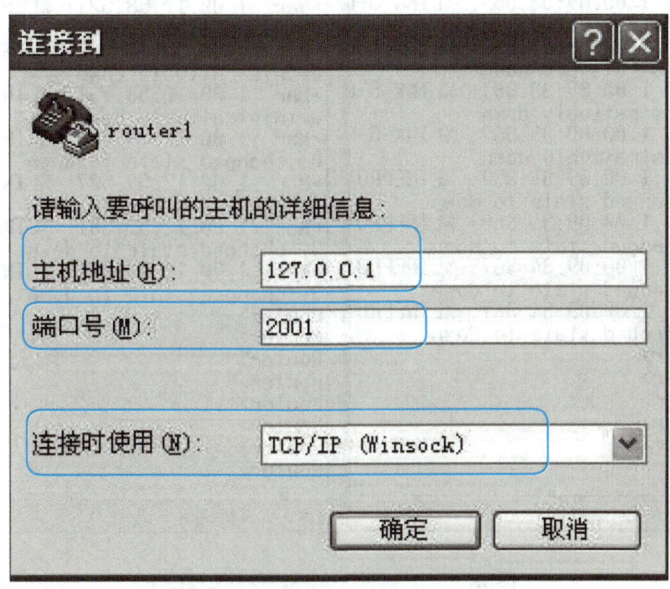

图A-29　配置主机地址和端口号

单击"确定"按钮后，即可进入"超级终端"，这与通过Console口连接真实路由器时的界面是一样的，如图A-30所示。

按照相同的方法，打开Router2，如图A-31所示，图中为这两个路由器的比较。

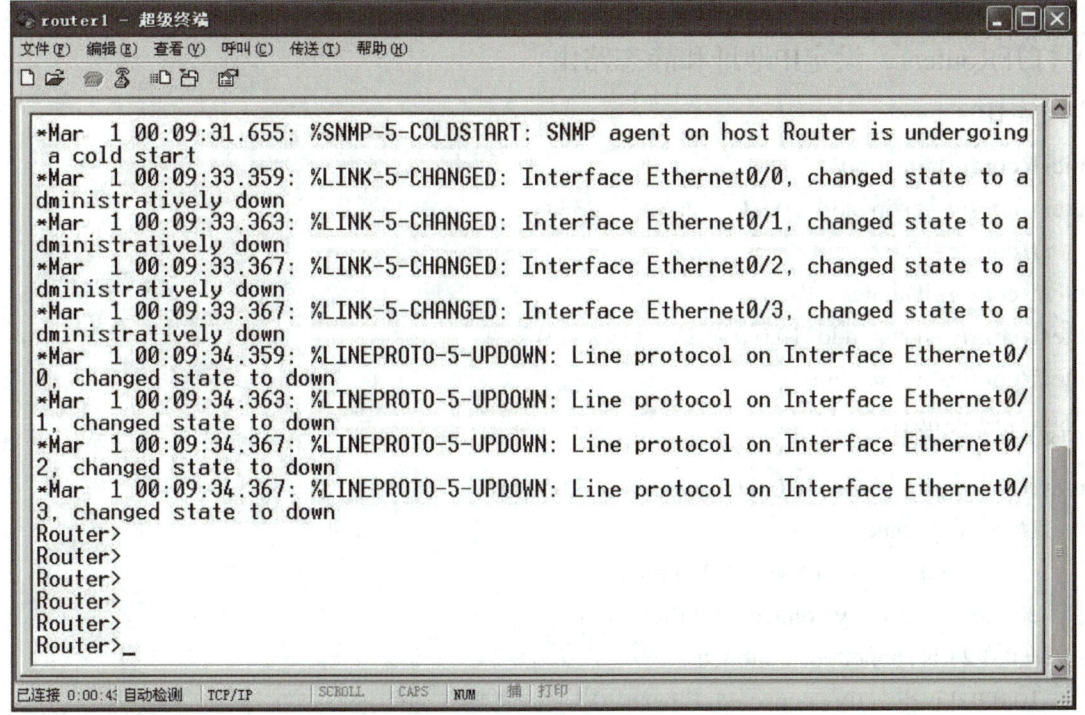

图A-30　超级终端模式

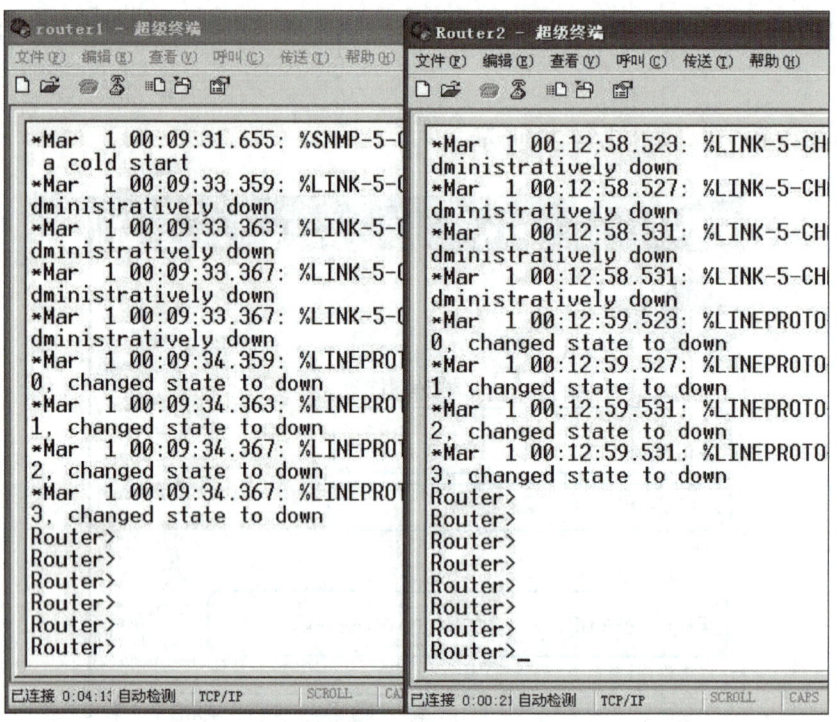

图A-31 超级终端模式比较

6）打开VPCS，设定两个虚拟PC的IP地址。

VPCS 1 >ip 10.0.0.2 10.0.0.1 24

PC1：10.0.0.2 255.255.255.0 gateway 10.0.0.1

VPCS 1 >2

VPCS 2 >ip 30.0.0.2 30.0.0.1 24

PC2：30.0.0.2 255.255.255.0 gateway 30.0.0.1

7）打开Router1，设定IP地址和静态路由。

① 设定IP。

router1(config)#inter e0/0

router1(config-if)#ip add 20.0.0.1 255.255.255.0

router1(config-if)#no shut

router1(config-if)#inter e0/1

router1(config-if)#ip add 10.0.0.1 255.255.255.0

router1(config-if)#no shut

② 设定静态路由。

router1(config)#ip route 30.0.0.0 255.255.255.0 e0/0

router1#show ip route

显示： 20.0.0.0/24 is subnetted, 1 subnets

C   20.0.0.0 is directly connected, Ethernet0/0

    10.0.0.0/24 is subnetted, 1 subnets

C   10.0.0.0 is directly connected, Ethernet0/1

    30.0.0.0/24 is subnetted, 1 subnets

S   30.0.0.0 is directly connected, Ethernet0/0

8）打开Router2，设定IP地址和静态路由。

① 设定IP地址。

Router(config)#inter e0/0
Router(config-if)#ip add 20.0.0.2 255.255.255.0
Router(config-if)#no shut
Router(config-if)#inter e0/1
Router(config-if)#ip add 30.0.0.1 255.255.255.0
Router(config-if)#no shut

② 设定静态路由。

Router(config)#ip route 10.0.0.0 255.255.255.0 e0/0

Router#show ip route
显示：　　20.0.0.0/24 is subnetted, 1 subnets
C　　20.0.0.0 is directly connected, Ethernet0/0
　　10.0.0.0/24 is subnetted, 1 subnets
S　　10.0.0.0 is directly connected, Ethernet0/0
　　30.0.0.0/24 is subnetted, 1 subnets
C　　30.0.0.0 is directly connected, Ethernet0/1

9）在虚拟PC上检查连通情况：在虚拟PC1上用ping命令检查。

VPCS 1 >ping 30.0.0.2
30.0.0.2 icmp_seq=1 time=17.000 ms
30.0.0.2 icmp_seq=2 time=46.000 ms
30.0.0.2 icmp_seq=3 time=14.000 ms
30.0.0.2 icmp_seq=4 time=44.000 ms
30.0.0.2 icmp_seq=5 time=15.000 ms

表示PC1可以顺利ping到PC2，全网互通，如图A-32所示。

到此Dynamips GUI软件的使用初步讲解完毕。

在做实验的过程中还有如下一些需要注意的问题和技巧，它会帮助大家顺利完成实验，使学习更加轻松。

1）在超级终端的"传送"菜单下面有一个"捕获文字"，可以把输入到超级终端中的命令和显示内容都捕获下来，并送到指定的TXT文档。

2）当实验的过程中如果出现ping不通，或和预想结果不一致的情况时，应冷静应对并认真分析、查找原因，采用一步一步的排错法来查找。

3）深入分析"TCP输出"选项会发现，如果不用超级终端，而是打开计算机的CMD命令行模式，并运行telnet 127.0.0.1 2001，就会进入类似"直接输出"那样的模式来对交换机或路由器进行配置。这里就不再赘述，请大家参考本书单元3"交换机基本配置和实验"3.5节中"设管理IP和telnet密码"中的"远程登录管理交换机"内容。

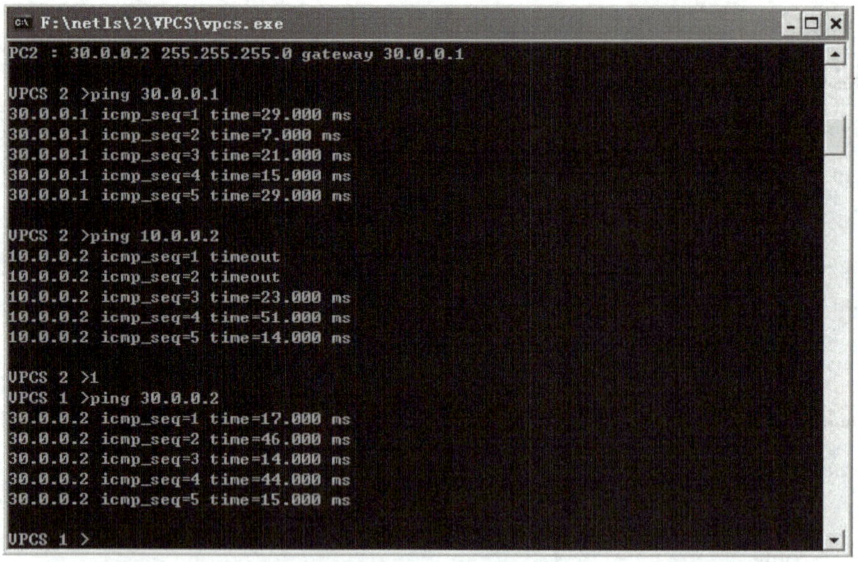

图A-32 验证结果

A.3 Dynamips进阶

1. Dynamips的批处理文件中的参数

对使用Dynamips一段时间的用户来说，使用Dynamips GUI可能不是一种最快速的方法，尤其在经常改变网络拓扑时更是如此，在这个阶段，如果能够直接编辑通过Dynamips GUI生成的BAT文件，会大大减少这种改变所带来的时间耗费。

以"附录A.2中Dynamips初步"中生成的批处理文件为例，来说明各个参数的含义，在通过Dynamips GUI生成的文件中，下列内容和使用相关。

首先观察路由器TCP输出的批处理文件内容，如附录A.2中的例2：

mkdir Router1

cd Router1

:reload

..\dynamips-wxp.exe -T 2001 -P 3600 -r 128 -t 3640 -c 0×2102 -p 0:NM-4E -p 1:NM-4T -s 0:0:udp:11100:127.0.0.1:11200 ..\C3640-JK.BIN --idle-pc=0×604ec500

goto reload

再对比一个直接输出的交换机的例子，如附A.2中的例1：

mkdir Switch1

cd Switch1

:reload

..\dynamips-wxp.exe -P 3600 -r 128 -t 3640 -c 0x2102 -p 0:NM-16ESW -s 0:0:udp:21000:127.0.0.1:10001 -s 0:1:udp:21001:127.0.0.1:10002 ..\unzip-c3640-js-mz.124-10.bin --idle-pc=0×6041f880

goto reload

下面是这些参数的说明，见附表A-1。

附表 A-1

参　　　数	含　　　义
mkdir Router1	建立一个与设备名相同的目录
cd Router1	进入该目录
:reload	这句类似一个程序的开始语句
..\dynamips-wxp.exe	指定可执行文件dynamips-wxp在当前文件夹中的相对路径。因为上面有一个cd Router，所以当前目录是R1。需要用..来回到上级目录。配置中工作目录始终是在R1目录下，这点要注意
T	通过超级终端连接的端口
P（大写）	路由器平台类型
r	给虚拟机分配的内存大小
t	型号
c	寄存器值
p（小写）	路由器插槽上的配置
0：NM-4E	0号插槽上配置的模块为NM-4E的4口以太网模块
1：NM-4T	1号插槽上配置的模块为NM-4T的4串口模块（在本例中未被使用）
-s 0:0:udp:11100:127.0.0.1:11200	插槽0上的端口0，使用UDP11100端口连接到UDP11200端口对应的2号路由器插槽0上的0端口，对于UDP11200来说，前面的11标志了设备，后面的200是设备ID插槽ID端口ID。其实BAT模式是使用了本机的回环地址（127.0.0.1）上的UDP端口，来划分每个虚拟设备的接口，每个虚拟设备的接口，都将会分配到一个UDP端口。然后使用-S参数来进行连接
..\C3640-JK.BIN	IOS的相对路径
idle-pc=0x604ec500	IOS对应的idle-pc值
goto reload	返回到上面那个:reload地方，如果出现参数错误，它会循环执行

更多参数内容的了解，可以结合使用Dynamips GUI进行。

掌握了这些参数的含义之后，可以帮助直接理解网络上的拓扑配置情况，这在和人交流以及自己的使用过程中都是非常有用的。在完全掌握这些参数的含义以后，就可以完全脱离Dynamips GUI，直接通过写批处理文件来搭建拓扑环境。

2．Dynamips和宿主机（真实计算机）的连接

使用Dynamips不但可以使用虚拟PC，而且可以和宿主机（真实计算机）的物理网卡相连，利用真正的计算机、网卡、网络构造实验。

下面举例来说明具体步骤。拓扑图如图A-33所示。

例3：

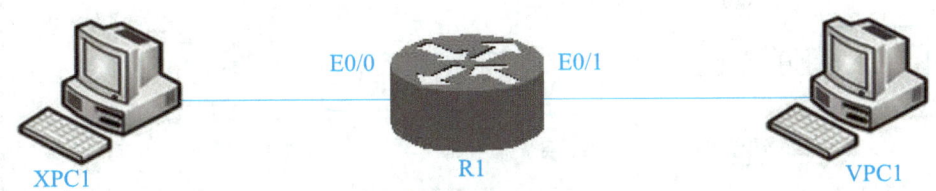

图A-33　和真实计算机连接的实验拓扑图

其中一台计算机用宿主机,另一台计算机用虚拟PC。

1)首先设置宿主机的IP地址,把"本地连接"的IP地址设定如图A-34所示。

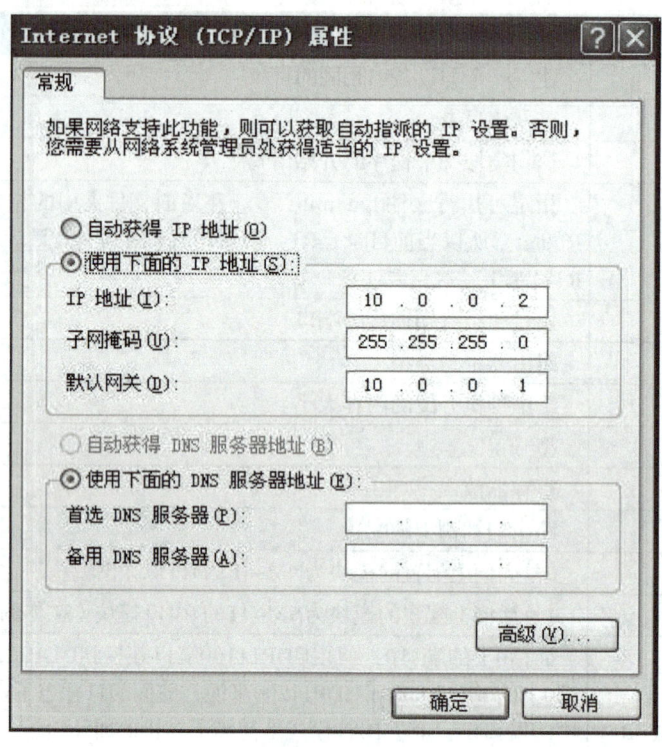

图A-34 真实计算机的IP地址设置

2)打开Dynamips GUI,设定步骤和前面讲述的一样,只是此处应勾选"桥接到PC"复选框,然后在"PC桥接参数配置"下拉列表框中选取"NIC-0",然后单击"计算桥接参数"按钮,如图A-35所示。

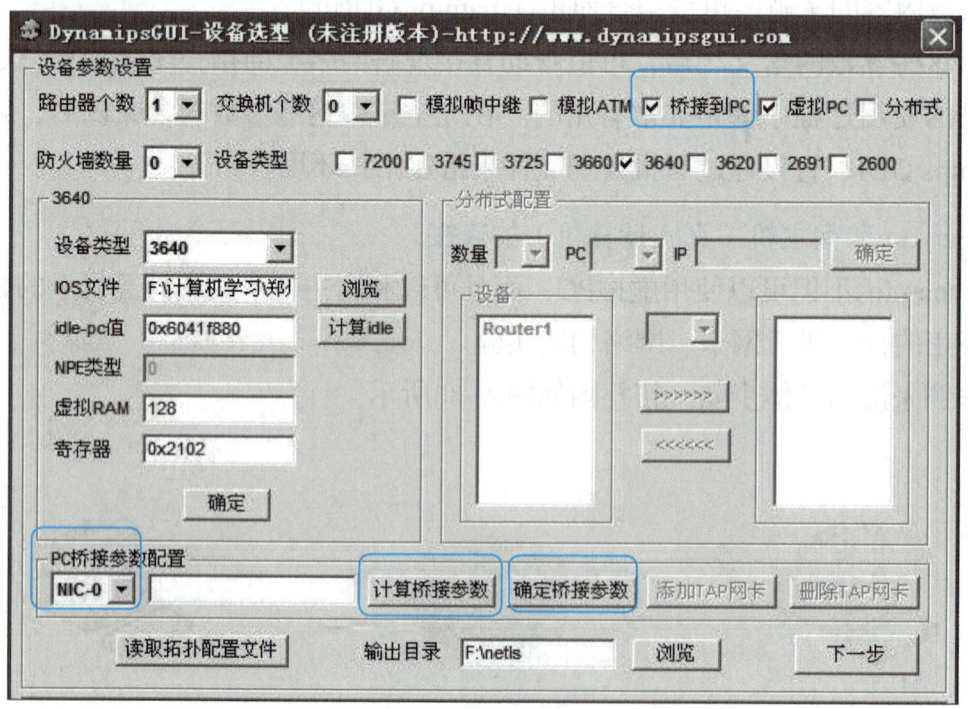

图A-35 Dynamips GUI桥接到PC

3）单击"计算桥接参数"后，会出现如图A-36所示的画面。

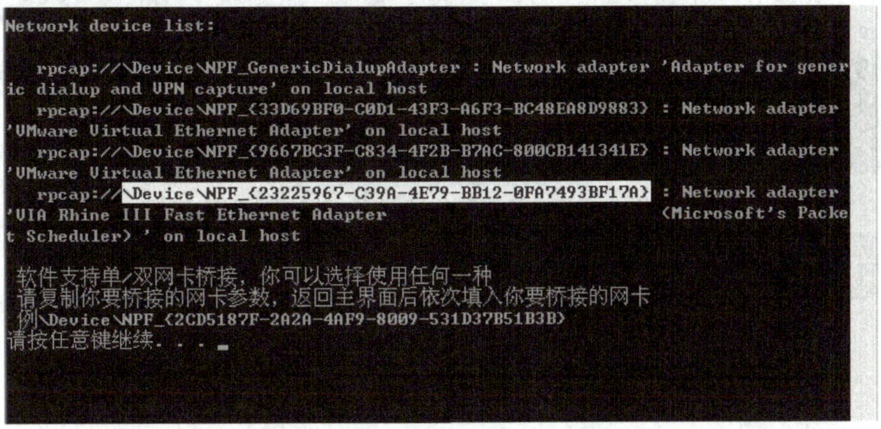

图A-36　计算桥接参数

找到宿主机使用的网卡（本例是VIA Rhine），然后选择图A-36中相应的"桥接参数"，把它复制到图A-35所示的"PC桥接参数配置"框中，单击"确定桥接参数"按钮，如图A-37所示。其他配置不变。

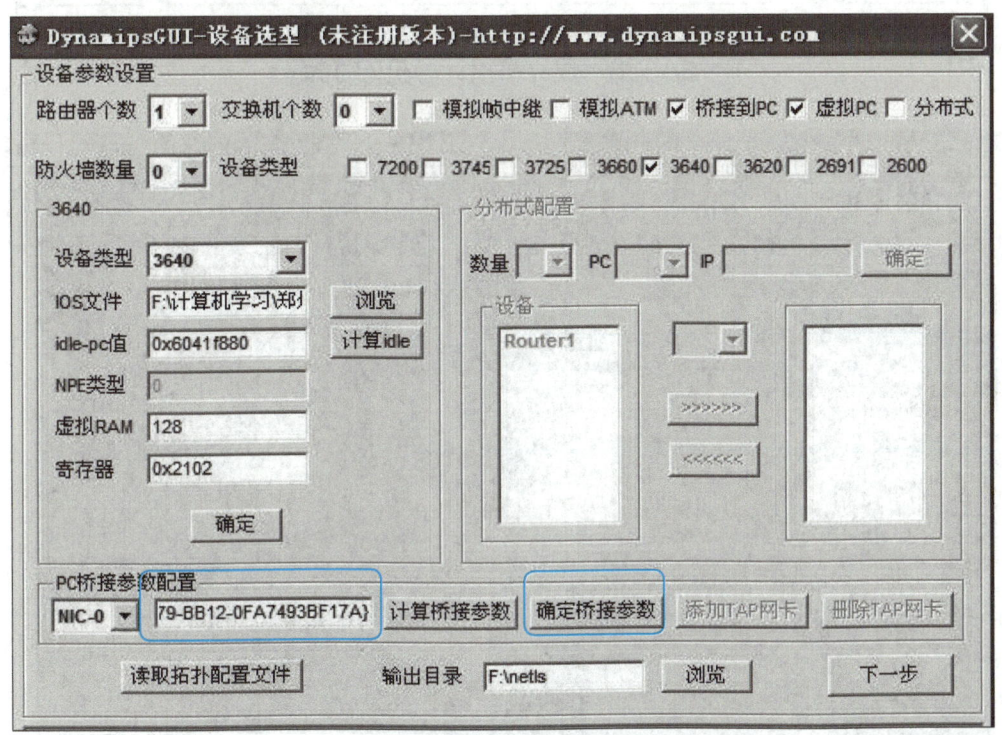

图A-37　确定桥接参数

4）在"连接设置"窗口中会出现设备XPC，这就是宿主机。建立宿主机和相应的路由器接口的连接即可，如图A-38所示。

5）设定相应的IP（路由器和虚拟PC），即可实现网络互通。令虚拟PC的IP为20.0.0.2/24，网关为20.0.0.1。宿主机IP为10.0.0.2/24，网关为10.0.0.1，它们之间可以互相ping通，因为是路由器连接，所以它们的IP地址分别在不同的网段，如图A-39所示（这是宿主机上的CMD窗口）。

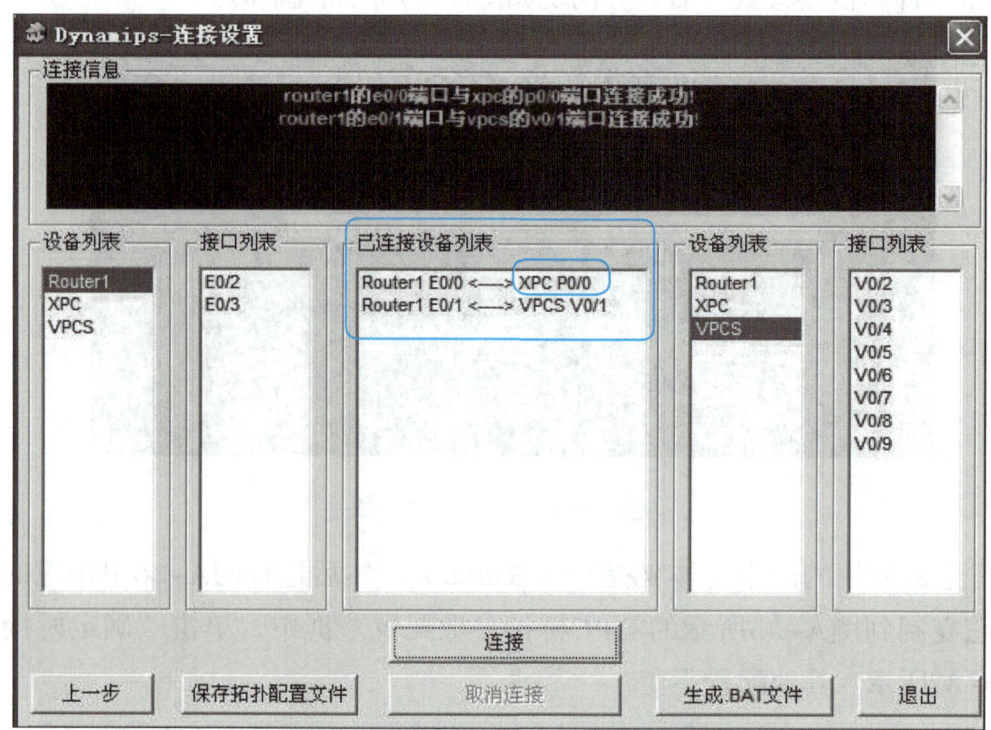

图A-38　建立桥接计算机的连接

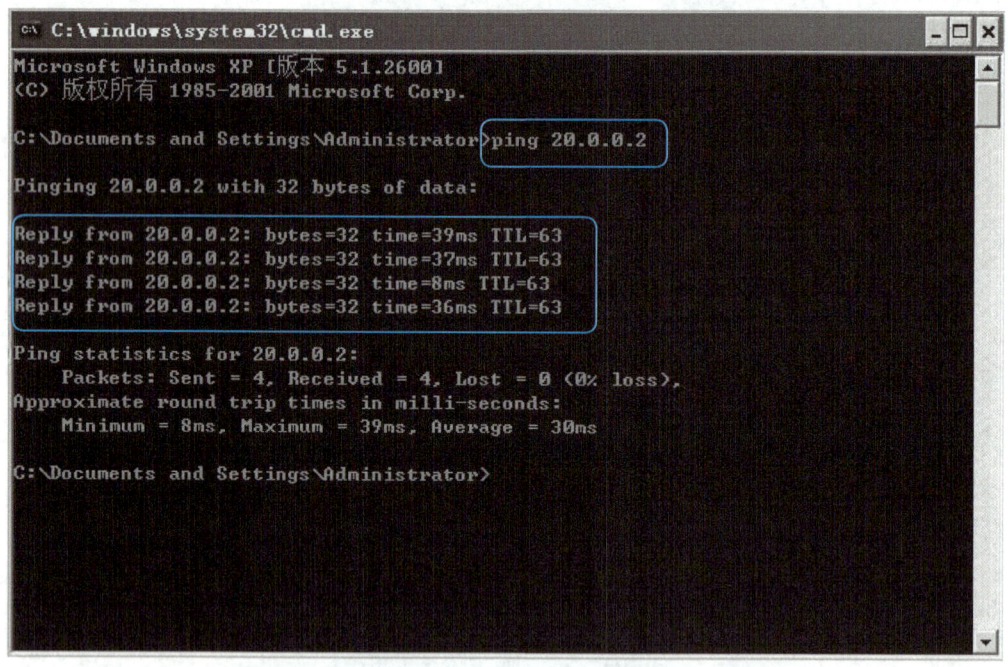

图A-39　在真实计算机上验证桥接结果

3. 利用Dynamips来搭建大型网络

当构造的拓扑比较大时，单台PC由于资源所限而难以完成环境的搭建，此时可以利用多台主机间的分布式互联来实现。简而言之，可以利用多台PC，通过在每台PC上运行若干台路由器或交换机来实现一个复杂网络的模拟。如果这些PC本身就拥有多块网卡，则能模拟几乎所有情况的拓扑连接。只要在设备类型中进行相关设置，就可以很容易实现上述功能。如图A-40所示，使用了10台路由器和1台交换机，可以部署到4台计算机上，只要确保这些计算机之间能够通信，并且指定这些计算机相连接口上的网卡IP地址，就可以很容易地将任务分配到不同的PC上。具体操作和前面所描述的内容相似，此处不再赘述。

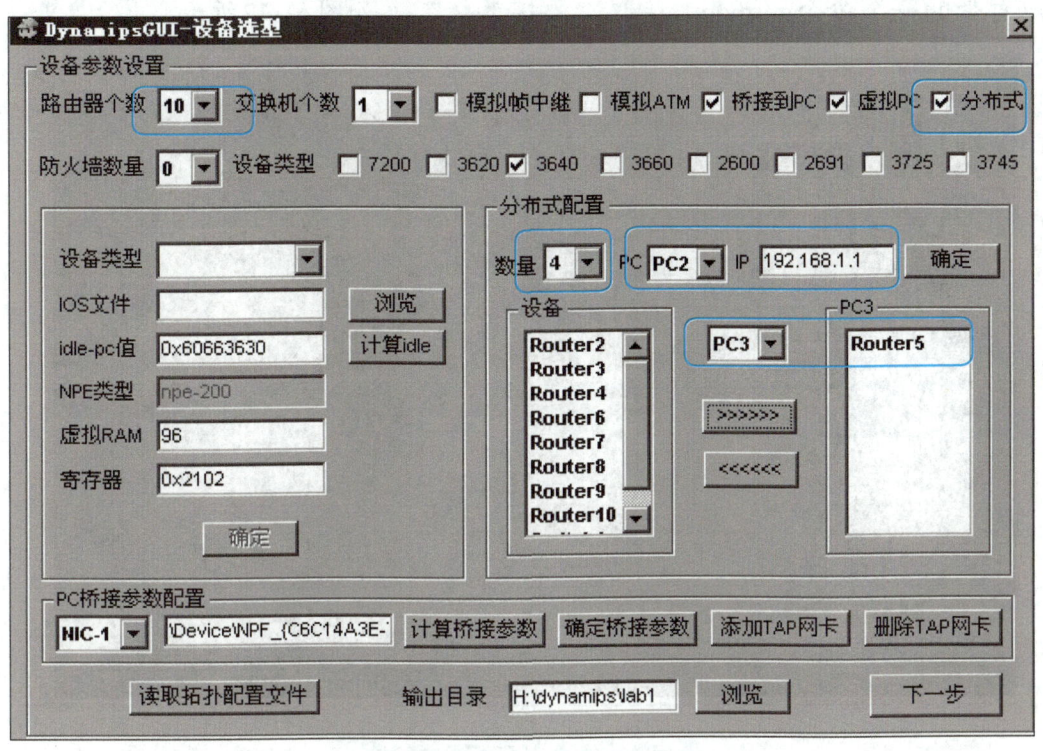

图A-40　分布式计算机实验

另外，即使在单台计算机上，也可以利用虚拟机VMware Workstation提供的虚拟网卡，把虚拟机的网卡当成桥接PC，来实现大型网络的搭建，如图A-41所示。

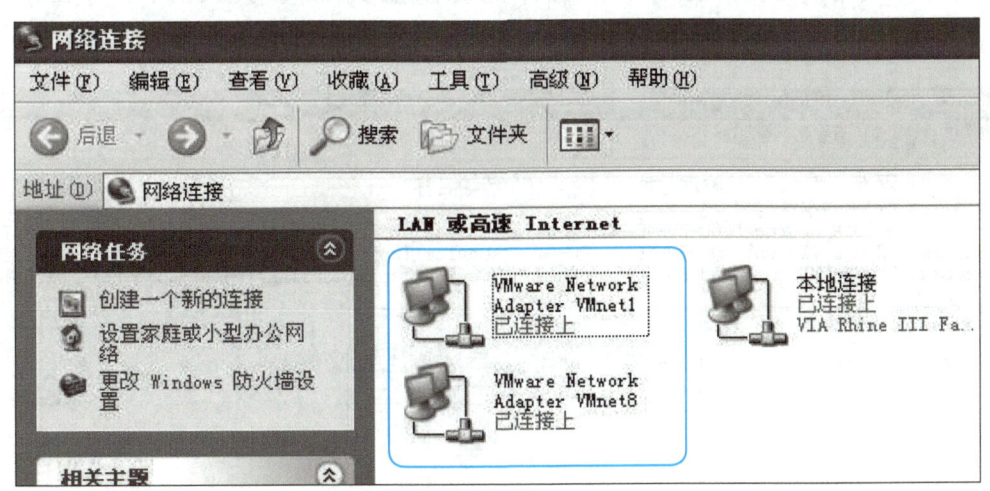

图A-41　虚拟计算机的虚拟连接

只是这时，需要区分清楚虚拟网卡的"桥接参数"，如图A-36中第5行的"VMware Virtual Ethernet Adapter"，就是虚拟网卡。

小技巧

对于虚拟网卡的"桥接参数",用Dynamips GUI提供的"计算桥接参数"当然是可以的,但对于虚拟机来说就分不清楚到底哪个参数是VMnet1,哪个是VMnet8,当然,可以先停用一个虚拟网卡,然后逐个计算,但这样的方法非常麻烦。因此可以采用Windows自带的一个命令getmac来获取"桥接参数",如图A-42所示。

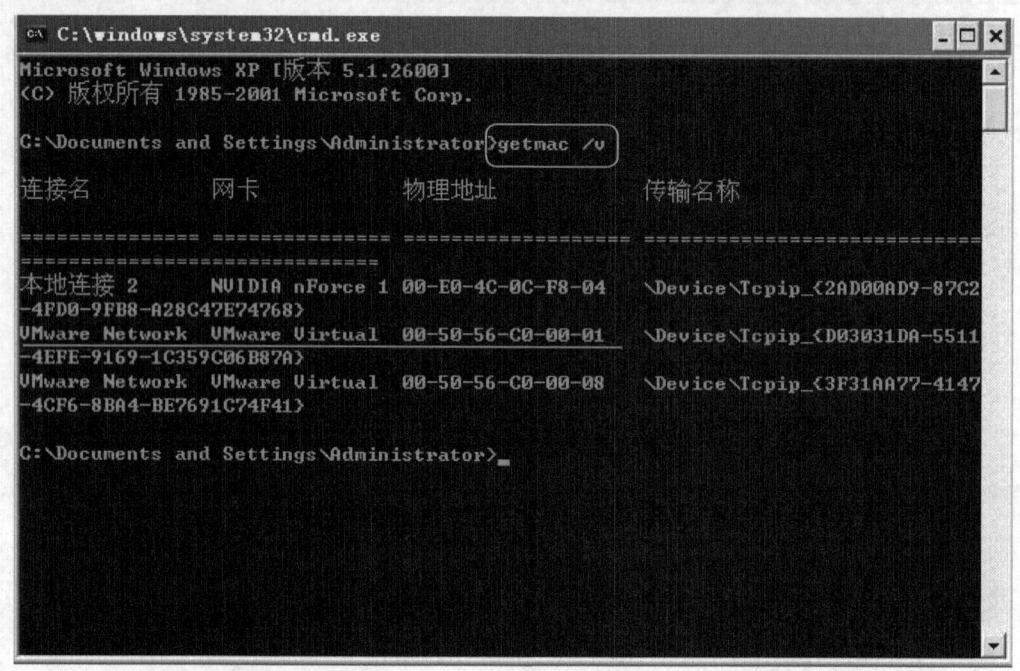

图A-42 获取桥接参数

图A-42中的显示看起来还是不太舒服,复制起来也麻烦,这时可以用"getmac /V >c:\a.txt"命令,把得到的内容存储到C盘根目录(C:\)下的a.txt文件中,运行这一命令后,a.txt文件内容如图A-43所示。这样就能很方便地找到虚拟网卡对应的"桥接参数",并且也很容易复制了。

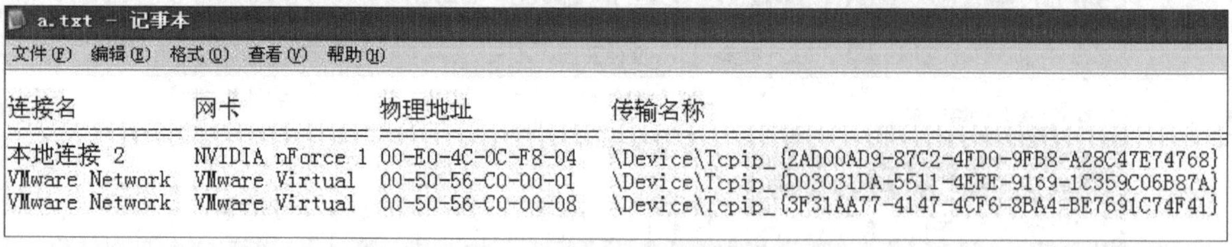

图A-43 把桥接参数输出到文件

附录B　Cisco Packet Tracer使用说明

Packet Tracer 是由Cisco公司发布的一个辅助学习工具，为学习思科网络课程的初学者去设计、配置、排除网络故障提供了网络模拟环境。用户可以在软件的图形用户界面上直接使用拖拽方法建立网络拓扑，并可提供数据包在网络中行进的详细处理过程，观察网络实时运行情况。可以学习IOS的配置、锻炼故障排查能力。软件还附带多个已经建立好的演示环境、任务挑战。它支持IPV6、VPN、AAA认证等高级配置。

扫描二维码观看视频

> **小知识**
> 其中Packet的中文意思为包、包裹、数据包，如Packet switch 表示分组交换。Tracer的中文意思为探索者、示踪物。

B.1 安装和工作界面

1. 软件安装和汉化包

软件安装过程比较简单，不再过多演示讲解，这里以常见的5.3版本为例，默认的安装目录是C:\Program Files\Cisco Packet Tracer 5.3，如图B-1所示。

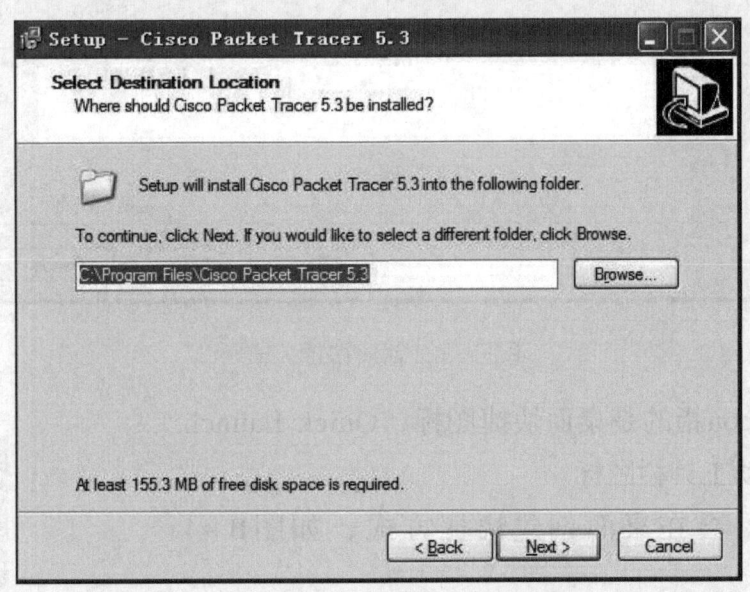

图B-1　Packet Tracer默认安装目录

安装过程会提示创建开始菜单快捷文件夹，一般不用改名字，如图B-2所示。

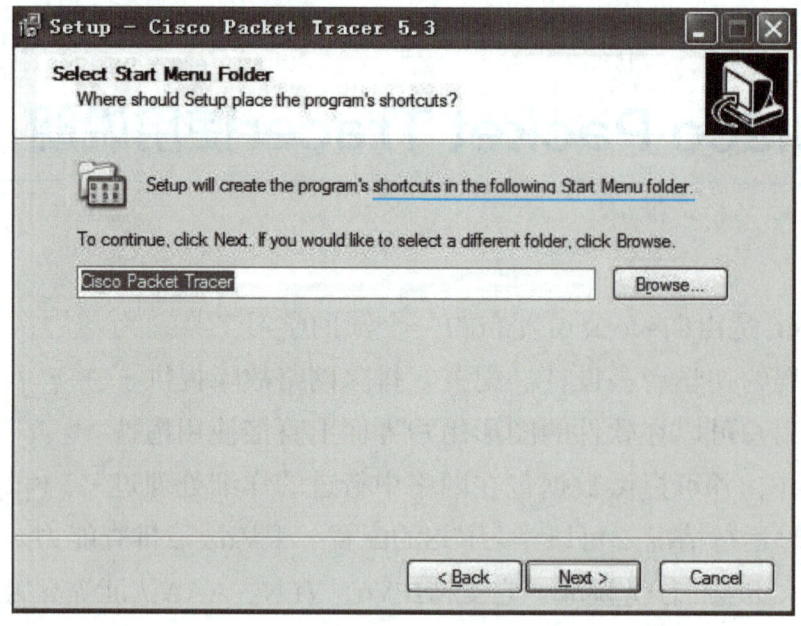

图B-2　开始菜单快捷文件夹

安装过程还会提示创建桌面快捷图标以及快速启动工具栏图标，可以根据需要选择，如图B-3所示。

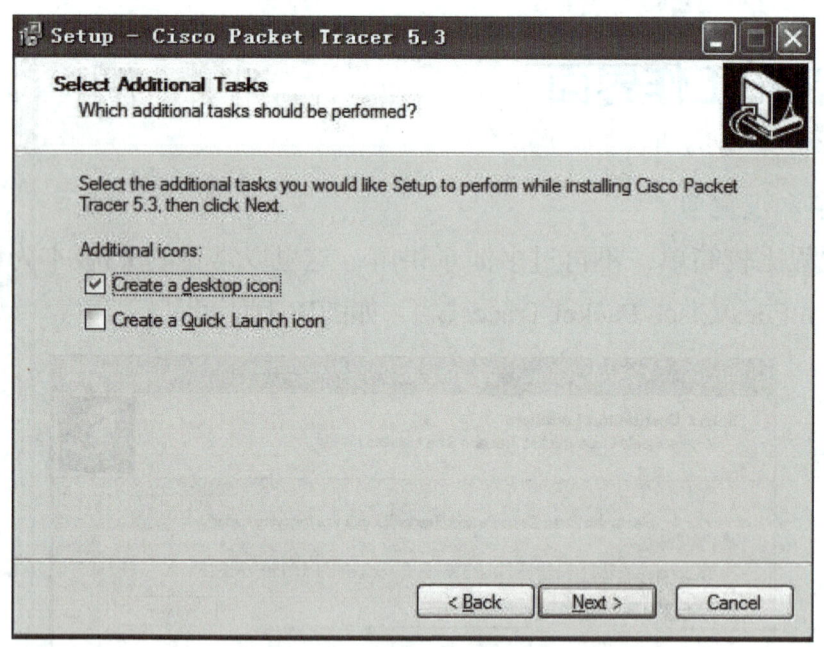

图B-3　创建快捷方式

其中desktop icon指的是桌面快捷图标，Quick Launch icon指的是快速启动工具栏图标。

安装完成后，会在桌面创建快捷方式，如图B-4所示。

创建开始菜单快捷文件夹，如图B-5所示。

图B-4　桌面快捷方式图标

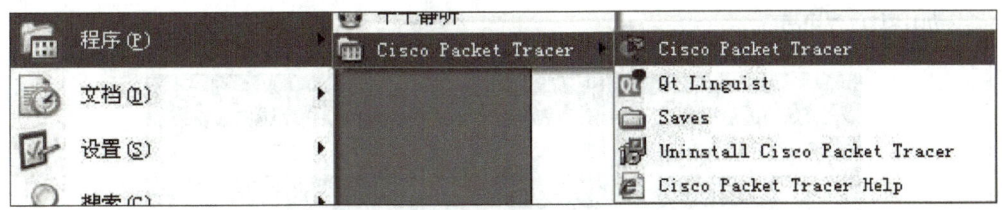

图B-5 开始菜单快捷文件夹

该文件夹中有：

1）Cisco Packet Tracer，就是程序快捷方式。

2）Qt Linguist，是Trolltech（奇趣科技公司，2008年被诺基亚公司收购）生产的一款翻译和国际化工具。它是Qt SDK 的一部分，使用单一的源码树和单一的应用程序二进制包，可同时支持多个语言和书写系统。

3）Saves，文件夹默认位置为C:\Program Files\Cisco Packet Tracer 5.3，里面存放了Packet Tracer提供的很多典型应用例子。

4）Uninstall Cisco Packet Tracer，卸载软件。

5）Cisco Packet Tracer Help，会打开软件的帮助页面。这个页面存放在C:\Program Files\Cisco Packet Tracer 5.3\help\default\index.htm，是英文网页，会有关于软件的一些介绍和使用方法，这里不再详述。

安装完成首次启动软件时，会弹出提示，提示用户保存使用文件的路径，默认为C:\Documents and Settings\Administrator\Cisco Packet Tracer 5.3，如图B-6所示。

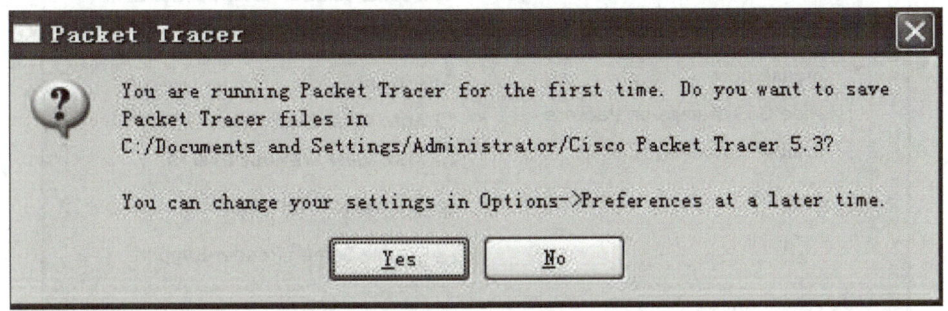

图B-6 提示用户保存路径

注意：此文件夹和开始菜单的saves文件夹不同，开始菜单的文件夹默认位置为C:\Program Files\Cisco Packet Tracer 5.3，是软件的安装目录，保存的是Packet Tracer提供的各种例子。这个文件夹是软件在使用时会把练习实验生成的*.pkt文件保存在默认路径下。

安装完成后可以安装汉化包，汉化包的安装过程如下：

1）把汉化包下载到本地计算机中并解压缩。

2）在解压缩后的文件夹里面找到Chinese_5.2_for_Packet_Tracer.ptl文件，把Chinese_5.2_for_Packet_Tracer.ptl复制到Packet Tracer 5.3安装目录的languages文件夹里。默认是：C:\Program Files\Cisco Packet Tracer 5.3\languages。

3）启动Packet Tracer 5.3，选择顶部菜单中的Options（选项），然后再选择Preferences

（首选项），如图B-7所示。

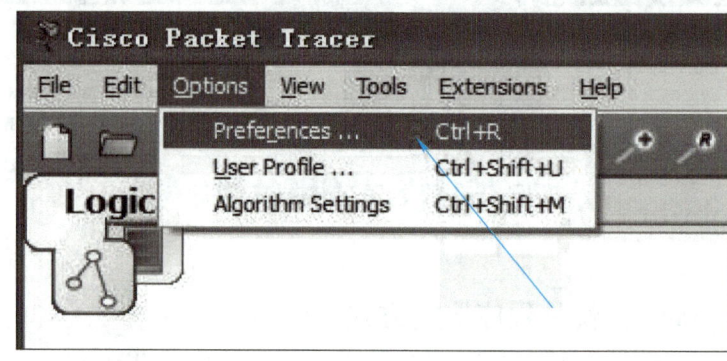

图B-7 首选项菜单

4）此时会弹出Preference（首选项）界面，在该界面的下面看到Select Language（选择语言包）文本框，选择Chinese_5.2_for_Packet_Tracer.ptl后单击"Change Language"按钮，如图B-8所示。

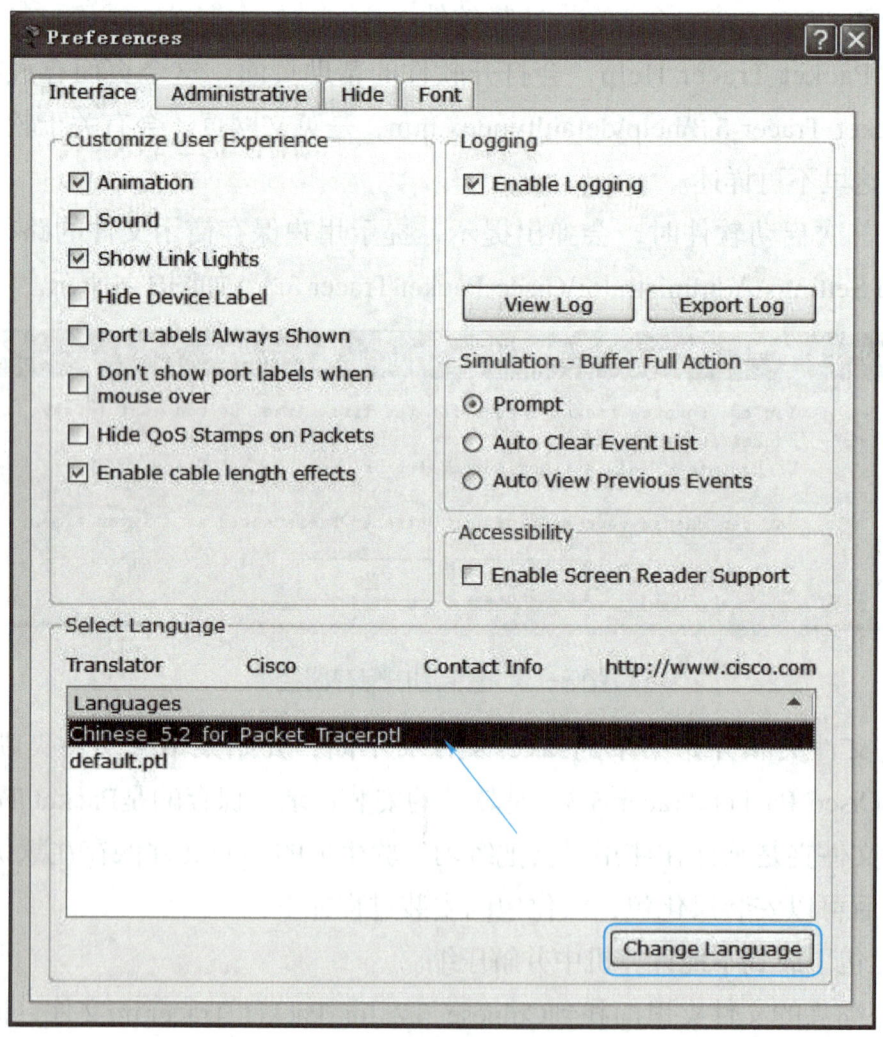

图B-8 首选项窗口

这时会弹出对话框，提示在下次启动Packet Tracer 5.3的时候才会生效，如图B-9所示。

图B-9 提示下次启动生效

5）关闭Packet Tracer 5.3，并再次启动。这时已经可以看到大家熟悉的中文了。至此汉化包已经安装完毕。

注意： 本书所学习的内容为网络配置基础知识，所有实验均可在4.0以上任意版本软件下调试使用，故软件版本不需要追求最新。另外，实验所生成的.pkt文件在不同版本的软件中不能打开，所以练习过程中使用某一版本软件就不要随便更换。

2. 工作界面

Packet Tracer 5.3的工作界面如图B-10所示。

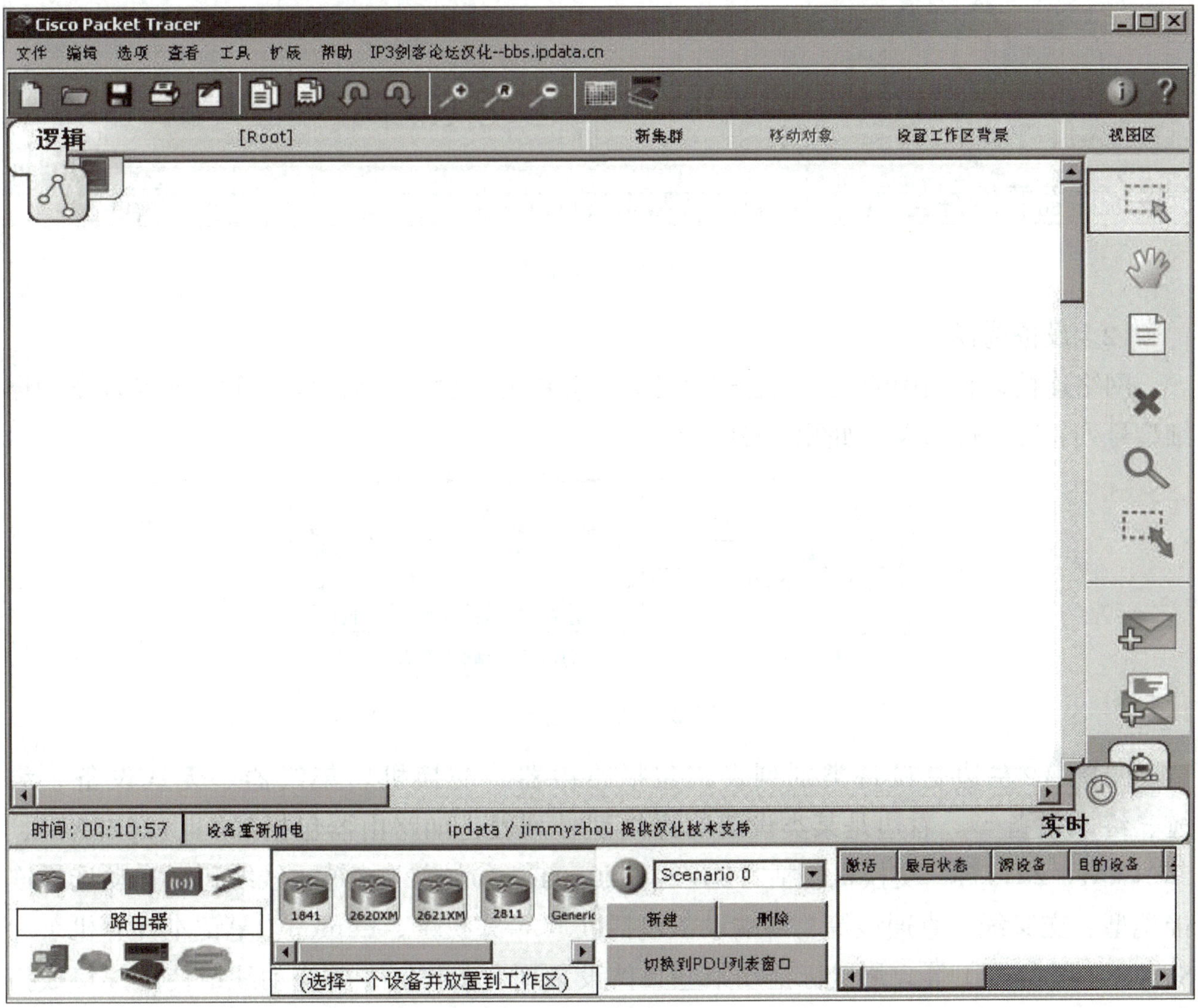

图B-10 工作界面

Packet Tracer 5.3的工作界面可以分为如下几个部分：

（1）工作主界面

工作主界面中最大的工作区域是拓扑图区，也叫主工作区，在该区域可以创建网络连接拓扑图，如图B-11所示。

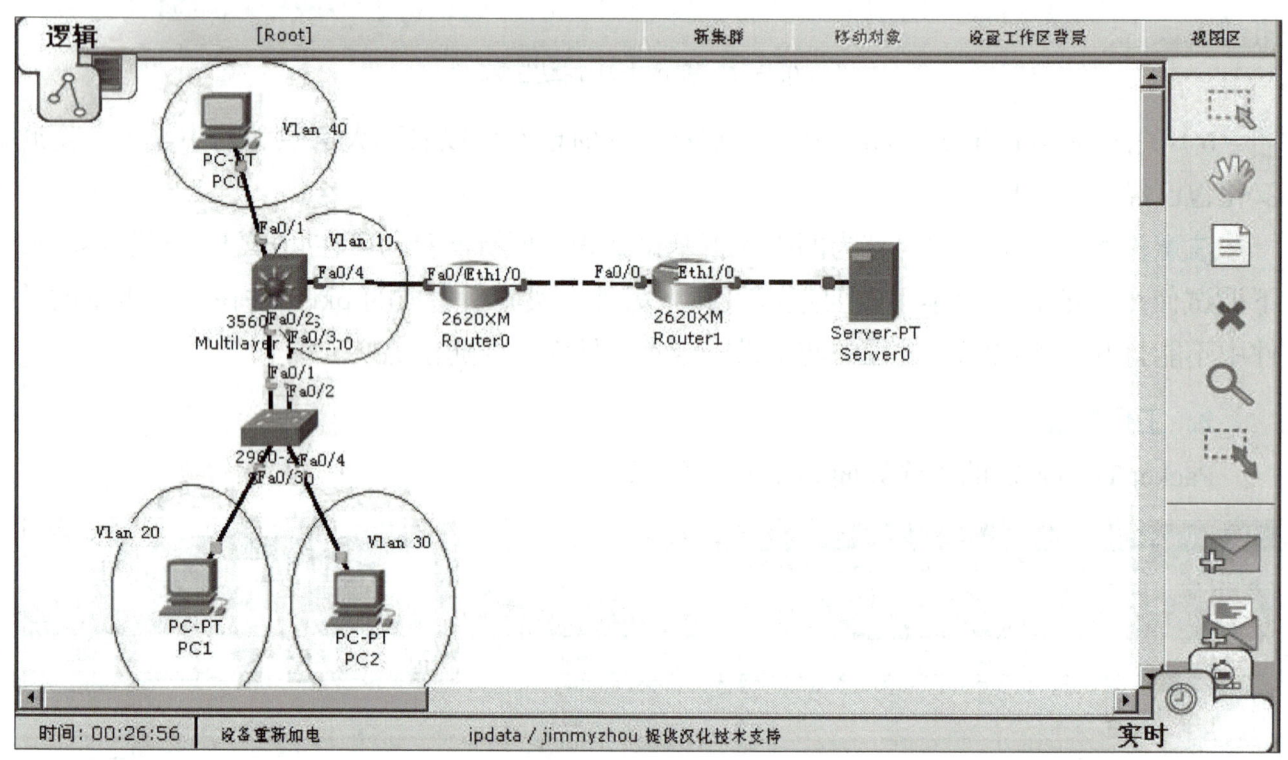

图B-11　主工作区

（2）设备选择区

网络连接拓扑图中的设备是通过设备列表区中的"设备类别列表"和"某类设备的详细型号列表"进行选择，如图B-12所示。

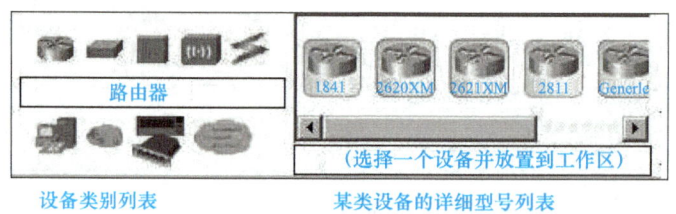

图B-12　类型列表

图B-12左边是设备类别列表，包括路由器、交换机、集线器、无线设备、线缆、终端设备等。右边是某类设备的详细型号列表，如路由器包括1841、2620XM、2621XM、2811等，交换机包括2950-24、2950T、3560-24PS等，线缆包括自动选择连接类型、交叉线、直通线等，终端设备包括PC（台式机）、Laptop（笔记本计算机）、Server（服务器）等。用鼠标拖动某些具体设备到主工作区，并拖动线缆使之连接成拓扑网络进行配置实验。

（3）文件菜单

Packet Tracer会把设计好的拓扑图和设备配置信息保存成文件，如图B-13所示。文件的扩展名是.pkt。这样有两个好处：①保存设计好的内容，以便将来复习、查看。②有时一个实验做不完，可以保存下来，以后再做。

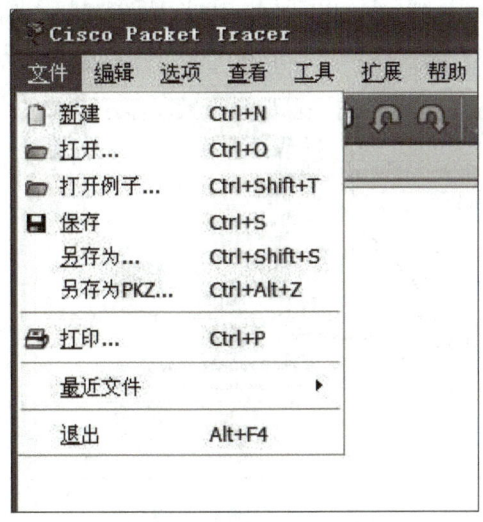

图B-13　文件菜单

Packet Tracer有一个很重要的功能：例子。执行"文件"→"打开例子（Open samples）"命令，会打开Packet Tracer安装目录下面的一个文件夹：saves，如图B-14所示。

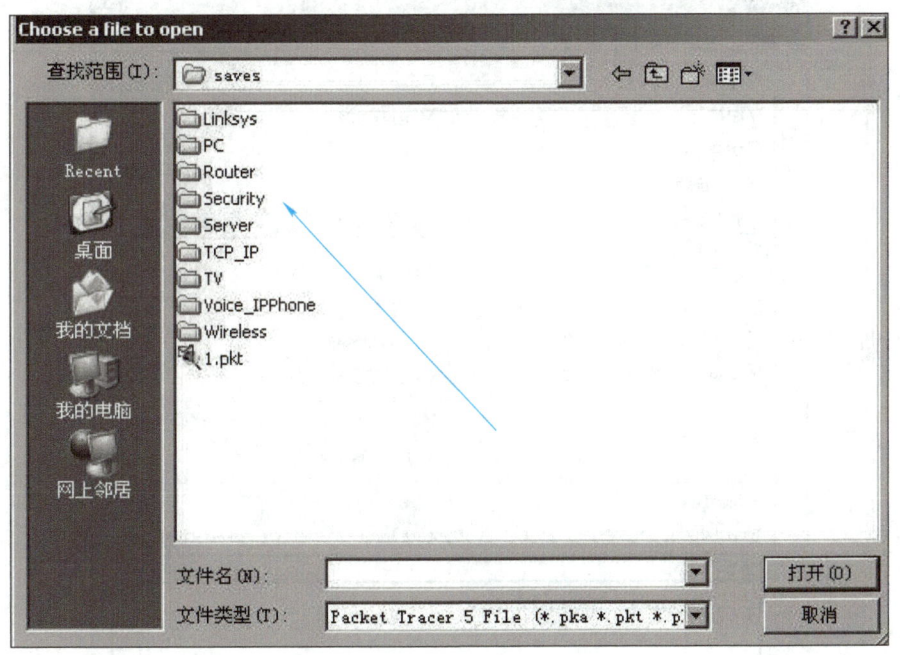

图B-14　例子保存目录

其中每个文件夹下都有一些例子，根据文件夹的名字，可以知道这些例子是什么类型的实验。例如，打开saves文件夹下面的Router\dhcp\dhcp.pkt文件，就会出现如图B-15所示的工作界面。

这就是一个典型的DHCP服务的例子，可以通过查看各个设备的配置情况学习和掌握路由器（Router）的DHCP服务。

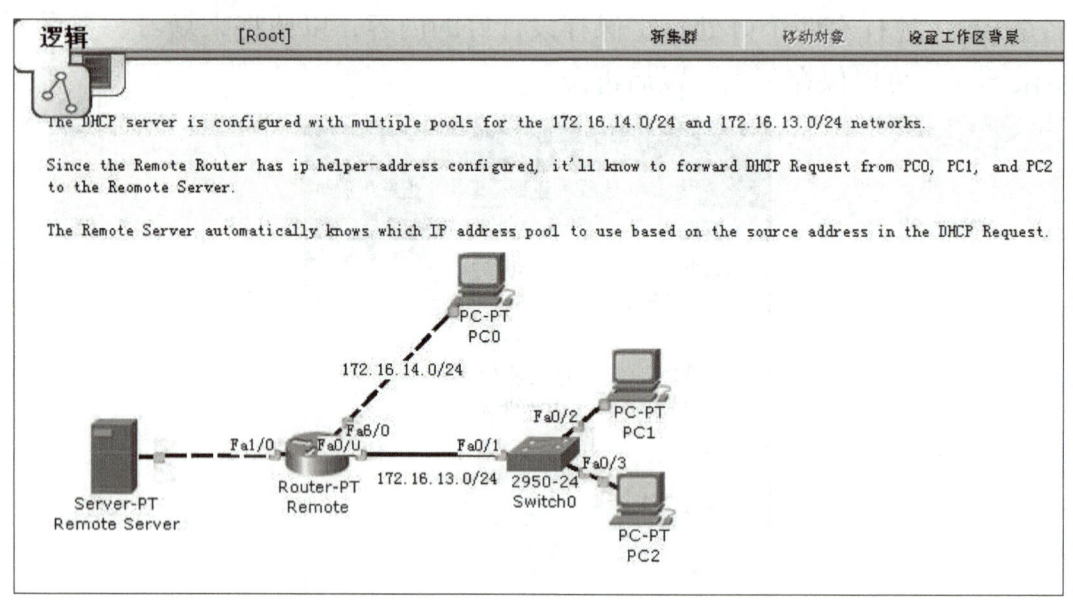

图B-15　查看DHCP

（4）选项菜单

编辑菜单比较简单，复制、粘贴、撤消等功能大家都比较熟悉。选项菜单下有"首选项"项目，"首选项"窗口如图B-16所示。

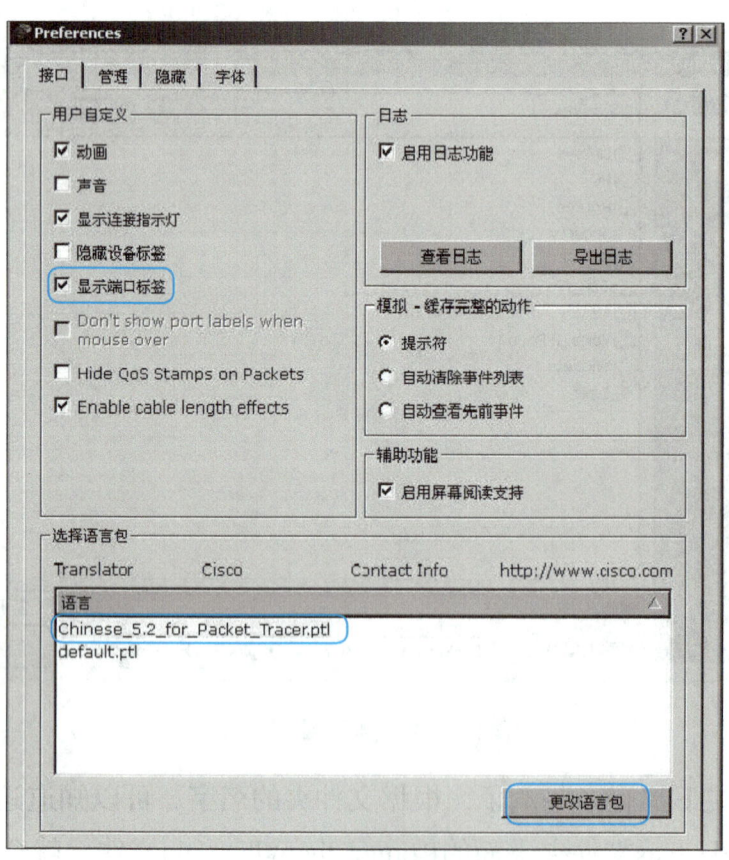

图B-16　"首选项"窗口

在"首选项"窗口，可以对Packet Tracer软件进行设置，其中需要注意的是，尽量打开"显示端口标签"（Always Show Port Labels）选项，这样在进行拓扑图连接时，会显示连接端口，方便实验。当然，如果设备比较多，完全显示连接端口会使拓扑图显得凌乱，那么也可以把这个选项关闭。

（5）工具菜单

工具菜单里有"绘图调色板"选项，如图B-17所示。

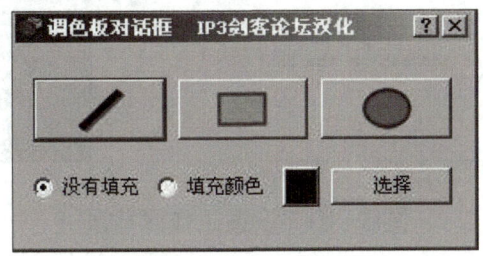

图B-17　绘图调色板

可以在拓扑图中绘图出直线、矩形、圆形。单击3个图形按钮，即可在主界面画图，单击"选择"按钮，可以改变线条的颜色。选中"填充颜色"单选按钮，可以绘制出填充颜色的图形，如图B-18所示。

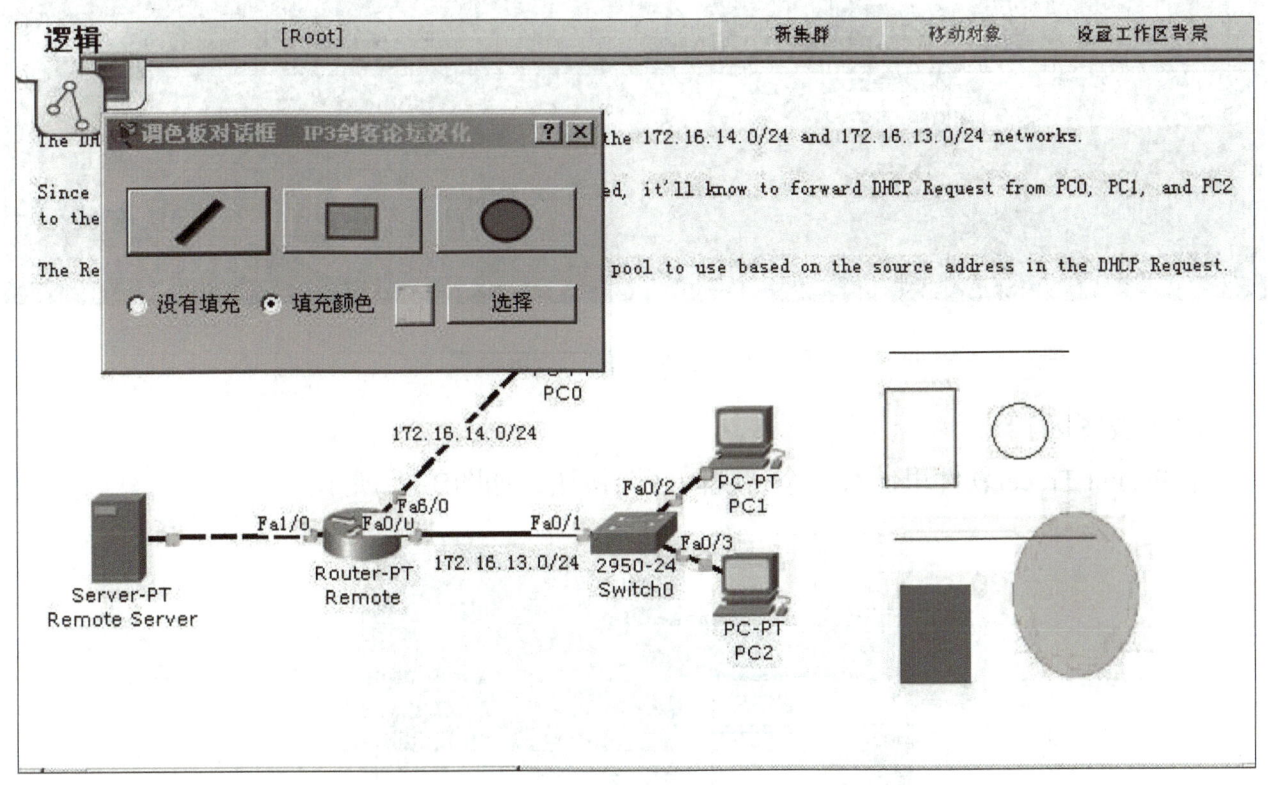

图B-18　绘制图形

（6）设置工作区背景

工作区的背景默认是白色，可以通过"设置工作区背景"按钮，选择用户喜欢的图片作为工作区背景，如图B-19所示。

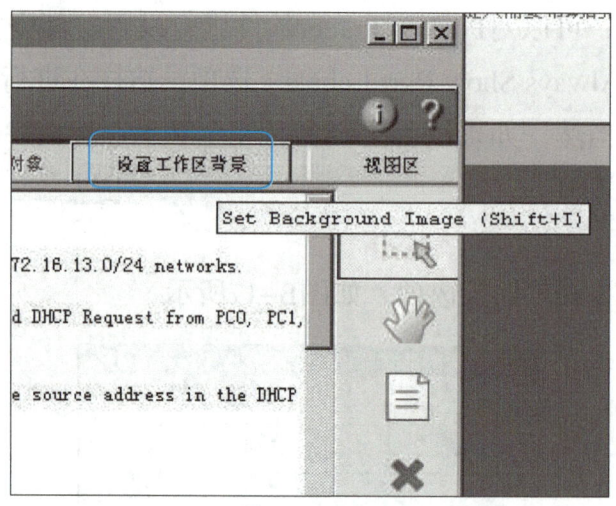

图B-19 设置工作区背景

可以选择各种图片类型，如JPG等格式，更改过的主工作区背景界面如图B-20所示。

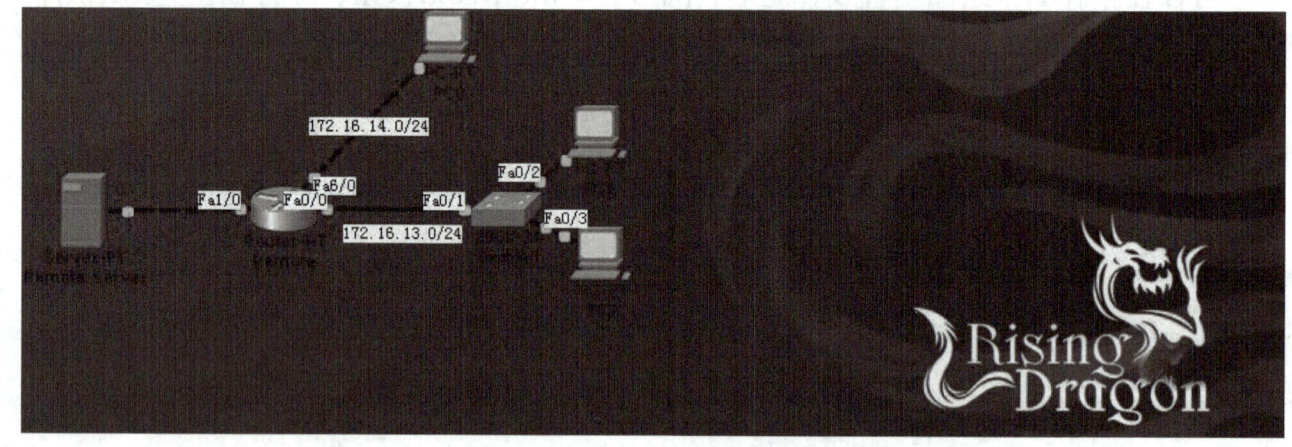

图B-20 调整后的工作区背景

（7）视图区

在Packet Tracer软件里还有一个"视图区"按钮，如图B-21所示。

图B-21 视图区按钮

单击视图区，会打开一个小窗口：视图。这个视图区会完整显示整个拓扑图，从而使学习者更好地观察，如图B-22所示。

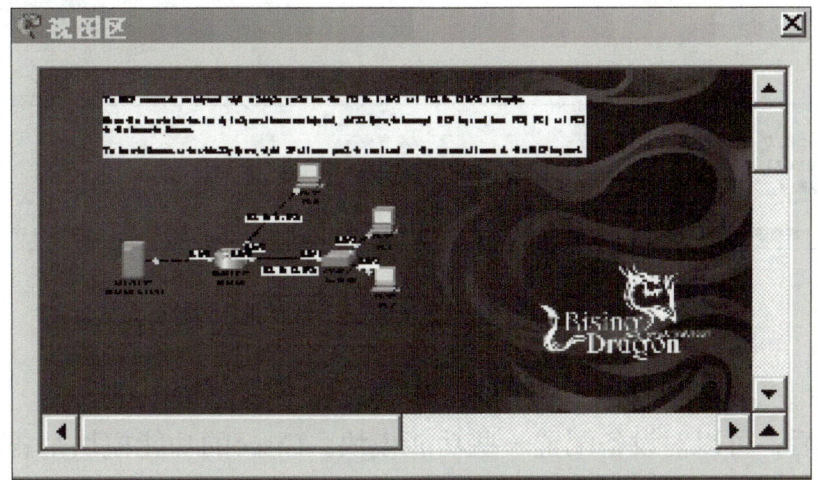

图B-22 视图区

B.2 组建网络

1. 添加设备

根据实验拓扑要求，在主工作区内添加各种网络设备。如需添加路由器，那么首先在"设备类别列表"选择设备：路由器。然后在"详细型号列表"选择某种型号的路由器，如图B-23所示。

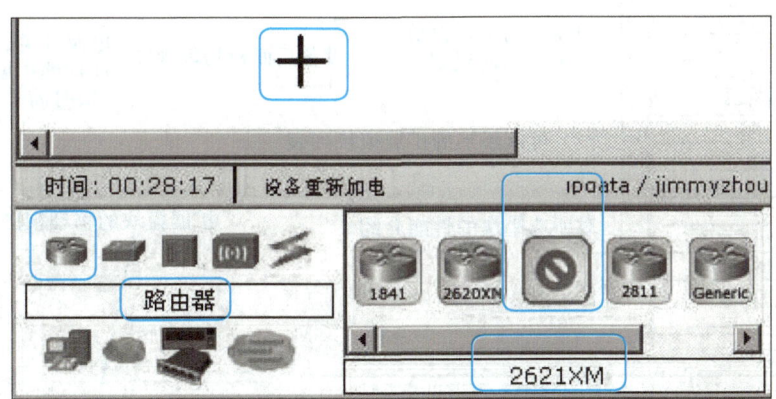

图B-23 添加设备

选择添加路由器的型号2621XM，单击2621XM图标，把鼠标移动到主工作区，鼠标会变成"十"字，在主工作区单击，该设备会添加到主工作区。

把设备添加到主工作区后，当鼠标移动到设备上并停留几秒，关于这个设备的配置情况会以弹出窗口的形式显示，如图B-24所示。

根据实验要求，把各种设备都添加到主工作区，完成添加设备的任务。

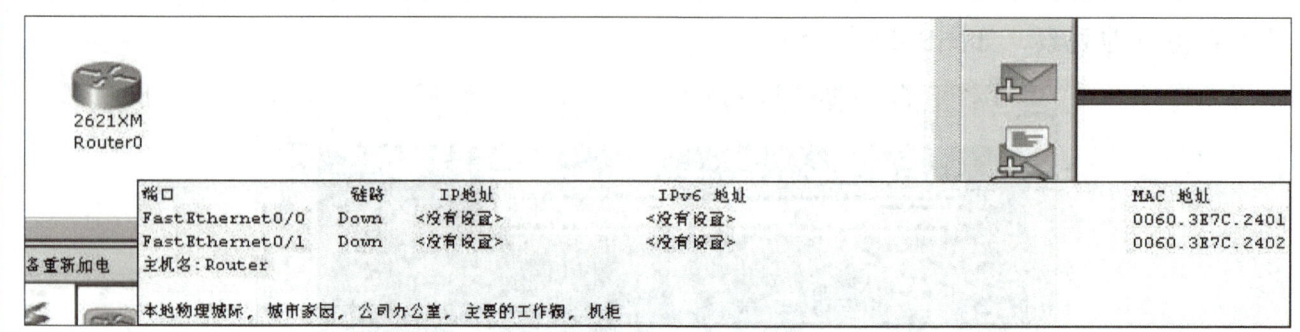

图B-24　2621XM在主工作区

2. 配置设备

添加完设备后，可以对设备配置一些功能模块。Cisco的功能模块是各种设备的功能扩展，将模块插入扩展口。

添加模块可以扩充路由器、交换机的功能，而且Cisco的功能模块一般售价很贵，如NM-4E，报价15 999元。

在主工作区的设备上单击，会打开设备配置窗口，窗口有3个选项卡，其中第一个就是物理模块扩展，如图B-25所示。

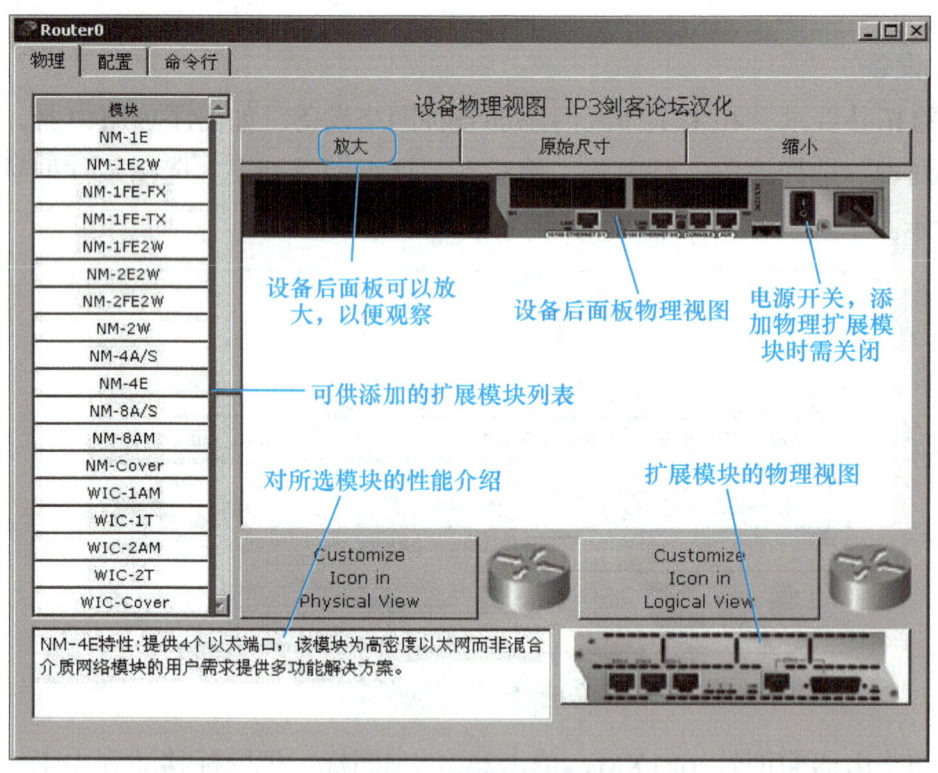

图B-25　扩展模块

单击某功能模块，下面会出现对这个模块的功能介绍（汉化版为部分汉化，不是全部），还有功能模块的物理视图。想把模块加入设备，只需拖动模块视图至设备扩展口即可，如图B-26所示。

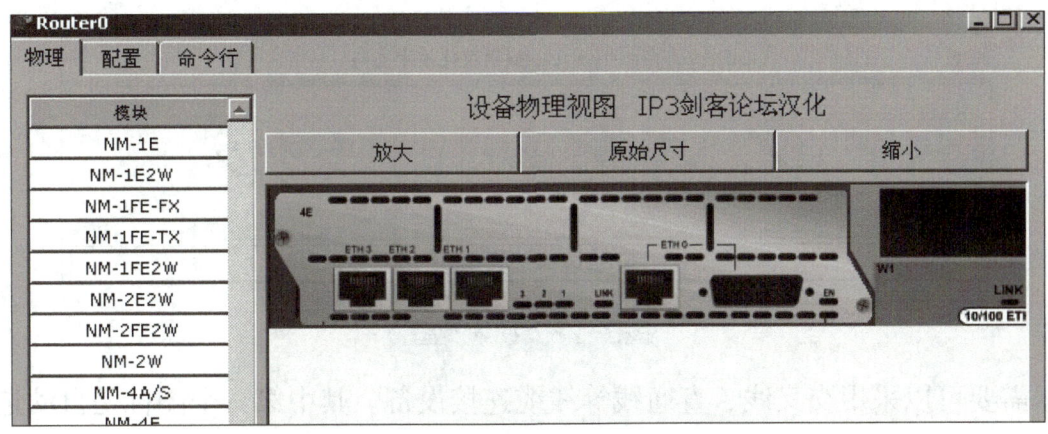

图B-26 拖入NM-4E并放大图

把扩展模块移出设备时，只需把模块拖出设备，放回物理视图区即可。

给设备添加和移除扩展模块时，需要关闭设备电源，否则会弹出提示窗口，表示打开电源时不能添加或移除功能模块，如图B-27所示。

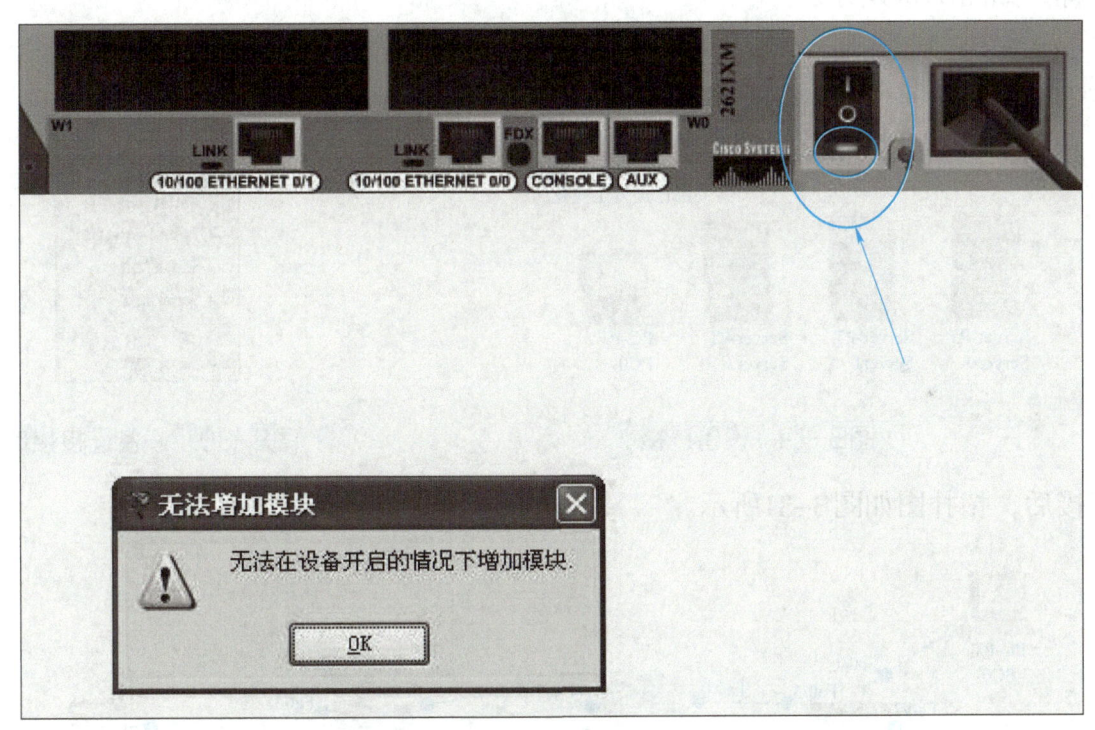

图B-27 打开电源时不能添加功能模块

需要说明的是，有些实验不需要添加扩展模块，而且并不是所有设备都可以添加扩展模块，路由器可供添加的模块比较多，有的交换机没有可供添加的扩展模块。

3. 连接设备

添加好需要的模块并打开设备电源，设备就可以使用了。要想进行网络实验，还需要按照拓扑图的要求，对设备进行连接。

单击"设备类别列表"里的"线缆"，右面"设备详细型号列表"会显示各种线缆，如图B-28所示。

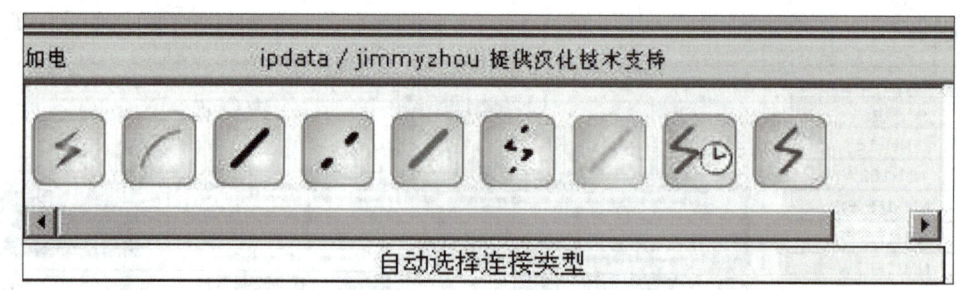

图B-28 线缆类型

根据需要可以采用交叉线、直通线等线缆连接设备。其中第一个图标是自动选择连接类型，也可以采用这个方式连接，软件会根据设备类型自动选择线缆。

选择一种线缆，把鼠标移入主工作区，鼠标会变成线缆连接模式，单击设备并拖动线缆至另一设备单击，会把这两个设备连接起来，如图B-29所示。

如果不是采用自动连接模式，单击设备时会弹出一个窗口，显示设备各种接口，供学习者选择，如图B-30所示。

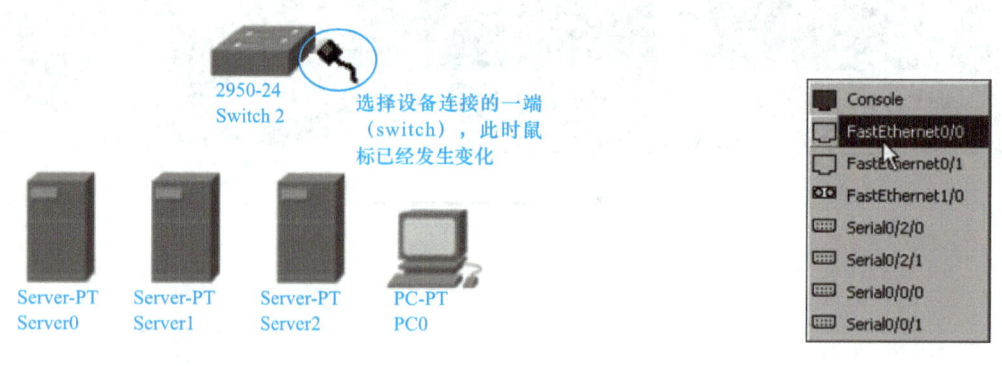

图B-29 设备连接　　　　　　　　　　图B-30 设备连接接口

连接后，拓扑图如图B-31所示。

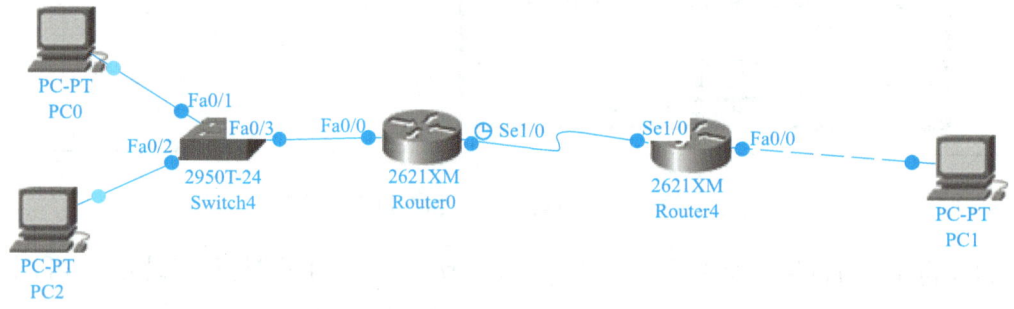

图B-31 连接拓扑图

从图B-31中可以看出，当连接完成后，有的设备一端显示红点，有的显示绿点。显示绿点的意思是设备是连通的，红点表示不通。这主要是因为连接建立后，并没有配置IP地址和路由协议，也没有打开路由器的接口，等把各个设备配置好后，如果没有问题的话，图中应该显示都为绿点，如图B-32所示。

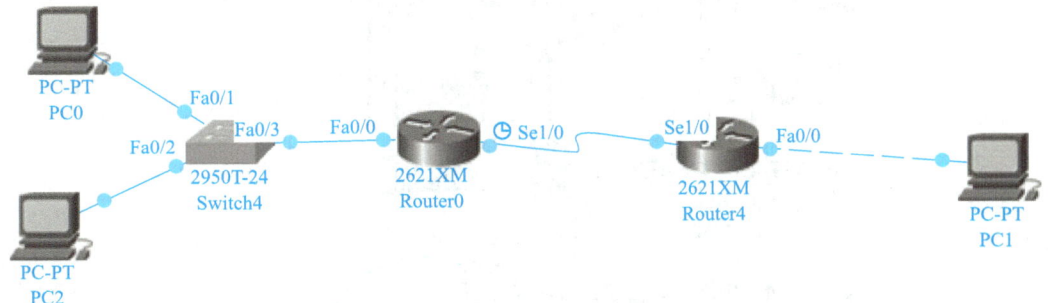

图B-32　配置好的拓扑图

4．拓扑工具

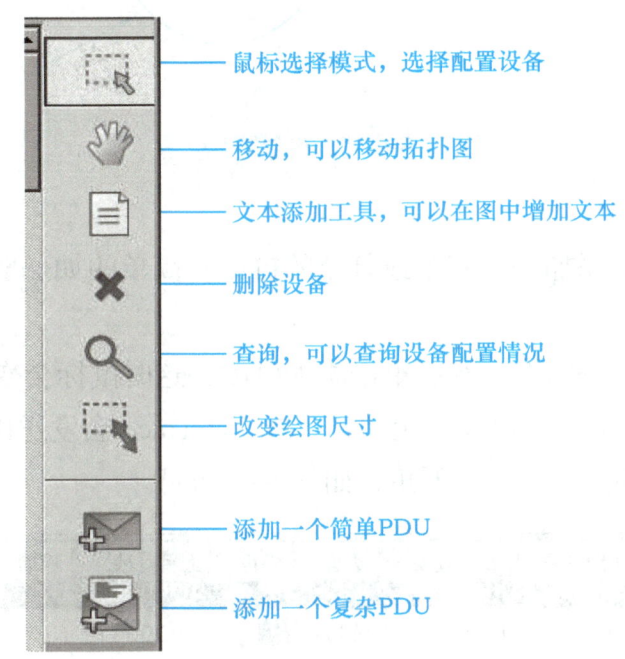

图B-33　拓扑工具

Packet Tracer有一些拓扑工具，利用这些工具可以对拓扑图可以进行修改和查询。

（1）文本添加工具

文本添加工具可以在拓扑图中添加文字。单击文本添加工具，然后在主工作区中单击，就可以输入各种文字，包括汉字。

（2）查询工具

单击查询工具，然后在主工作区的设备上单击，会弹出设备列表、查询路由表、MAC表、ARP表等设备配置内容。

（3）改变绘图尺寸

改变绘图尺寸工具可以改变图形的大小，绘图调色板绘制的图形有时需要改变大小，单击这个工具，绘制好的图形上会出现一个小方块，拖动这个方块，可以改变绘制图形的大小，如图B-34所示。

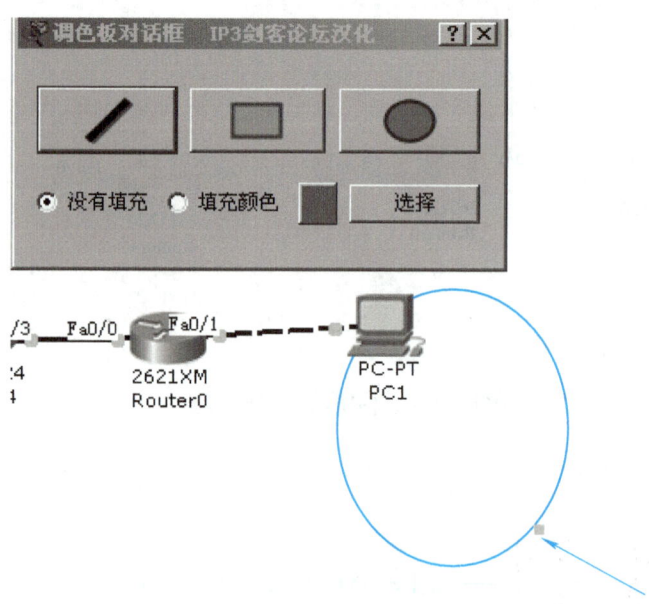

图B-34　改变绘图大小

（4）添加PDU

添加PDU工具，可以添加一个简单或复杂的PDU，简单的如一般的IP报文，复杂的如设置了TTL值的IP报文。

使用时，首先要配置好网络，然后单击添加PDU，这时鼠标会变成一个小信封，在一个设备上单击一下，然后在另一个设备上单击，Packet Tracer会发送IP报文，检查网络是否连通。检查结果会显示在主工作区右下角，如图B-35所示。

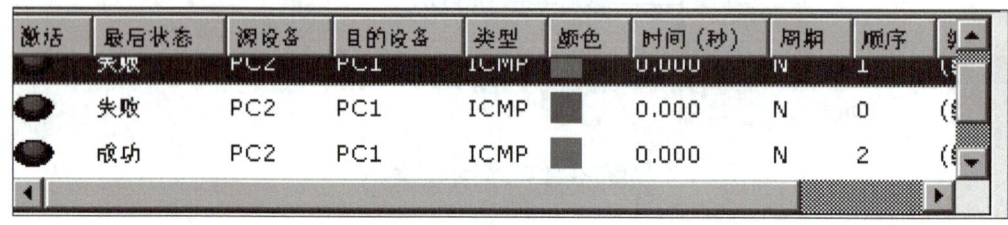

图B-35　PDU结果

B.3 配置设备

1. 网络设备的配置

在主工作区的设备上单击，会打开设备配置窗口，窗口有3个选项卡，其中第一个是物理模块扩展，添加扩展模块时使用。

第三个选项卡是：命令行，如图B-36所示。

命令行方式配置路由器、交换机是本书学习的主要内容，必须认真掌握。

第二个选项卡是图形化配置，如图B-37所示。

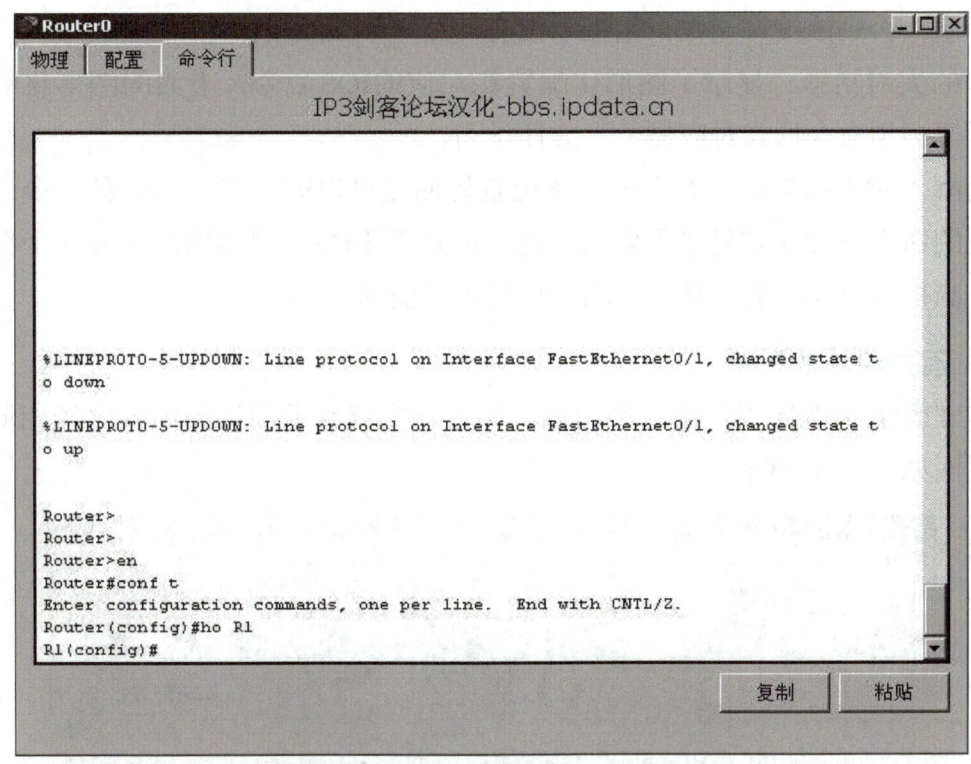

图B-36 命令行配置路由器、交换机

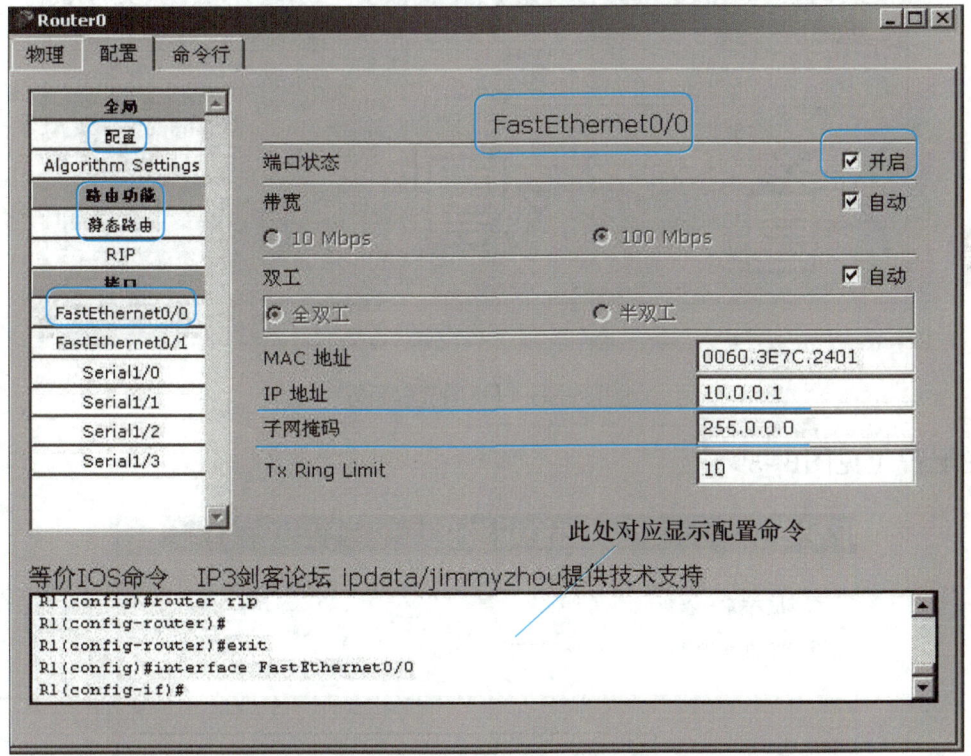

图B-37 图形化配置路由器、交换机

在这个图形化界面下，也可以配置路由器、交换机。其中"全局"可以配置路由器的名称、内存等。"路由功能"可以配置静态路由和RIP动态路由。下面"接口"部分，可以对各个接口进行配置，需要注意的是，在接口界面有一个"开启"接口的对话框，使用时一定要开启，否则该接口无效，相当于没有使用"no shut"命令。

最下面的大对话框，显示了图形化配置相对应的IOS命令，上面的图形化的配置，在下面的对话框会用命令形式对应显示，方便学习。

特别提醒：对于初学者，看看图形化配置界面是可以的。但了解各种命令，掌握路由器、交换机的命令行方式才是最重要的技能，而且真正Cisco路由器是没有这个图形化界面的。大部分高档路由器一般也是没有图形化配置界面的。

2．PC（客户机）的配置

普通PC的配置分为图形化配置和桌面，图形化配置和前面讲的内容比较相似，此处不再赘述。桌面如图B-38所示。

图B-38　PC配置桌面

（1）IP配置（见图B-39）

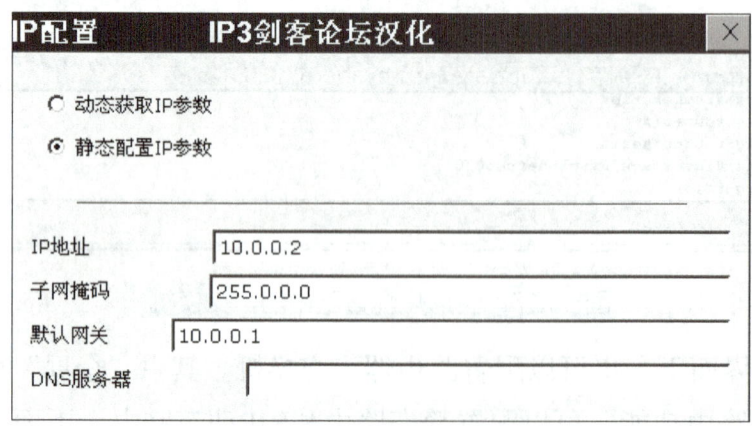

图B-39　IP配置

在此可以配置PC的IP地址、子网掩码、网关、DNS，也可以配置成动态获取。

（2）终端

终端指的是，当用PC通过COM口连接计算机的Console口时，可以使用"超级终端"连接到路由器、交换机进行配置，此处将显示超级终端配置样式，如图B-40所示。

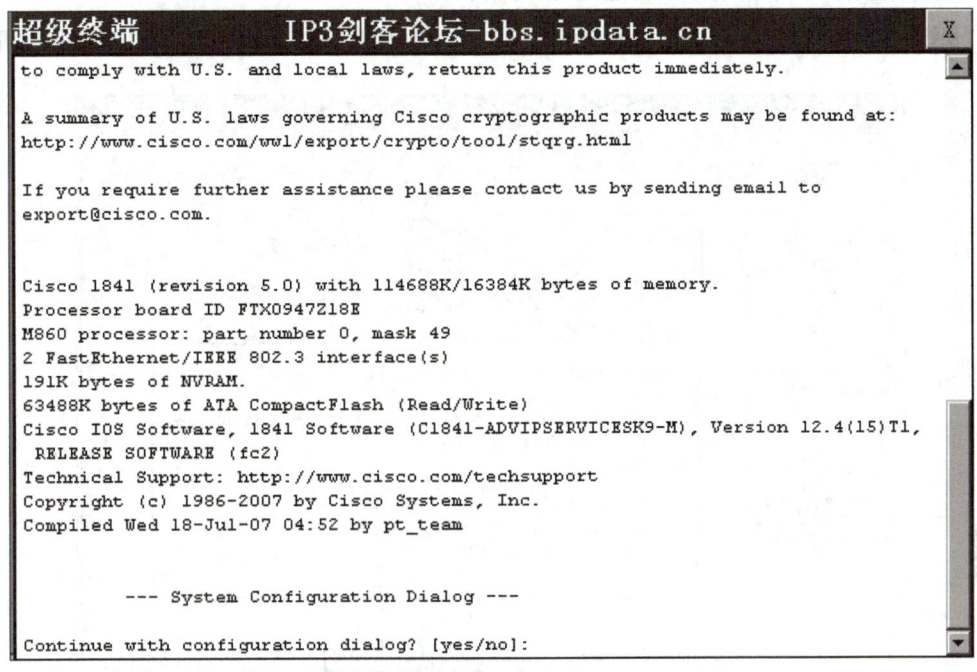

图B-40　超级终端

（3）命令提示符

命令提示符就相当于真实PC中运行cmd命令后弹出的命令窗口，可以使用ping命令进行网络连通测试。

（4）网页浏览器

网页浏览器的界面，如图B-41所示。

图B-41　网页浏览器

在这个浏览器中可以输入Web服务器的IP地址或域名，进行网络服务器连通测试，这在进行路由器NAT实验和ACL实验中非常有用。

3．服务器的配置

服务器的桌面和PC非常相似，此处不再介绍。

这里主要看一下服务器可以提供的服务，在"配置"选项卡中，如图B-42所示。

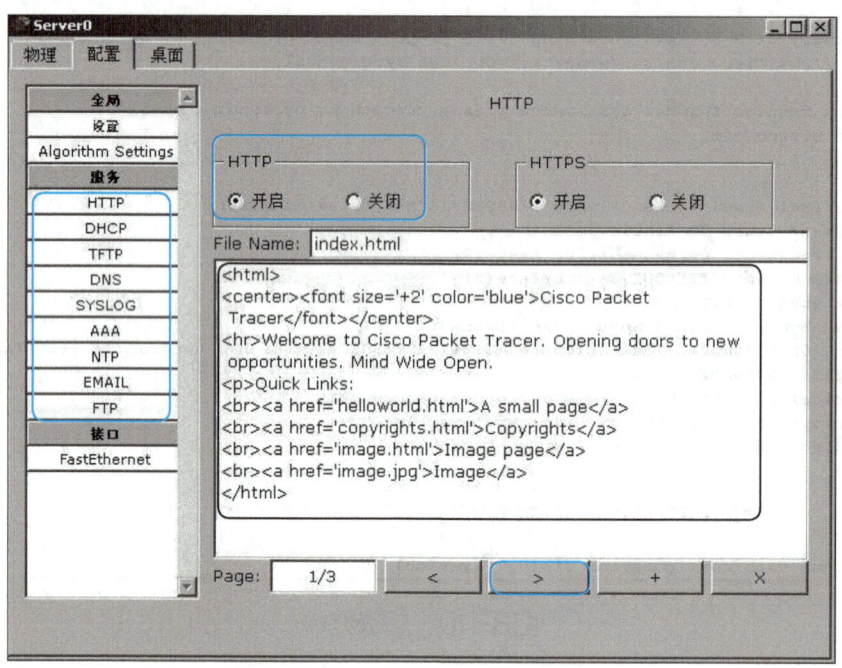

图B-42　服务器配置

服务包括的内容有很多，其中最主要的HTTP服务有一个开关，可以根据需要打开或关闭。在HTTP的服务里，有一个默认的主页，这个默认的主页下面还有链接，在这里也可以用HTML语言进行改写。如果不想改写，那么默认的主页如图B-43所示。

图B-43　浏览服务器主页

此外，服务器还可以提供DHCP、DNS、FTP等各种服务，在网络中可以为客户机（PC）提供服务，供学习者使用、做实验。

图B-44就是在PC的命令提示符状态下使用FTP命令查看服务器FTP功能的演示图。

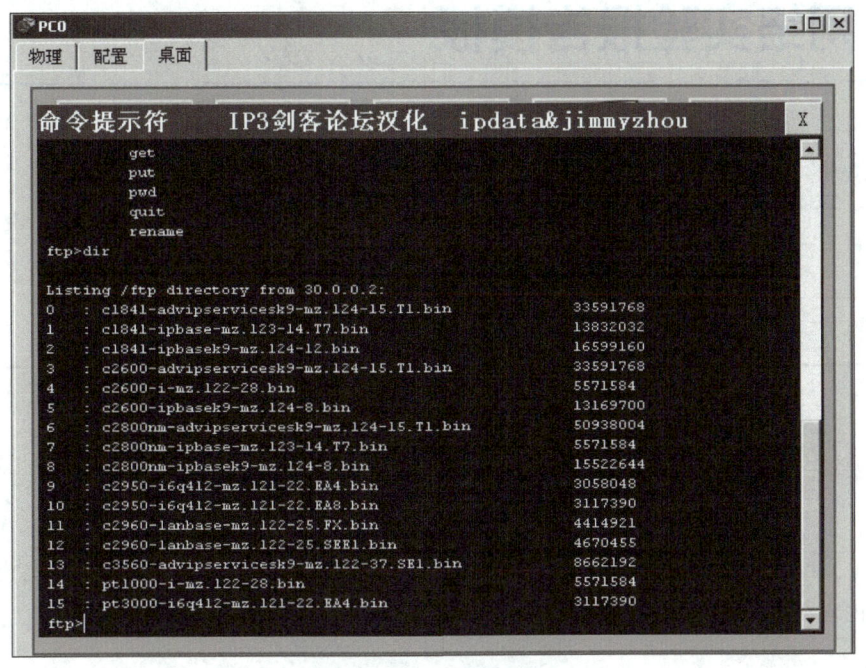

图B-44　FTP服务

总之，Packet Tracer作为Cisco公司的重要学习软件，功能非常强大，不但虚拟了各种路由器、交换机、PC，而且还虚拟了无线网络，同时提供虚拟的服务器，供学习者搭建各种拓扑结构进行网络实验。

和附录A的Dynamips软件相比，Packet Tracer更加直观，尤其在拓扑图显示方面，但Dynamips可以和真实的计算机连接，做实验更加逼真。两款软件各有所长，如果读者能分别在这两款软件下反复实验，则可以增加学习命令的熟练程度，更好地满足现实工作的需要。

附录C　网络实验报告模板

计算机网络实验报告

专业：_____　年级：_____　班级：_____

姓名：_____　实验时间：_____

指导教师签字：_____　成绩：_____

实验名称	

一、实验目的和要求

二、实验原理和内容

三、实验设计规划（包括拓扑图和编址）

四、实验步骤和操作方法

五、实验结果

六、思考、实验心得和改进措施以及问题

参 考 文 献

[1] 谢希仁. 计算机网络[M]. 4版. 北京：电子工业出版社，2003.

[2] 北京阿博泰克北大青鸟信息技术有限公司. ACCP启蒙星软件开发实战. 北京：科学技术文献出版社，2008.

[3] 李馥娟. 计算机网络实验教程[M]. 北京：清华大学出版社，2007.